工业和信息化精品系列教材

云计算技术

Cloud Computing
Technology

微课版

Docker

容器技术

配置、部署与应用

（第2版）

彭晓东 岳晓瑞 杜毅 ◉ 主编
张馨心 戴远泉 张曼 ◉ 副主编

人民邮电出版社

北京

图书在版编目（CIP）数据

Docker 容器技术配置、部署与应用：微课版 / 彭晓东，岳晓瑞，杜毅主编. -- 2 版. -- 北京 : 人民邮电出版社，2025. --（工业和信息化精品系列教材）.
ISBN 978-7-115-66092-3

Ⅰ. TP316.85

中国国家版本馆 CIP 数据核字第 2025RD3178 号

内 容 提 要

  本书从 Docker 运维工程师的视角系统地讲解 Docker 容器的配置、部署与应用，共分为 8 个项目，包括 Docker 安装、Docker 快速入门、Docker 网络与存储配置、Docker 容器与守护进程运维、定义和运行多容器应用程序、应用程序容器化、自动化构建与持续集成、Kubernetes 部署容器化应用程序。本书重点讲解 Docker 在应用程序开发和部署方面的实施。本书内容丰富，注重实践性和可操作性，项目中的每个任务都有相应的操作示范，并穿插大量实例，便于读者快速上手。

  本书可作为职业院校计算机相关专业课程的教材，也可作为软件开发人员、IT 实施和运维工程师学习 Docker 容器技术的参考书，还可作为相关机构的培训教材。

◆ 主　　编　彭晓东　岳晓瑞　杜　毅
  副 主 编　张馨心　戴远泉　张　曼
  责任编辑　初美呈
  责任印制　王　郁　焦志炜
◆ 人民邮电出版社出版发行　　北京市丰台区成寿寺路 11 号
  邮编　100164　电子邮件　315@ptpress.com.cn
  网址　https://www.ptpress.com.cn
  北京市艺辉印刷有限公司印刷
◆ 开本：787×1092　1/16
  印张：17　　　　　　　　　　2025 年 1 月第 2 版
  字数：432 千字　　　　　　　2025 年 1 月北京第 1 次印刷

定价：59.80 元
读者服务热线：(010)81055256　印装质量热线：(010)81055316
反盗版热线：(010)81055315

前　言

容器是继大数据和云计算之后的又一热门技术，越来越多的应用以容器的方式在开发、测试和生产环境中运行。Docker 是目前较为流行的容器平台，也是开发、发布和运行应用程序的开放平台。利用 Docker 实现快速发布、测试和部署的整套方法，可以大大降低开发中的代码编写与运行之间的时间延迟，提高软件开发的效率和质量，实现产品的快速交付和快速迭代。软件开发人员、IT 实施和运维工程师都需要掌握这一新兴技术。

目前，我国很多职业院校的计算机相关专业都陆续将 Docker 容器技术作为一门重要的专业课程。党的二十大报告提出：我们要坚持教育优先发展、科技自立自强、人才引领驱动，加快建设教育强国、科技强国、人才强国。为了帮助教师比较全面、系统地讲授这门课程，也为了使学生能够熟练地掌握 Docker 容器的部署和运维，编者编写了本书。

本书根据 Docker 的更新对第 1 版教材进行修订和完善。修订内容主要包括：将 Docker 的版本升级到 26 版本，根据新版本调整并优化部分内容；镜像自动化构建的实验平台由阿里云容器镜像服务拓展到本地搭建的 GitLab 服务器；将 CI/CD 实验平台的主要组件由 Drone 和 Gogs 改为 Jenkins 和 GitLab；将容器集群由 Docker Swarm 调整为 Kubernetes。为适应"互联网+"职业教育的发展需求，本书通过电子活页补充知识点以丰富教学内容，并提供 PPT 课件、微课视频、补充习题、教学大纲和教案等教学资源，力求打造立体化、多元化的教材。读者可以登录人邮教育社区（www.ryjiaoyu.com）下载相关教学资源。

本书内容系统、全面、丰富，结构清晰。在内容组织方面，本书采用项目式结构，每个项目通过学习目标明确教学任务。项目中的每个任务分为任务说明、知识引入和任务实现 3 个部分，每个项目的最后是项目实训和项目总结。在内容编写方面，本书重点突出，由易到难、循序渐进地进行讲解。本书在介绍 Docker 基础知识和使用方法的基础上，以 Docker Engine 为例，重点讲解 Docker 在应用程序开发和部署方面的实施，包括多容器应用程序定义、应用程序容器化、镜像自动化构建与持续集成，以及应用程序的 Kubernetes 集群部署。本书的任务实现环节含有大量动手实践内容，涉及 Java、Python、Node.js 等语言。

本书的参考学时为 54 学时，其中实践环节为 24~30 学时，请参考下面的学时分配表合理分配学习时间。

前　言

	课程内容	学时分配/学时
项目 1	Docker 安装	4
项目 2	Docker 快速入门	8
项目 3	Docker 网络与存储配置	6
项目 4	Docker 容器与守护进程运维	6
项目 5	定义和运行多容器应用程序	6
项目 6	应用程序容器化	8
项目 7	自动化构建与持续集成	8
项目 8	Kubernetes 部署容器化应用程序	8
学时总计		54

由于编者水平有限，书中疏漏和不足之处在所难免，敬请广大读者批评与指正。

编　者

2025 年 1 月

目　录

目 录

Docker容器技术 配置、部署与应用（第2版）（微课版）

目 录

项目5　**定义和运行多容器应用
程序 / 129**

目　录

项目6　应用程序容器化 / 165

Docker容器技术 配置、部署与应用（第2版）（微课版）

目 录

项目7　自动化构建与持续集成 / 204

项目8　Kubernetes部署容器化应用程序 / 238

目 录

Docker容器技术　配置、部署与应用（第2版）（微课版）

项目1

Docker安装

01

学习目标

- 了解 Docker 的概念、架构和优势，了解 Docker 的应用现状；
- 了解 Docker 版本，掌握 Docker 的安装方法；
- 了解 Docker 命令行，掌握 docker 命令的基本语法。

项目描述

Docker 是业界领先的容器平台之一，常用于开发、发布和运行应用程序，它可以统一软件开发、测试、部署和运维的环境和流程。无论是开发人员还是实施和运维人员，都需要了解和掌握 Docker 容器技术。

本项目将完成 Docker 的安装。在执行 Docker 安装之前，应学习 Docker 的基础知识，包括 Docker 的概念、架构、优势和应用。完成安装之后，即可开始练习 Docker 命令行的基本使用。

任务 1.1　了解 Docker

▷ **任务说明**

Docker 是一个开源的容器平台，它使用 Go 语言开发，遵从 Apache 2.0 协议。作为运行和管理容器的容器引擎，Docker 允许开发人员打包应用程序及其依赖，然后发布到任何使用流行的操作系统（如 Linux、Windows 和 macOS）的计算机或云端上进行部署。Docker 是传统虚拟机的替代解决方案，越来越多的应用程序以容器（一种操作系统层虚拟化方式）形式在开发、测试和生产环境中运行。本任务的具体要求如下。

- 理解 Docker 的概念。
- 理解 Docker 的架构。
- 了解应用程序部署方式的演变。
- 了解 Docker 的优势和应用。

1.1.1 什么是 Docker

Docker 的徽标 🐳 表示一艘装有许多集装箱（Container）的货轮。Docker 借鉴集装箱装运货物的场景，允许开发人员将应用程序及其依赖打包到一个轻量级、可移植的容器中，然后发布到任何运行 Docker 容器引擎的环境中，以容器形式运行该应用程序。正如在装运集装箱时无须关心其内部货物的具体内容一样，Docker 在操作容器时也不需要关注容器内运行的具体软件。这种部署和运行应用程序的方式极为便捷。应当注意的是，Docker 中的 Container 应译为容器，以区别于集装箱。

使用 Docker 时不必担心开发环境与生产环境的不一致，其使用也不局限于任何平台或编程语言。Docker 可以用于整个应用程序的开发、测试和分发周期，并通过一致的用户界面对运行的应用程序进行管理。Docker 具有让用户在各种平台上安全、可靠地部署可伸缩服务的能力。许多开源软件直接提供 Docker 安装方式，比如 Jenkins、Zabbix。

Docker 提供若干工具和一个平台来管理 Docker 容器（下文简称"容器"）的整个生命周期，具体表现在以下几个方面。

- 使用容器开发应用程序及其支持组件。
- 让容器成为分发和测试应用程序的单元。
- 完成上述工作之后，可以将应用程序作为容器或编排好的服务部署到生产环境中。无论生产环境是本地数据中心、云端，还是这两者的混合环境，工作过程都是一样的。

1.1.2 Docker 的优势

Docker 重新定义了应用程序在不同环境中的移植和运行方式，为跨不同环境运行的应用程序提供了新的解决方案。Docker 的优势表现在以下几个方面。

1. 应用程序快速、一致地交付

Docker 让开发人员在使用本地容器提供的应用程序和服务的标准化环境中工作，从而缩短开发生命周期。容器非常适合持续集成和持续交付工作流程。下面列出几个典型的应用场景。

- 开发人员在本地编写应用程序代码，通过 Docker 与同事进行代码共享。
- 开发人员通过 Docker 将应用程序推送到测试环境中，执行自动测试和手动测试。
- 开发人员发现程序错误时，可以在开发环境中对其进行修复，然后将其重新部署到测试环境，以进行测试和验证。
- 完成应用程序测试之后，可以非常轻松地向客户提供补丁程序——只需将更新后的 Docker 镜像（下文简称"镜像"）推送到生产环境中。

2. 响应式部署和伸缩应用程序

Docker 基于容器平台支持高度可移植的工作负载。容器可以在开发人员的本地便携式计算机、数据中心的物理机或虚拟机、云服务提供商或混合环境中运行。

Docker 的可移植性和轻量级特性使得动态管理工作负载变得非常容易，管理员可以近乎实时地根据业务需求增加或缩减应用程序和服务。

3．在同样的硬件上运行更多的工作负载

Docker 是轻量级的应用，且它的运行速度很快。虚拟机是一个完整的操作系统，它有自己的内核、硬件驱动程序和应用程序，仅为隔离单个应用程序而运行虚拟机的开销很大。容器只是一个独立的进程，它包含运行应用程序所需的所有文件。如果运行多个容器，它们将共享相同的内核，这就使得在较少的基础设施上运行更多的应用程序成为可能。在相同的硬件平台上，使用 Docker 的用户能够利用更多的计算能力来达成业务目标。对于那些需要在较少资源下完成更多任务的高密度环境，以及中小型应用部署而言，Docker 是极其合适的选择。

在同一台物理主机的硬件环境中可运行的容器的数量比传统的虚拟机要多得多。当然，可以在虚拟机上运行容器，这时该虚拟机本身就充当一台 Docker 主机。

1.1.3　Docker 架构

Docker 架构如图 1-1 所示，Docker 使用客户端/服务器（Client/Server，C/S）架构。Docker 客户端与 Docker 守护进程进行通信。Docker 守护进程相当于 Docker 服务器，负责构建、运行和分发容器的繁重任务。Docker 客户端和 Docker 守护进程可以在同一系统上运行，也可以将 Docker 客户端连接到远程 Docker 守护进程上。Docker 客户端和 Docker 守护进程使用 REST（Representational State Transfer，表现层状态转换）API（Application Programming Interface，应用程序编程接口）通过 UNIX 套接字（Socket）或网络接口进行通信。Docker Compose 也是一个 Docker 客户端，用来部署和管理由一组容器组成的应用程序。

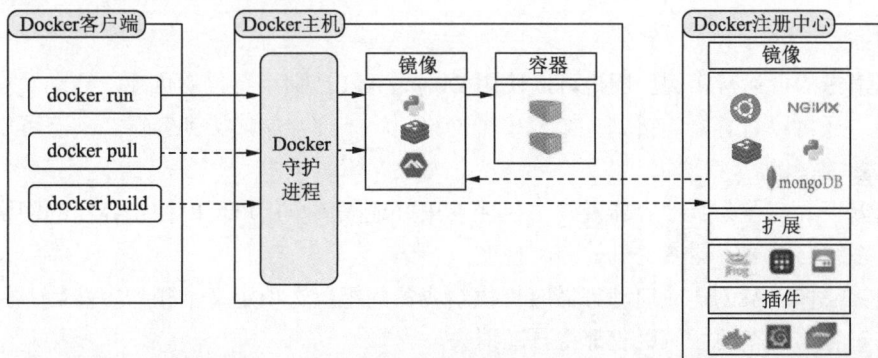

图1-1　Docker架构

1．Docker 守护进程

Docker 守护进程（其名称为 dockerd）监听 Docker API，请求并管理 Docker 对象，如镜像、容器、网络和卷。Docker 守护进程还可以与其他守护进程通信以管理 Docker 服务。Docker API 是一组应用程序接口，可以通过命令行工具使用它，也可以通过各种编程语言的 SDK（Software Development Kit，软件开发工具包）使用它。

2．Docker 客户端

Docker 客户端（客户端工具 docker）是许多 Docker 用户与 Docker 交互的主要途径。当用户使用 docker run 等命令时，客户端将这些命令发送到 Docker 守护进程，由 Docker 守护进程执行这些命令。docker 命令通过 Docker API 与 Docker 进行交互，Docker 客户端可以与多个 Docker 守护进程通信。

3. Docker 注册中心

Docker 注册中心（Registry）（下文简称"注册中心"）用于存储和分发镜像。Docker Hub 是任何人都可以使用的官方公开注册中心，默认情况下 Docker 守护进程会到 Docker Hub 中查找镜像。用户也可以部署自己的私有注册中心。

当用户使用 docker pull 或 docker run 命令时，Docker 会从所配置的注册中心中拉取所需的镜像。当用户使用 docker push 命令时，Docker 会将镜像推送到所配置的注册中心。

4. Docker 对象

使用 Docker 就是创建和使用镜像、容器、网络、卷、插件和其他对象。这里简单介绍一下镜像和容器的概念。

（1）镜像。

镜像是一个只读模板，包含创建容器的说明信息。通常，一个镜像基于另一个镜像，并增加一些额外的自定义操作。例如，我们可以构建一个基于 Ubuntu 镜像的镜像，但在其中安装 Apache 服务器和应用程序，提供运行应用程序所需配置的详细信息。

用户可以创建自己的镜像，也可以使用他人创建并在注册中心发布的镜像。要创建自己的镜像，可以创建一个 Dockerfile，使用简单的语法来定义创建镜像和运行镜像所需的步骤。Dockerfile 中的每个指令都会在镜像中创建一个层。当用户更改 Dockerfile 并重新构建镜像时，只会重新构建那些已更改的层。这也是镜像比其他虚拟化技术更轻便、小巧和运行更快速的部分原因。

（2）容器。

容器是镜像的可运行实例。用户可以使用 Docker API 或命令行接口创建、启动、停止、移动或删除容器，还可以将容器连接到一个或多个网络，将外部存储连接到容器，甚至可以根据其当前状态创建新的镜像。

默认情况下，容器与其他容器及其主机能够很好地隔离。用户可以控制容器的网络、存储或其他底层子系统与其他容器或主机的隔离程度。

容器由其镜像以及创建或启动容器时提供给容器的配置选项定义。删除容器后，保存在持久性存储中的对容器状态的任何更改都将自动消失。

> **提示**　Docker 是用 Go 语言编写的，并利用 Linux 内核的特性实现功能。Docker 使用一种称为命名空间（Namespace，又译为名称空间、名字空间）的技术来提供被称为"容器"的隔离工作空间。在运行一个容器时，Docker 会为该容器创建一组命名空间，这些命名空间将容器的各个方面隔离开。除命名空间外，Docker 还使用控制组（Control Group）、联合文件系统（Union File System，UnionFS）等底层技术。

1.1.4　应用程序部署方式的演变

如图 1-2 所示，应用程序部署方式从传统的物理服务器部署发展到虚拟化部署，继而转向容器部署。了解这种演变有助于更好地理解 Docker 和容器技术。

传统的物理服务器部署是在物理服务器上运行应用程序，优点是部署简单，不需要额外的技术支持。

与传统的物理服务器部署不同，虚拟化部署是在一台物理服务器上运行多个虚拟机实例，每个虚拟机中运行特定的应用程序。每个虚拟机是一台完整的计算机，在虚拟化硬件之上运行所有组件，包括它自己的操作系统。通过虚拟化，用户可以将一组物理资源呈现为虚拟机集群。运行虚拟机会启动一个完整的操作系统，其提供的环境资源通常远超过大多数应用的实际需要。

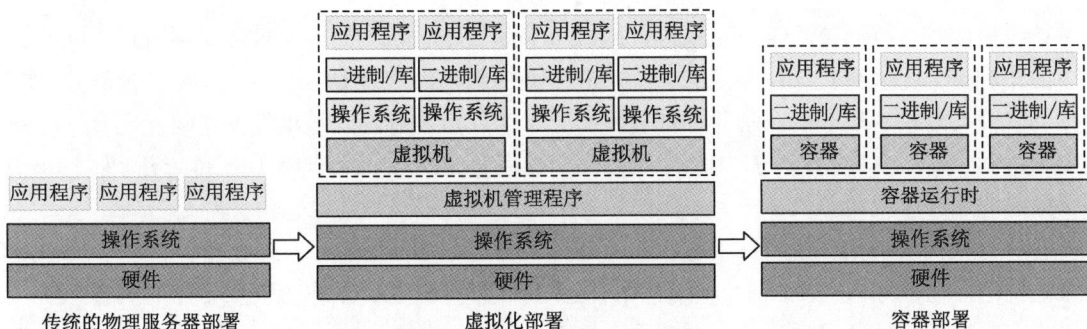

图1-2　应用程序部署方式的演变

容器类似于虚拟机，但是具有更松散的隔离特性，容器之间共享主机的操作系统内核。容器运行一个独立的进程，不会比其他程序占用更多的内存。与虚拟机相比，容器启动快、开销少。与虚拟机类似，每个容器都具有自己的文件系统、CPU（Central Processing Unit，中央处理器）、内存、进程空间等。

就隔离特性来说，容器是应用层面的隔离，虚拟机是物理资源层面的隔离。对于需要实现硬件资源隔离的应用场景，虚拟化部署也是必要的。

任务实现

任务 1.1.1　了解 Docker 用例

Docker 的应用涉及许多领域，现将搜集、整理的主要用例说明如下。

1. 构建和设计现代应用程序

现代应用程序对数字化转型至关重要，但是这些程序与构建、分享和运行它的组织一样复杂。构建和设计现代应用程序应以独立于平台的方式进行。现代应用程序支持不同类型的设备，从手机到便携式计算机，到台式计算机，再到不同的平台，这样可以充分利用现有的后端服务以及公共或私有云基础设施。Docker 可以很好地容器化应用程序，在单一平台上通过人员、系统、合作伙伴的广泛组合来构建、分享和运行现代应用程序。

2. 容器化微服务

微服务用于替代大型的单体应用程序，将应用程序拆分成多个小型、独立部署的服务，每个服务都有自己的功能。这些服务可能使用不同的编程语言和技术栈来实现，部署和调整时不会对应用程序中的其他组件产生负面影响。像利宝保险、花旗银行、维萨（VISA）这样的世界 500 强公司，都已经将关键业务应用从单体架构转到微服务架构。

Docker 为容器化微服务提供通用平台，通过容器化微服务激发开发人员的创造力，使开发人员更快地开发软件。微服务是模块化的，在整个架构中每个服务独立运行自己的应用程序。容器能提供单独的微服务，它们各自有彼此隔离的工作负载环境，能够独立部署和伸缩。以任何编程语言开发的微服务都可以在任何操作系统上以容器形式快速、可靠地部署到任何基础设施中，包括公共或私有云。

3. 持续集成和持续部署

持续集成和持续部署（Continuous Integration and Continuous Delivery/Deployment，CI/CD）是通过协作和自动化来简化软件开发的方法，是实现 DevOps（开发运维一体化）的关键部分，它可以推动软件大规模、安全的自动化和部署。CI/CD 工作流为开发与运维提供基础，成为开发和运维团队协同工作、自动化整个应用程序生命周期的模型。DevOps 能够实现比传统开发过程更快、更一致的应用程序发布。

容器对软件及其依赖进行标准化打包，在开发和运维之间搭建了一座桥梁，旨在解决开发和运维之间的矛盾。通过 Docker，应用程序成为能够通过 CI/CD 工作流安全传递的对象。Docker 可以贯穿应用程序从开发到测试，再到质量保证（Quality Assurance，QA）、预发布和生产的完整过程。

4. 云原生应用

云原生是全新的软件开发和部署的范式。云原生以容器技术为核心，将应用程序和基础设施紧密结合，实现应用程序高度自动化和弹性扩展。云原生技术通常包括容器化、微服务、服务网格、配置管理、自动化部署、自动化扩展和自愈等技术，旨在使开发人员可以更容易地构建、部署和管理大规模、高可用和高性能的应用程序。

容器化是云原生的基础，它的隔离性和一致性使得应用程序在不同环境中能够稳定运行。Docker 是主流的容器技术，它与云原生应用之间的联系在于两者都涉及应用程序的容器化和部署。Docker 提供了容器化技术，而云原生则是一种基于云计算的应用程序开发和部署方法，旨在提高应用程序的可扩展性、可靠性和可维护性。因此，Docker 被视为云原生的一个关键技术环节，可用来将开发环境、测试环境、部署环境和生产环境分别打包成可移植的单元，从而确保应用程序可在任何支持 Docker 的平台上运行。

在生产环境中需要使用容器编排系统 Kubernetes 进行容器管理。Kubernetes 提供了自动化的容器部署、伸缩、负载均衡和容错能力，是构建复杂云原生应用的理想选择。无论对于什么云、工具和语言，Docker 都能够将从桌面到云应用程序的工作流交付到 Kubernetes 环境中，简化从开发到运维的流程。

5. 大数据应用

Docker 能够释放数据潜力，将数据分析转化为可操作的观点和结果。从生物技术研究到自动驾驶汽车，再到能源开发，许多领域都在使用像 Hadoop、R 和 TensorFlow 这样的数据科技助推科学发现和决策过程。Docker 仅需数秒就能部署复杂的隔离环境，从而帮助数据专家创建、分享和再现他们的研究成果。独立于基础设施的 Docker 平台使得数据专家能够根据应用程序选择最优的环境运行数据分析软件，选择并使用适合研究项目的工具和软件包构建模型，而无须担心应用程序与环境发生冲突。

例如，JupyterLab 是一个基于计算笔记本文档概念构建的开源应用程序。它能够共享和执行代码，进行数据处理和可视化，并提供一系列用于创建图形的交互式功能。我们通过结合 Docker 和 JupyterLab 这两个强大的工具，创建和运行可复制的数据科学环境。

6. 边缘计算

边缘计算指靠近数据源头的计算，常用于处理来自数百甚至数千个物联网设备的数据。使用容器可以将软件安全地发布到网络边缘，在易于修补和升级的轻量级框架上运行容器化的应用程序。

Docker 提供安全的应用程序运维来支持边缘计算。Docker 是轻量级的应用程序平台，所支持的应用程序的可移植功能确保从核心到云，再到边缘设备的无障碍容器部署。Docker 具有粒度隔离功能的轻量级架构，可以减少边缘容器和设备的攻击面。

7. 云迁移

Docker 便于执行云迁移策略，通过其可移植的打包功能和统一的运维模式加速云迁移，开发人员可以随时随地将应用程序交付到任何云端。大多数大型企业采用了混合云或多云策略，但也有许多企业在实现云迁移目标方面进展缓慢。重新构建跨不同供应商和地理位置的应用程序的工作比预期的更具挑战性。使用 Docker 来标准化应用程序，可以确保应用程序在任何基础设施上以相同的方式运行。Docker 可在跨越多个云的环境中容器化应用程序，并在这些环境中部署传统应用程序和微服务。

8. 数字化转型

Docker 通过容器化实现数字化转型，与现有人员、流程和容器平台一起推动业务创新。Docker 可以在不受厂商限定的任何基础结构上构建和部署任何类型的应用程序，还可以使用任何操作系统、开发语言和技术栈构建应用程序。Docker 通过新的技术和创新服务来促进开发，加快产品上线速度，实现最佳客户服务水平的敏捷运维，快速实现服务交付、补救、恢复和高可用性。

9. 新兴的人工智能应用

我们可以使用 Docker 将现有的生成式人工智能（Generative AI，GenAI）应用容器化，比如容器化并运行基于 Python 的 GenAI 应用，然后设置本地环境以在本地运行完整的 GenAI 堆栈进行开发。

NLP（Natural Language Processing，自然语言处理）应用程序可以解释和生成人类语言，包括口语和书面语。NLP 是人工智能的一部分，我们可以使用 Docker 容器化相关的 Python 框架，快速构建 NLP 应用程序。

TensorFlow 是开源机器学习框架，它支持多种编程语言，可用于各种机器学习和深度学习任务，如图像识别、NLP、语音识别等。可以使用 Docker 运行容器化的 TensorFlow 应用程序，在 Web 应用程序中轻松实现人脸检测。

10. 传统 Windows 服务器应用程序的现代化

Docker 为传统 Windows 服务器应用程序提供从桌面到云的容器平台，快速实现传统 Windows 服务器应用程序的现代化。通过容器化这些应用程序，用户可采用现代的、安全的交付模式，并能更容易地扩展新的功能，将应用程序快速迁移到流行的操作系统中。

任务 1.1.2　调查国内的 Docker 应用现状

随着互联网的快速发展，Docker 的国内应用与国外应用越来越同步。经过调查，现将国内比较有代表性的阿里巴巴和京东两大集团的 Docker 应用现状整理如下。

1. 阿里巴巴业务容器化

在 Docker 容器化之前，阿里巴巴主要的交易业务就已经容器化，采用的是 T4 容器化技术。T4 是基于 LXC（Linux 容器）开发的一套系统，是更像虚拟机的容器，其镜像没有深入每一个特定的应用。而 Docker 是将每个应用程序的整个依赖栈打包到了镜像中。为此，阿里巴巴于 2015 年引入了 Docker 的镜像机制来完善自己的容器。

阿里巴巴需要更贴合自己运维体系的 Docker 平台，因此推出了兼容 Docker 的 PouchContainer。PouchContainer 是阿里巴巴的开源、高效、轻量级企业级富容器引擎技术，具有隔离性强、可移植性高、资源占用少等特性，可以帮助企业快速实现存量业务容器化，同时提高超大规模下数据中心的物理资源利用率。PouchContainer 大大改变了原来基于 T4 容器化的开发运维体系，如图 1-3 所示。

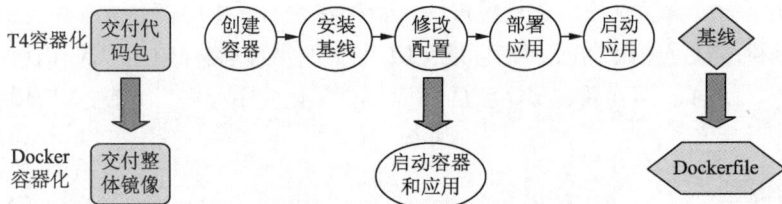

图1-3　PouchContainer对开发与运维的改变

首先，交付方式发生了变化。之前是构建一个应用程序的代码包，将代码包交给部署团队以发布系统；现在是创建一个空容器，根据这个业务所在的模板将这个空容器运行起来，再到容器中安装依赖包，修改一些配置，并按照每个应用程序设定的软件包列表逐个安装，把应用程序包解压缩到主目录并启动。在将镜像整合进来之后，应用程序的代码包和依赖的所有软件都会被打包成一个镜像。应用程序所依赖的软件和配置列表在阿里巴巴内部被称为应用的基线。之前需要通过基线对应用程序的依赖环境进行维护，现在基线都被置入每个应用程序自己的 Dockerfile 中，整个开发和运维的过程被大大简化了。

其次，开发人员和运维人员之间的职责和边界发生了变化。之前开发人员只需要关注功能、性能、稳定性、可扩展性和可测试性等。引入镜像之后，开发人员需要编写 Dockerfile，他们必须了解应用程序所依赖和运行的环境，才能让应用程序运行起来，之前这些工作都是由相应的运维人员负责的。开发人员还需要额外关注应用程序的可运维性和运维成本，这样可以更好地让开发人员具备全栈的能力，能全方位考虑运维领域，对如何设计更好的系统有更深刻的理解。

PouchContainer 现在服务于阿里巴巴集团和蚂蚁金服集团的绝大部分业务单元，其中体量最大的是交易和电商平台。PouchContainer 对"双 11"业务提供了有力的支撑。开源之后，PouchContainer 成为一项普惠技术，定位于助力企业快速实现存量业务容器化。

阿里云还对外提供公共的镜像服务。阿里云容器镜像服务 ACR（Alibaba Cloud Container Registry）提供安全的应用镜像托管功能、精确的镜像安全扫描功能、稳定的国内外镜像构建服务、便捷的镜像授权功能，方便用户进行镜像全生命周期管理。阿里云容器镜像服务简化了注册中心的搭建与运维工作，支持多地域的镜像托管，并联合容器服务等云产品，打造云上使用 Docker 的一体化体验。

项目1 Docker安装

> 💬 **提示**
>
> ⚙ 容器和 Kubernetes 成为应用研发运维的新标准，云托管的 Kubernetes 应用部署在 2023 年已超过本地应用部署。例如，阿里云容器计算服务（Alibaba Cloud Container Compute Service，ACS）是以 Kubernetes 为使用界面提供容器算力资源的云计算服务，提供符合容器规范的算力资源。虽然 Kubernetes 从 1.24 版本开始移除通过 Dockershim 对 Docker 的支持，新建的节点改用 containerd 作为容器运行时（Container Runtime），但是 Docker 构建的镜像仍然可以继续使用。Docker 作为镜像构建工具的作用将不受影响，用其构建的镜像可在 Kubernetes 集群中的所有容器运行时上正常运行。在云原生环境中，Docker 依然是关键技术，应用程序上云的过程中，往往需要使用 Docker 打包镜像上传至仓库。

9

2. 京东业务容器化

京东在 2015 年的"618 购物节"活动中启用了基于 Docker 的容器技术来承载关键业务（图片展现、单品页、团购页）。当时基于 Docker 容器的弹性云项目中已经有近万个容器在线上环境运行，并且经受住了大流量的考验。

京东的弹性云项目在京东的业务中担当重任，目前全部应用系统和大部分的数据库服务都在 Docker 平台上运行。在像"618 购物节"这样的流量高峰期，弹性云项目可以自动管理资源，做到弹性扩展。而在流量低谷期，弹性云项目又可以进行资源回收，在提高资源利用率的同时确保运维系统的稳定性。

JDOS 是京东自己的混合云操作系统。JDOS 1.0 的主要用途是对基础设施实行虚拟化，让所有应用程序在容器中运行，而不是在物理机中运行。在 Kubernetes 的基础上，JDOS 2.0 整合了 JDOS 1.0 的存储和网络，进一步扩展了 CI/CD 流程的实现，即从源代码到镜像，最后到部署，并提供了包括日志、监控、故障排除等功能的一站式服务。JDOS 2.0 的平台架构如图 1-4 所示。

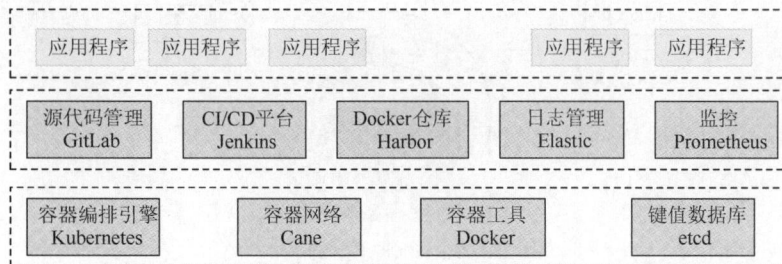

应用程序	应用程序	应用程序		应用程序	应用程序
源代码管理 GitLab	CI/CD平台 Jenkins	Docker仓库 Harbor		日志管理 Elastic	监控 Prometheus
容器编排引擎 Kubernetes		容器网络 Cane	容器工具 Docker		键值数据库 etcd

图1-4　JDOS 2.0的平台架构

JDOS 2.0 是新一代容器引擎平台，大多数组件（如 GitLab、Jenkins、Harbor）都实现了容器化，并部署在 Kubernetes 平台上。JDOS 2.0 将镜像作为实施 CI/CD 的核心，应用程序的部署是在镜像构建过程中完成的，这样可以让应用程序按设计的方式在任何一种环境中运行。

任务 1.2　安装 Docker

任务说明

使用 Docker 部署和运行应用程序的前提是安装 Docker。Docker 针对不同的用户需求提供了多种版本和多种安装方式，用户可根据需要自行选择。2019 年 11 月，Docker 企业版（Docker Enterprise）被 Mirantis 收购，之后 Docker 重点关注开发者工作流程，专注于开发者工具，强化 Docker Desktop 和 Docker Hub 在现代应用程序开发工作流程中所扮演的角色，但是 Docker Engine 依然是 Docker 的核心组件。考虑到国内网络环境和用户使用习惯，本书重点讲解 Docker Engine。对于生产环境，优先建议在 Linux 系统中安装 Docker Engine。另外，在没有图形用户界面的操作系统（比如 CentOS 服务器、阿里云服务器等）中安装 Docker，也要选择 Docker Engine。本任务的具体要求如下。

- 了解 Docker Engine。
- 了解 Docker Desktop。
- 了解 Docker Engine 的安装方式。
- 掌握 Docker Engine 的安装、升级和卸载方法。

知识引入

1.2.1　Docker Engine

Docker Engine 也被称为 Docker CE（Docker 引擎社区版），它实现了应用程序的构建和容器化。如图 1-5 所示，Docker Engine 是一个包含以下 3 个组件的客户端/服务器架构的应用程序。

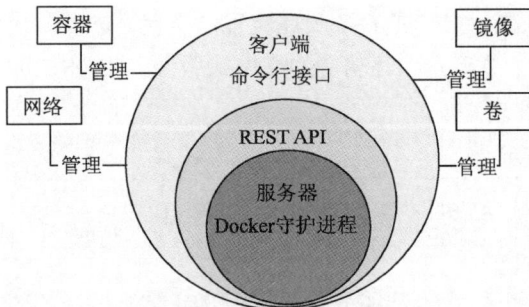

图1-5　Docker Engine

- 服务器：具有长时间运行的 Docker 守护进程。
- REST API：用于定义应用程序与 Docker 守护进程交互的接口。
- 客户端：用户与 Docker 守护进程交互的 Docker 命令行接口（Command Line Interface，CLI），即 Docker 客户端工具 docker。

运行 Docker Engine 的主机被称为 Docker 主机，该主机上同时运行 Docker 服务器和客户端。

Docker Engine 在 Linux 系统中，而不同 Linux 发行版本对硬件平台架构有特定的要求，具体说明如表 1-1 所示。

表1-1　不同Linux发行版本对硬件平台架构的支持情况

硬件平台架构	x86_64/amd64	arm64/aarch64	arm（32bit）	ppc64le	s390
CentOS	支持	支持	不支持	支持	不支持
Debian	支持	支持	支持	支持	不支持
Fedora	支持	不支持	不支持	支持	不支持
Raspberry Pi OS（32bit）	不支持	不支持	支持	不支持	不支持
RHEL（s390x）	不支持	支持	不支持	不支持	支持
SLES	不支持	不支持	不支持	不支持	支持
Ubuntu	支持	支持	支持	支持	支持
二进制	支持	支持	支持	不支持	不支持

目前，Docker Engine 具有以下两个更新频道。

- Stable：提供最新的、可用的通用版本，即稳定版。
- Test：提供稳定版之前用于测试的预发布版本，即测试版。应谨慎使用测试版，此类版本包括实验性和早期访问功能，这些功能可能会发生重大更改。

1.2.2　Docker Desktop

Docker Desktop 是 Docker 桌面，它是一款易于安装的应用程序，适用于 macOS、Linux 或 Windows环境，便于开发人员构建和共享容器化应用程序和微服务。如图 1-6 所示，Docker Desktop 提供简单易用的图形用户界面，让用户能够在自己的机器上直接管理容器、应用程序和镜像，而无须使用命令行执行操作。我们通常单独使用 Docker Desktop，也可以将其作为 Docker 命令行接口的补充工具。

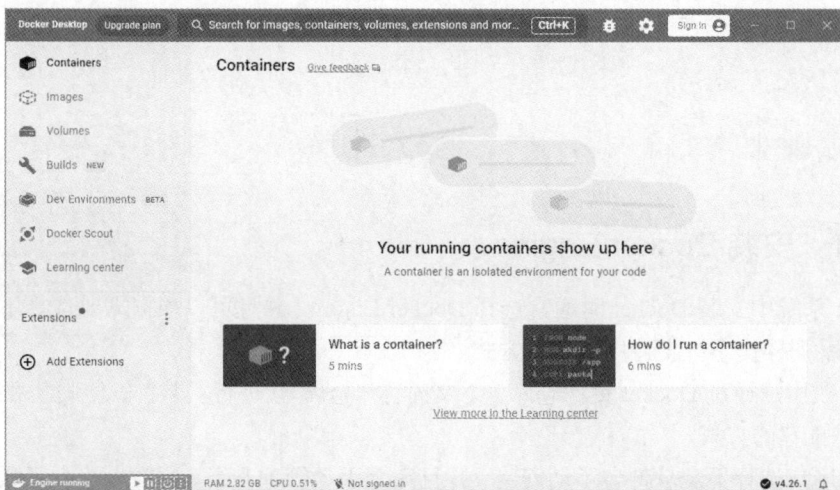

图1-6　Docker Desktop图形用户界面

Docker Desktop 致力于减少用户在复杂设置上花费的时间，让用户可以专注于应用程序的开发。它可与用户选择的开发工具和语言配合使用，并使用户能够访问 Docker Hub 中的大量经过认证的镜像和模板库。这有助于开发团队扩展自己的环境，以便快速自动构建、持续集成和协作。

Docker Desktop 的主要组件如表 1-2 所示。

表1-2　Docker Desktop的主要组件

组件	说明
Docker Engine	Docker 的核心组件
Docker 客户端	命令行接口，即客户端工具 docker
Docker Scout	主动帮助用户发现并修复构建镜像的层和包的漏洞，帮助用户创建更安全的软件供应链
Docker Buildx	Docker 引入的一种全新的镜像构建工具，可以支持各种不同类型镜像的构建
Docker Extensions	允许开发人员集成由 Docker 合作伙伴、社区或他们的队友构建的其他开发工具，使开发人员提高开发效率
Docker Compose	用于定义和运行多容器 Docker 应用程序的工具
Docker Content Trust（DCT）	具有提供对发送到远程注册中心和从远程注册中心接收的数据使用数字签名的能力
Kubernetes	谷歌公司开源的容器编排引擎，它支持自动化部署、可伸缩应用部署、应用程序容器化管理。Docker Desktop 无缝集成 Kubernetes，内置一个单节点的 Kubernetes 集群，便于直接测试 Kubernetes 应用的部署
Credential Helper	通过存储在平台密钥库中来确保 Docker 登录凭据安全的程序

Docker Desktop 适合开发和测试人员在 macOS、Windows 或 Linux 桌面环境中使用。

Docker 在最新版本的 macOS（macOS 的当前最新版本和前两个版本）上支持 Docker Desktop，Docker Desktop for Mac 安装要求内存不低于 4GB。

Docker Desktop for Windows 基于 Windows 系统的 Hyper-V 服务或在 WSL 2 内核的 Windows 上创建一个子系统（Linux），从而实现在 Windows 上运行 Docker。所以在 Windows 系统上部署时必须安装 WSL 2 或开启 Hyper-V 功能，官方建议使用 WSL 2 替代 Hyper-V。

Docker Desktop for Linux 为使用 Linux 桌面环境的开发人员提供与 macOS 和 Windows 上完全相同的 Docker 体验。该版本可以在多个 Linux 发行版上使用，包括 Debian、Fedora、Ubuntu 和 Arch。

任务实现

任务 1.2.1　安装 Docker Engine

在 Linux 系统中安装 Docker 时通常选择 Docker Engine，并且可以根据需要选择不同的安装方式。CentOS 系列操作系统支持以下安装方式。

- 大多数用户通过 Docker 镜像仓库（下文简称"仓库"）进行安装，以便安装和升级 Docker Engine。这是推荐的方式。

- 有些用户选择下载软件包手动安装，并且完全手动管理升级。这在未接入互联网的系统中安装 Docker Engine 是非常有用的。

- 在测试和开发环境中，有的用户选择使用自动化便捷脚本安装 Docker Engine。

另外，如果要试用 Docker，或者在测试环境中安装 Docker Engine，而 Docker Engine 不支持当前操作系统，则可以尝试通过二进制文件安装 Docker Engine。当然，应尽可能使用为当前操作系统构建的软件包，并使用操作系统的包管理系统来管理 Docker Engine 的安装和升级。

下面以在 CentOS Stream 9 系统中通过仓库安装 Docker Engine 为例示范安装过程。

1. 准备安装环境

为方便实验操作，本例在虚拟机上安装和运行 Docker Engine。

（1）本项目在 Windows 10 计算机中通过 VMware Workstation 软件创建一台运行 CentOS Stream 9 操作系统的虚拟机。建议内存不低于 4GB，硬盘容量不低于 60GB，网卡（网络适配器）以默认的 NAT（Network Address Translation，网络地址转换）模式接入宿主机。

（2）在该虚拟机中安装 CentOS Stream 9。安装过程的语言选择简体中文，建议读者安装带 GUI（Graphical User Interface，图形用户界面）的服务器（Server with GUI）版本（见图 1-7），便于查看和编辑配置文件、运行命令行（可打开多个终端界面）。为简化操作，建议启用 root 账户，同时创建一个普通用户账户。初学者可以考虑直接以 root 身份登录，如果以普通用户身份登录，执行系统配置和管理操作时需要使用 sudo 命令。操作系统安装完毕，继续进行基本配置。

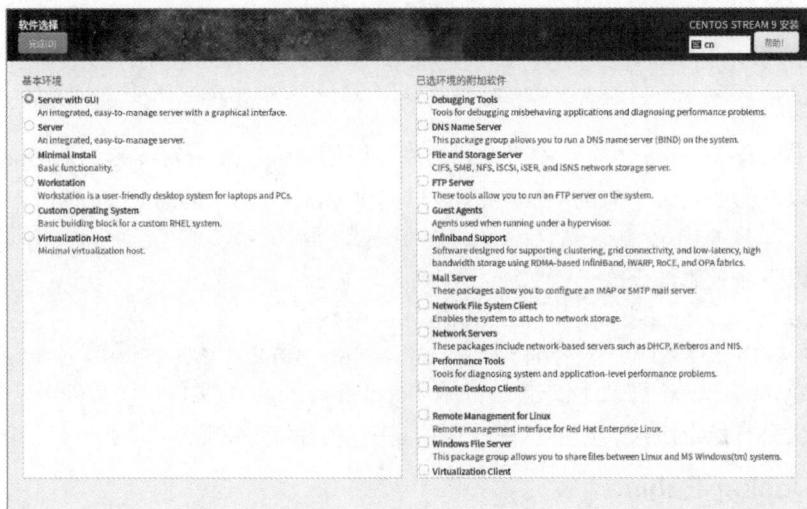

图1-7 安装带GUI的服务器

（3）禁用防火墙与 SELinux。

为方便测试，建议初学者禁用防火墙与 SELinux。执行以下命令禁用防火墙。

```
[root@localhost ~]# systemctl disable --now firewalld
Removed "/etc/systemd/system/multi-user.target.wants/firewalld.service".
Removed "/etc/systemd/system/dbus-org.fedoraproject.FirewallD1.service".
```

要禁用 SELinux，可编辑/etc/selinux/config 文件，将"SELINUX"选项设置为"disabled"，重启系统使之生效。这里通过 sed 命令来实现。

```
[root@localhost~]#sed-i 's/^SELINUX=enforcing$/SELINUX=disabled/'/etc/selinux/config
#为方便实验，在不重启系统的情况下，先临时禁用 SELinux
[root@localhost ~]# setenforce 0
```

（4）更改主机名。安装好操作系统后，通常要更改主机名，这里将主机名更改为 host1。

```
[root@localhost ~]# hostnamectl set-hostname host1
[root@localhost ~]# bash                                # 重新执行 Shell 使配置生效
```

（5）修改网络配置。Docker 主机的 IP（Internet Protocol，互联网协议）地址应选择静态地址，本例将子网的 IP 地址设置为 192.168.10.51/24。可以通过 GUI 来设置，这里使用 nmcli 命令行操作。

首先获取网卡名称。

```
[root@host1 ~]# nmcli connection show
NAME    UUID                                  TYPE      DEVICE
ens160  f6c3e289-5f7c-3b91-8b8f-89dae6273064  ethernet  ens160
lo      b514a9ff-ffa8-4b8a-8ef9-08592c631b27  loopback  lo
```

然后修改网络连接配置。

```
[root@host1 ~]# nmcli connection modify ens160 ipv4.addr 192.168.10.51/24
ipv4.gateway 192.168.10.2  connection.autoconnect yes  ipv4.dns "192.168.10.2
114.114.114.114"
```

最后激活网络连接使网络配置更改生效。

```
[root@host1 ~]# nmcli connection up ens160
连接已成功激活（D-Bus 活动路径: /org/freedesktop/NetworkManager/ActiveConnection/3）
```

（6）执行以下命令更改时区设置（将时区改为亚洲上海），创建软链接以替换当前的本地时间设置。

```
[root@host1 ~]# ln -sf /usr/share/zoneinfo/Asia/Shanghai /etc/localtime
```

2. 设置仓库

首次安装 Docker Engine 之前，需要设置仓库，以便从该仓库中安装和更新 Docker Engine。

（1）执行以下命令安装所需的 yum-utils 包以提供 yum-config-manager 工具。

```
[root@host1 ~]# yum install -y yum-utils
```

（2）执行以下命令添加仓库。

```
[root@host1 ~]# yum-config-manager --add-repo
http://mirrors.aliyun.com/docker-ce/linux/centos/docker-ce.repo
```

这将在/etc/yum.repos.d 目录下创建一个名为 docker-ce.repo 的文件。该文件中定义了多个仓库的地址，但默认只有稳定版被启用。这里使用的是阿里云的仓库源。

3. 安装 Docker Engine

执行以下命令安装 Docker Engine、containerd 和 Docker Compose 的最新版本。

```
[root@host1 ~]# yum install docker-ce docker-ce-cli containerd.io docker-
buildx-plugin docker-compose-plugin
```

微课 0102

安装 Docker
Engine 并进行测试

安装过程中如果提示接受导入的 GPG 公钥，请接受。

安装完毕，查看版本，结果表明安装成功。

```
[root@host1 ~]# docker --version
Docker version 26.0.0, build 2ae903e
```

Docker 作为开源项目，版本升级快。在生产环境中往往需要安装指定版本的 Docker，而不是最新版本的。具体方法是执行命令列出可用的 Docker Engine 版本，其中 sort -r 命令表示将结果按版本由高到低排序，下面给出部分结果。

```
[root@host1 ~]# yum list docker-ce --showduplicates | sort -r
docker-ce.x86_64              3:26.0.0-1.el9              docker-ce-stable
docker-ce.x86_64              3:26.0.0-1.el9              @docker-ce-stable
docker-ce.x86_64              3:25.0.5-1.el9              docker-ce-stable
docker-ce.x86_64              3:25.0.4-1.el9              docker-ce-stable
docker-ce.x86_64              3:25.0.3-1.el9              docker-ce-stable
docker-ce.x86_64              3:25.0.2-1.el9              docker-ce-stable
docker-ce.x86_64              3:25.0.1-1.el9              docker-ce-stable
```

```
docker-ce.x86_64                3:25.0.0-1.el9              docker-ce-stable
docker-ce.x86_64                3:24.0.9-1.el9              docker-ce-stable
...
docker-ce.x86_64                3:20.10.16-3.el9            docker-ce-stable
docker-ce.x86_64                3:20.10.15-3.el9            docker-ce-stable
```

在结果中，第 1 列是软件包名称；第 2 列是版本字符串；第 3 列是仓库名称，表示软件包存储的位置。第 3 列中以符号@开头的名称表示该版本已在本机上安装。返回结果取决于启用了哪些仓库，并且与特定的 CentOS 版本有关（本例中.el9 表示 CentOS Stream 9）。

特定版本的 Docker 由全称包名指定，全称包名由包名（docker-ce）加上版本字符串（第 2 列）组成，这两个组件部分使用短横线（-）分隔，如 docker-ce-3:24.0.9-1.el9。

其他 Docker 组件的版本采用类似的方法查看，例如执行 yum list docker-ce-cli --showduplicates | sort -r 命令查看 Docker 命令行的安装包版本。

确定特定的安装包版本之后就可以安装指定版本的 Docker，例如执行以下命令：

```
yum install docker-ce-3:26.0.0-1.el9 docker-ce-3:26.0.0-1.el9 containerd.io-1.6.28
-3.2.el9 docker-buildx-plugin-0.13.1-1.el9 docker-compose-plugin-2.25.0-1.el9
```

对于其中任何一个组件，若不指定版本，会安装该组件的最新版本。

4. 启动 Docker 并进行测试

采用以上方法安装 Docker 之后，默认不会启动 Docker。执行以下命令启动 Docker。

```
[root@ host1 ~]# systemctl start docker
```

接下来通过运行 hello-world 镜像来验证 Docker 是否成功安装。国内的网络环境可能导致无法直接从 Docker 官方仓库拉取镜像的问题，一般使用镜像加速器解决这个问题，具体方法请参见任务 2.3.1。

```
[root@host1 ~]# docker run hello-world
Unable to find image 'hello-world:latest' locally
latest: Pulling from library/hello-world
c1ec31eb5944: Pull complete
Digest:sha256:ac69084025c660510933cca701f615283cdbb3aa0963188770b54c31c8962493
Status: Downloaded newer image for hello-world:latest


Hello from Docker!
This message shows that your installation appears to be working correctly.
...
```

出现以上消息就表明安装的 Docker 可以正常工作了。为了生成此消息，Docker 采取了以下步骤。

（1）Docker 客户端联系 Docker 守护进程。

（2）Docker 守护进程从 Docker Hub 中拉取了 hello-world 镜像。

（3）Docker 守护进程基于该镜像创建了一个新容器，该容器运行可执行文件并输出当前正在读取的消息。

（4）Docker 守护进程将该消息流式传输到 Docker 客户端，由它将此消息发送到用户终端。

5. 升级 Docker Engine

要升级 Docker Engine，只需选择新的版本重新安装即可。

6. 卸载 Docker Engine

执行以下命令卸载 Docker Engine、Docker 客户端、containerd 和 Docker Compose 包。

```
yum remove docker-ce docker-ce-cli containerd.io docker-buildx-plugin docker-compose-plugin docker-ce-rootless-extras
```

Docker 主机上的镜像、容器、卷或自定义配置文件不会自动删除。要删除所有镜像、容器和卷，可以使用如下命令。

```
rm -rf /var/lib/docker
rm -rf /var/lib/containerd
```

另外，管理员必须手动删除所有已编辑的配置文件。

任务 1.2.2　安装 Docker Engine 之后的配置

成功安装 Docker Engine 之后，还可以对 Docker 进行进一步配置，使 Linux 主机与 Docker 更好地配合。

1. 配置 Docker 开机自动启动

执行以下命令，将 Docker 设置为开机自动启动。

```
[root@host1 ~]# systemctl enable docker.service
Created symlink /etc/systemd/system/multi-user.target.wants/docker.service →
/usr/lib/systemd/system/docker.service.
[root@host1 ~]# systemctl enable containerd.service
Created symlink /etc/systemd/system/multi-user.target.wants/containerd.service
→ /usr/lib/systemd/system/containerd.service.
```

2. 以非 root 用户身份管理 Docker

默认情况下，Docker 守护进程绑定到 UNIX 套接字，而不是 TCP（Transmission Control Protocol，传输控制协议）端口。该 UNIX 套接字由 root 用户所有，而具备使用 sudo 命令的权限的其他用户（一般是管理员或 wheel 组成员）只能使用 sudo 命令访问它。Docker 守护进程始终以 root 用户身份运行。在用户使用 docker 命令时，如果不想使用 sudo，则可以创建一个名为 docker 的组并将用户添加到该组中。在 Docker 守护进程启动时，它将创建一个可由 docker 组成员访问的 UNIX 套接字。注意，docker 组将授予成员等同于 root 用户的特权。具体实现步骤如下。

（1）创建名为 docker 的组。在 CentOS 系统上安装 Docker Engine 时会自动创建该组，只是没有往该组中添加任何用户。

（2）向 docker 组中添加用户。本例添加 tester 用户。

```
[root@host1 ~]# usermod -aG docker tester
```

（3）注销并以 tester 用户身份登录，以便对组成员资格进行重新评估。如果在虚拟机上进行测试，可能需要重启此虚拟机才能使更改生效。

（4）执行一个 docker 命令，结果表明可以在不使用 sudo 的情况下执行 docker 命令。

```
[tester@host1 ~]$ docker run hello-world
Hello from Docker!
This message shows that your installation appears to be working correctly.
...
```

任务 1.3　Docker 命令行的使用

任务说明

Docker 命令行是 Docker 用户与 Docker 守护进程进行交互的主要途径。用户主要使用命令行接口来配置、管理和操作 Docker。本任务的具体要求如下。

- 了解 Docker 命令行接口的类型。
- 了解 docker 命令。
- 熟悉 docker 命令的基本语法。
- 尝试运行一个容器。

知识引入

1.3.1　Docker 的命令行接口

Docker 命令行接口可分为以下 3 种类型。

- Docker CLI：Docker 客户端主要的命令行接口，包括所有的 docker 命令。
- Compose CLI：Docker Compose 工具所用的命令行接口，让用户构建并运行多容器的应用程序。
- Daemon CLI：Docker 守护进程所用的命令行接口，用于管理容器的持久进程。

实际上这些命令行接口都是通过 API 与 Docker 打交道的。Docker 的 API 包括 Engine API（Docker 主要的 API，提供对 Docker 守护进程的编程访问）、Registry API（用于将镜像分发到 Docker Engine）、Docker Hub API（用于与 Docker Hub 交互）、DVP Data API（允许获得 Docker 认证的发布者获取分析数据）。

1.3.2　docker 命令列表

docker 命令是最常用的命令，在 Docker Engine 或 Docker Desktop 中都可以执行该命令。通过执行不带任何选项和参数的 docker 命令可以得到一份完整的 docker 命令列表（在下面的命令中，笔者加了中文注释，并将说明文字译为中文）。

```
[root@host1 ~]# docker
Usage:  docker [OPTIONS] COMMAND     # 基本语法格式
A self-sufficient runtime for containers
Common Commands:                     # 常用子命令列表
  run                          # 创建新的容器并执行命令
  exec                         # 在正在运行的容器上执行命令
  ps                           # 返回容器列表
  build                        # 通过 Dockerfile 构建镜像
  pull                         # 从注册中心拉取镜像或仓库
  push                         # 向注册中心推送镜像或仓库
  images                       # 返回镜像列表
```

```
login                          # 登录注册中心
logout                         # 退出注册中心
search                         # 在 Docker Hub 中搜索镜像
version                        # 显示 Docker 版本信息
info                           # 显示系统信息


Management Commands:           # 管理命令列表
 builder                       # 管理镜像的构建
 buildx*                       # 使用 Buildkit 扩展构建功能
 compose*                      # 在容器中构建和管理多个服务
 container                     # 管理容器
 context                       # 管理上下文
 image                         # 管理镜像
 manifest                      # 管理镜像清单和清单列表
 network                       # 管理网络
 plugin                        # 管理插件
 system                        # 管理 Docker
 trust                         # 管理对镜像的信任
 volume                        # 管理卷


Swarm Commands:                # Swarm 命令列表
 swarm                         # 管理 Swarm


Commands:                      # 操作命令列表
 attach                        # 将本地的标准输入、标准输出和错误流连接（附加）到正在运行的
                                 容器上
 commit                        # 从当前容器创建新的镜像
 cp                            # 在容器与本地文件系统之间复制文件或目录
 create                        # 创建新的容器
 diff                          # 查看容器自创建以来其文件系统上文件或目录的变化
 events                        # 从服务器获取实时事件
 export                        # 将容器的文件系统导出为归档文件
 history                       # 显示镜像的历史信息
 import                        # 从 tarball 文件中导入内容以创建文件系统镜像
 inspect                       # 返回 Docker 对象的详细信息
 kill                          # 强制停止一个或多个正在运行的容器
 load                          # 从归档文件或标准输入加载镜像
 logs                          # 获取容器的日志信息
 pause                         # 暂停一个或多个容器中的所有进程
 port                          # 列出容器的端口映射或特定映射设置
 rename                        # 重命名容器
 restart                       # 重启一个或多个容器
 rm                            # 删除一个或多个容器
 rmi                           # 删除一个或多个镜像
 save                          # 将一个或多个镜像保存到归档文件（默认情况下流式传输到标准输出）
 start                         # 启动一个或多个已停止的容器
 stats                         # 实时显示容器资源使用统计信息
 stop                          # 停止一个或多个正在运行的容器
```

```
  tag                   # 为指向源镜像的目标镜像创建一个标签
  top                   # 显示容器中正在运行的进程的信息
  unpause               # 恢复一个或多个容器中被暂停的所有进程
  update                # 更新一个或多个容器的配置
  wait                  # 阻塞一个或多个容器的运行，直到容器停止运行，然后输出退出码

Global Options:         # 全局选项列表
  --config string       # 客户端配置文件（默认为/root/.docker）
  -c,--context string   # 用于连接到 Docker 守护进程的上下文名称（执行 docker context
                          use 命令可以覆盖 DOCKER_HOST 环境变量和默认上下文设置）
  -D, --debug           # 启用调试模式
  -H, --host list       # 要连接到的 UNIX 套接字
  -l, --log-level string# 设置日志级别（包括 debug、info、warn、error、fatal，
                          默认值为 info）
  --tls                 # 使用 TLS（Transport Layer Security，传输层安全）协议，
                          具体由--tlsverify选项实现
  --tlscacert string    # 签署可信证书的 CA（默认为/root/.docker/ca.pem）
  --tlscert string      # TLS 证书文件的路径（默认为/root/.docker/cert.pem）
  --tlskey string       # TLS 密钥文件的路径（默认为/root/.docker/key.pem）
  --tlsverify           # 使用 TLS 协议并验证远程主机
  -v, --version         # 输出版本信息并退出
Run 'docker COMMAND --help' for more information on a command.
For more help on how to use Docker, head to https://docs.docker.com/go/guides/
```

该命令最后提示执行docker COMMAND --help命令来查看某条具体子命令的帮助信息。例如，查看 tag 子命令的帮助信息，代码如下。

```
[root@host1 ~]# docker tag --help
Usage:  docker tag SOURCE_IMAGE[:TAG] TARGET_IMAGE[:TAG]
Create a tag TARGET_IMAGE that refers to SOURCE_IMAGE
Aliases:                        # 该命令的别名
  docker image tag, docker tag
```

考虑到功能和应用场景，可将这些 docker 子命令大致分为以下 4 个类别。

- 系统信息，如 info、version。
- 系统运维，如 attach、build、commit、run 等。
- 日志信息，如 events、history、logs 等。
- Docker 注册，如 login、pull、push、search 等。

任务实现

任务 1.3.1　熟悉 docker 命令的基本语法

docker 命令本身是一个 Linux 命令，采用的是 Linux 命令语法格式，可以使用选项和参数。Docker 官方文档中有的地方将不带参数的选项称为 flag（标志），为便于表述，本书统一使用选项这个术语。docker 命令的基本语法如下。

```
docker [选项] 子命令
```

其中子命令又有各自的选项和参数，如 attach 子命令的语法格式如下。

```
docker attach [选项] 容器
```

其中，选项是 attach 子命令的选项；容器是 attach 子命令的容器，表示要连接到的目标容器。

有的选项既可使用短格式，又可使用长格式。短格式为一个短横线加上单个字符，如-d；长格式为两个短横线加上字符串，如--daemon。

短格式的单字符选项可以组合在一起使用，如以下命令。

```
docker run -t -i ubuntu  /bin/bash
```

可以改写为：

```
docker run -ti ubuntu  /bin/bash
```

布尔值选项，也就是常说的开关选项的语法如下。

```
选项=布尔值
```

下面给出一个示例。

```
-d=false
```

可以从 docker 命令的帮助信息中获知选项默认值。在使用布尔值选项时，可以不赋值，此时 Docker 将选项值视为 true，而不管默认值是 true 还是 false。例如，以下命令将-d 选项值设置为 true，表示容器将以分离模式在后台运行。

```
docker run -d
```

默认值为 true 的选项（如 docker build --rm=true）要设置为非默认值，只能将其显式地设置为 false，如下所示。

```
docker build --rm=false
```

多值选项（如-a=[ ]）可以在单个命令行中多次定义，下面给出两个示例。

```
docker run -a stdin -a stdout -i -t ubuntu /bin/bash
docker run -a stdin -a stdout -a stderr ubuntu /bin/ls
```

注意，由于伪终端实现的限制，不能组合使用-t 和-a stderr 选项。在伪终端模式中所有错误（STDERR）会输出到标准输出（STDOUT）。

有时多值选项可以使用更复杂的值字符串，如下面的-v 选项。

```
docker run -v /host:/container example/mysql
```

像--name=""这样的选项表示其值是一个字符串，在一个命令中只能定义一次。像-c=0 这样的选项表示其值是一个整数，在一个命令中也只能定义一次。

在给布尔值选项赋值时，必须使用等号。在给值为字符串或整数的选项赋值时，可以使用等号，也可以不使用等号（相当于选项的参数），如以下命令。

```
docker run -v /host:/container example/mysql
```

可以改写为：

```
docker run -v=/host:/container example/mysql
```

部分选项的值为键值对，例如：

```
docker run -it --mount source=nginx-vol,destination=/nginx ubuntu /bin/bash
```

对于较长的单行命令，为便于阅读，与通用的 Linux 命令行一样，Docker 通常使用续行符（\）进行换行，例如：

```
docker run --device=/dev/sdc:/dev/xvdc \
        --device=/dev/sdd --device=/dev/zero:/dev/nulo \
        -i -t \
```

```
           ubuntu ls -l /dev/{xvdc,sdd,nulo}
```

在命令行中输入这样的命令时，换行后在下一行开头会显示">"符号，表示当前行是上一行的延续，例如：

```
[root@host1 ~]# docker run --device=/dev/sdc:/dev/xvdc \
>              --device=/dev/sdd --device=/dev/zero:/dev/nulo \
>              -i -t \
>              ubuntu ls -l /dev/{xvdc,sdd,nulo}
```

任务 1.3.2　运行一个容器

这里以常用的 docker run 命令为例进行简单的示范。下面的命令运行一个容器，该容器中运行/bin/bash 以启动一个 Bash 终端，由于指定了-i 和-t 选项，用户可以在本地终端窗口与容器进行交互。

```
[root@host1 ~]# docker run -i -t ubuntu /bin/bash
Unable to find image 'ubuntu:latest' locally
latest: Pulling from library/ubuntu
a48641193673: Pull complete
Digest:
sha256:6042500cf4b44023ea1894effe7890666b0c5c7871ed83a97c36c76ae560bb9b
Status: Downloaded newer image for ubuntu:latest
```

这个命令运行时会执行以下操作（假设使用默认的注册中心）。

（1）如果本地没有 Ubuntu 镜像，则 Docker 会从所配置的注册中心下载该镜像，就像手动执行 docker pull ubuntu 命令一样。

（2）Docker 创建一个新容器，就像手动执行 docker container create 命令一样。

（3）Docker 给容器分配一个可读写的文件系统作为最顶层，这一层就是正在运行的容器的本地文件系统，容器可以在其中创建或修改文件和目录。

（4）Docker 创建一个网络接口，用于将容器连接到默认网络（这是因为没有指定任何网络选项），并为容器分配 IP 地址。默认情况下，容器可以通过主机的网络连接访问外部网络。

（5）Docker 启动容器并且执行/bin/bash 命令。因为容器是交互式运行的，且连接到用户的终端窗口，所以用户可以使用键盘向容器提供输入，输出结果会显示到终端。下面给出在容器中的示例操作。

```
root@328e5385a5c3:/# ls                # 列出当前目录内容
bin  dev  home  lib32  libx32  mnt  proc  run  srv  tmp  var
boot  etc  lib  lib64  media  opt  root  sbin  sys  usr
root@328e5385a5c3:/# uname -a          # 显示当前操作系统内核信息
 Linux 328e5385a5c3 5.14.0-402.el9.x86_64 #1 SMP PREEMPT_DYNAMIC Thu Dec 21
19:46:35 UTC 2023 x86_64 x86_64 x86_64 GNU/Linux
root@328e5385a5c3:/# cat /etc/issue    # 查看当前操作系统发行版信息
 Ubuntu 22.04.3 LTS \n \l
```

当用户执行 exit 命令结束/bin/bash 命令时，容器会停止运行，但不会被删除。可以再次启动容器，或者删除容器。

```
root@328e5385a5c3:/# exit
```

微课 0104

运行 Ubuntu 容器

```
exit
[root@host1 ~]# docker ps -a    # 查看当前容器列表
CONTAINER ID  IMAGE   COMMAND     CREATED      STATUS         PORTS      NAMES
328e5385a5c3  ubuntu  "/bin/bash" 3 minutes ago Exited (0) 6 seconds ago
vibrant_solomon
```

项目实训

项目实训 1　安装 Docker Engine

实训目的

- 了解 Docker Engine 的安装方式。
- 掌握 Docker Engine 的安装。

实训内容

- 准备 Docker Engine 安装环境。
- 通过 Docker 仓库安装 Docker Engine。
- 启动 Docker 并通过运行 hello-world 镜像来验证 Docker Engine 是否成功安装。
- 配置 Docker 为开机自动启动。

项目实训 2　使用 docker 命令

实训目的

了解 docker 命令的基本语法。

实训内容

- 查看 docker 命令列表。
- 在 docker 命令中使用续行符 "\" 进行换行。
- 参照任务 1.3.2 运行一个 CentOS 容器，并尝试与该容器交互。

项目总结

　　通过本项目的实施，读者应当明确 Docker 的概念，理解 Docker 的架构，能够区分容器与虚拟机，了解 Docker 的优势和应用，学会 Docker 的安装，并初步掌握 docker 命令的基本语法。容器技术并不是 Docker 首创，但是以往的容器实现只关注如何运行应用程序，而 Docker 能够整合原有的容器技术并进行创新，尤其是镜像的设计，很好地解决了容器从构建、交付到运行的一致性问题，并提供了完整的生态支持。随着 Kubernetes 在容器编排和管理领域的快速发展，Docker 的重心逐渐转向开发者工作流程。Docker 提供了在一个称为容器的松散隔离环境中打包和运行应用程序的功能。Docker 是独立容器平台，方便用户灵活选择工具、语言、框架、云和 Kubernetes 环境。项目 2 将引导读者进一步理解镜像、容器和仓库的概念，熟悉基于 Docker 的应用程序全生命周期的基本操作，进而掌握 Docker 的基本应用。

项目2

Docker快速入门

02

学习目标

- 掌握镜像的基础知识，学会镜像的操作方法；
- 熟悉容器技术，掌握容器的操作方法；
- 掌握仓库的操作方法，学会管理仓库；
- 了解 Dockerfile 指令，学会基于 Dockerfile 构建镜像；
- 理解 Dockerfile、镜像、容器和注册中心及仓库之间的关系。

项目描述

容器在软件开发的历史上是一次巨大的变革。容器技术助力我国加快发展数字经济，促进数字经济和实体经济深度融合，打造具有国际竞争力的数字产业集群。Docker 的 3 个核心概念是镜像（Image）、容器（Container）和仓库（Repository），它们贯穿于 Docker 应用程序的整个生命周期。镜像是打包好的 Docker 应用程序，相当于 Windows 系统中的安装软件包。容器是从镜像创建的运行实例，Docker 应用程序以容器形式部署和运行，一个镜像可以创建多个容器，容器之间都是相互隔离的。Docker 的仓库又称镜像仓库，类似于代码仓库，是集中存放镜像文件的场所，可以将制作好的镜像推送到仓库以发布应用程序，也可以将所需的镜像从仓库拉取到本地以创建容器来部署应用程序。注册中心（Registry）提供的是存放仓库的地方，一个注册中心中有很多仓库。镜像、容器和注册中心及仓库的关系如图 2-1 所示。

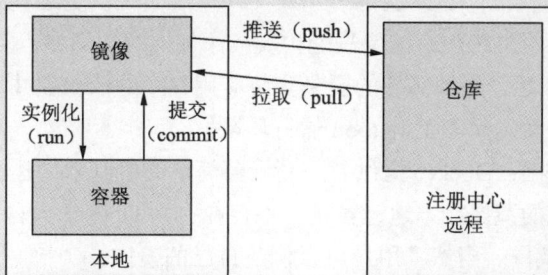

图2-1　镜像、容器和注册中心及仓库的关系

构建自定义的镜像一般要通过 Dockerfile，Dockerfile 是镜像构建的核心，它使容器化应用程序的构建标准化和自动化。

本项目将实现 Docker 的基本应用，讲解镜像、容器、注册中心及仓库的概念和使用方法，并示范如何构建自己的镜像，让读者快速入门，为后续的 Docker 配置和管理打下基础。

任务 2.1　Docker 镜像的使用

镜像是容器的基础，有了镜像才能启动容器并运行应用程序，Docker 应用程序的整个生命周期都离不开镜像。要使用容器技术来部署和运行应用程序，首先需要准备相应的镜像。了解镜像的基础知识之后，还应掌握镜像的使用方法。本任务的具体要求如下。

- 理解镜像的概念。
- 了解镜像的分层结构。
- 使用 docker 命令拉取和查找镜像。
- 使用 docker 命令管理本地镜像。

知识引入

2.1.1　什么是镜像

镜像的英文名称为 Image，又译为映像，在 IT 领域通常是指一系列文件或一个磁盘驱动器的精确副本。在虚拟化部署中，镜像是一个虚拟机模板，它预先安装基本的操作系统和其他软件。与虚拟机镜像类似，Docker 的镜像是容器的镜像，是用于创建容器的只读模板，它包含文件系统，而且比虚拟机镜像更轻便。

镜像是一个按照 Docker 要求定制的标准化包，它包括运行容器的所有文件（包括二进制文件）、库和配置。例如，PostgreSQL 镜像包括数据库二进制文件、配置文件和其他依赖项，基于 Python 的 Web 应用程序的镜像包括 Python 运行时、应用程序代码及其所有依赖项。

容器的镜像具有以下两个重要准则。

- 镜像是不可变的。一旦创建了镜像，就无法对其进行修改，用户只能制作新的镜像，或者在该镜像顶部添加要更改的内容。
- 镜像是由若干层组成的。每一层都表示对文件系统做一次更改，如添加、删除或修改文件。

这两个重要准则要求用户对现有镜像只能扩展或添加内容。例如，要构建一个 Python 应用程序，可以从 Python 镜像开始，添加额外的层来安装应用程序的依赖项并添加代码。这样会让用户专注于应用程序本身的开发，而不是 Python 运行环境。

镜像是创建容器的基础，Docker 提供了一套十分简单的机制来创建镜像和更新现有的镜像。当容器运行时，如果使用的镜像在本地计算机中不存在，则 Docker 会自动从注册中心下载镜像，默认从 Docker Hub 下载镜像。当然，用户可以创建自己的镜像。

2.1.2　镜像的基本信息

可以使用 docker images 命令列出本地主机上的镜像以查看镜像的基本信息。

```
[root@host1 ~]# docker images
REPOSITORY          TAG              IMAGE ID           CREATED            SIZE
ubuntu              latest           174c8c134b2a       4 weeks ago        77.9MB
```

```
hello-world      latest       d2c94e258dcb      8 months ago    13.3kB
```

输出的列表反映了镜像的基本信息。REPOSITORY 列表示仓库，TAG 列表示镜像的标签，IMAGE ID 列表示镜像 ID，CREATED 列表示镜像创建时间，SIZE 列表示镜像大小。

镜像 ID 是镜像的唯一标识符，采用 UUID（Universal Unique Identifier，通用唯一标识符）形式表示，全长为 64 个十六进制字符。执行 docker images 命令时加上--no-trunc 选项会显示完整的镜像 ID，例如，查看上述 Ubuntu 镜像的完整信息如下。

```
[root@host1 ~]# docker images ubuntu --no-trunc
REPOSITORY TAG   IMAGE ID                    CREATED              SIZE
ubuntu     latest sha256:174c8c134b2a94b5bb0b37d9a2b6ba0663d82d23ebf62bd51f74a2fd457333da
                                             4 weeks ago          77.9MB
```

结果表明该镜像的完整 ID 如下。

```
sha256:174c8c134b2a94b5bb0b37d9a2b6ba0663d82d23ebf62bd51f74a2fd457333da
```

实际上，镜像 ID 与镜像的摘要（Digest）值很相似，都是由哈希函数 sha256 对镜像配置文件计算得出的。但是，使用镜像 ID 引用镜像时不使用前缀"sha256:"。在实际操作中，镜像 ID 通常使用前 12 个字符的缩略形式；如果本地的镜像数量较少，则还可以使用更短的格式，只取前面几位即可，如 174（前提是在本地计算机上该标识符具有唯一性，能够区分各镜像）。

标签用于标记同一仓库的不同镜像版本，例如 Ubuntu 仓库里存放的是 Ubuntu 系列操作系统的基础镜像，它有 14.10、16.04、18.04、20.04、22.04 等多个不同的版本。

除了镜像 ID，也可以使用"仓库名称:标签"这样的组合形式来唯一地标识镜像，如"ubuntu:20.04"，这个组合形式也被称为镜像名称。镜像名称更直观，可用来代替镜像 ID 对镜像进行操作。如果镜像名称省略标签，则表示默认值，即最新版本 latest，例如"ubuntu"表示默认的 ubuntu:latest 镜像。

镜像的摘要值是以"sha256:"开头的完整哈希值，它可以用于组成内容寻址标识符，通过"仓库名称@摘要值"格式来标识镜像。在执行 docker images 命令时加上--digests 选项即可获取镜像摘要值，例如：

```
[root@host1 ~]# docker images ubuntu --digests
REPOSITORY TAG           DIGEST
                         IMAGE ID        CREATED              SIZE
ubuntu     sha256:174c8c134b2a94b5bb0b37d9a2b6ba0663d82d23ebf62bd51f74a2fd457333da
                         174c8c134b2a    4 weeks ago          77.9MB
```

上述 ubuntu:latest 镜像就可以使用"ubuntu@sha256:174c8c134b2a94b5bb0b37d9a2b6ba0663d82d23ebf62bd51f74a2fd457333da"来进行标识。

总之，镜像可以通过镜像 ID、镜像名称（仓库名称:标签）或者内容寻址标识符（仓库名称@摘要值）来标识或引用。

2.1.3 镜像描述文件 Dockerfile

Docker 使用 Dockerfile 来描述镜像，且该文件定义了如何构建镜像。

1. 什么是 Dockerfile

Dockerfile 是一个文本文件，包含要构建镜像的所有命令。Docker 通过读取 Dockerfile 中的指令自动构建镜像。

项目 1 在验证 Docker 是否成功安装时已经获取了 hello-world 镜像，这是 Docker 官方提供的一个最小镜像，它的 Dockerfile 内容只有 3 行，如下所示。

```
FROM scratch
COPY hello /
CMD ["/hello"]
```

其中，第 1 行的 FROM 指令定义构建镜像所用的基础镜像，即该镜像从哪个镜像开始构建；scratch 表示空白镜像，即该镜像不依赖其他镜像，从"零"开始构建。第 2 行表示将文件 hello 复制到容器的根目录（/）。第 3 行则意味着通过该镜像启动容器时执行/hello 这个可执行文件。

对 Makefile 执行 make 命令可以编译并构建应用。相应地，对 Dockerfile 执行 bulid 命令可以构建镜像。

2. 基础镜像

一个镜像的父镜像（Parent Image）是指该镜像的 Dockerfile 中由 FROM 指令指定的镜像。所有后续的指令都应用到这个父镜像中。例如，一个镜像的 Dockerfile 包含以下定义，说明其父镜像为 ubuntu:18.04。

```
FROM ubuntu:18.04
```

基于未提供 FROM 指令或提供 FROM scratch 指令的 Dockerfile 所构建的镜像被称为基础镜像（Base Image）。大多数镜像都是从一个父镜像开始扩展的，这个父镜像通常是一个基础镜像。基础镜像不依赖其他镜像，而是从"零"开始构建的。

Docker 官方提供的基础镜像通常都是各种 Linux 发行版的镜像，如 Ubuntu、Debian、CentOS 等。这些 Linux 发行版镜像一般提供最小安装的 Linux 操作系统发行版。从前面显示的镜像列表可以发现，Docker 提供的 Ubuntu 镜像文件比传统 Ubuntu 操作系统的镜像文件或虚拟机镜像文件要小得多。

Docker 提供多种 Linux 发行版镜像来支持多种操作系统环境，方便用户基于这些基础镜像定制自己的应用镜像。Linux 发行版是在 Linux 内核的基础上增加应用程序形成的完整操作系统，不同 Linux 发行版的内核差别不大。Linux 操作系统的内核启动后，会挂载根文件系统（rootfs）为其提供用户空间支持。以 Debian 操作系统为例考察基础镜像，该镜像的 Dockerfile 内容如下。

```
FROM scratch
ADD rootfs.tar.xz /
CMD ["bash"]
```

其中，第 2 行表示将 Debian 的 rootfs 的 TAR 压缩包添加到容器的根目录（/）。在使用该压缩包构建镜像时，该压缩包会自动解压缩到"/"目录下，生成/dev、/proc、/bin 等基本目录。镜像的底层直接共享主机的 Linux 内核，镜像自身只需要提供根文件系统即可，而根文件系统上只安装最基本的软件，这样就节省了空间。

3. 镜像的分层结构

电子活页 0201

基于联合文件系统的镜像分层

早期镜像的分层结构是通过联合文件系统实现的。联合文件系统将各层的文件系统叠加在一起，向用户呈现一个完整的文件系统，但这种分层结构存在很多问题，比如联合文件系统允许的层数是有限的，修改文件时需要复制整个大文件再进行修改，维护工作量大，从而影响操作效率。为弥补这种镜像分层方式的不足，Docker 推荐使用 Dockerfile 逐层构建镜像。大多数镜像都是在其他镜像的基础上逐层建立起来的，采用这种方式构建的镜像，每一层都由镜像的 Dockerfile 指令决定。除了最后一层，每一层都是只读的。

2.1.4　镜像操作命令

Docker 提供了若干镜像操作命令，如 docker pull 用于从注册中心拉取（下载）镜像，docker images 用于返回镜像列表等，镜像操作命令直接使用 docker 命令的子命令。被操作的镜像可以使用镜像 ID、镜像名称或镜像摘要值进行标识。有些 docker 子命令可以操作多个镜像，镜像之间使用空格分隔。

Docker 还提供一个统一的镜像操作命令 docker image，该命令的基本语法如下。

```
docker image 子命令
```

docker image 的子命令用于实现镜像的各类管理操作，其大多与传统的 docker 子命令相对应，功能和用法也相似，只有个别不同。镜像操作命令如表 2-1 所示。考虑到目前使用 docker 命令的用户较多，本项目中的示范以镜像操作的 docker 命令为主。

表2-1　镜像操作命令

docker image 命令	docker 命令	功能
docker image build	docker build	通过 Dockerfile 构建镜像
docker image history	docker history	显示镜像的历史记录
docker image import	docker import	从 tarball 文件中导入内容以创建文件系统镜像
docker image inspect	docker inspect	返回一个或多个镜像的详细信息（docker inspect 还可以返回容器等其他 Docker 对象的详细信息）
docker image load	docker load	从归档文件或标准输入加载镜像
docker image ls	docker images	返回镜像列表
docker image prune	无	删除未使用的镜像
docker image pull	docker pull	从注册中心拉取镜像或仓库
docker image push	docker push	向注册中心推送镜像或仓库
docker image rm	docker rmi	删除一个或多个镜像
docker image save	docker save	将一个或多个镜像保存到归档文件（默认情况下流式传输到标准输出）
docker image tag	docker tag	为指向源镜像的目标镜像创建一个标签

任务实现

任务 2.1.1　掌握镜像的基本操作

下面示范镜像的基本操作。

1. 拉取镜像

在本地主机上运行容器时，若使用一个不存在的镜像，Docker 会自动下载这个镜像。如果需要预先下载这个镜像，则可以使用 docker pull 命令来拉取它，也就是将它从注册中心（默认为 Docker Hub）下载到本地，下载完成之后可以直接使用这个镜像来运行容器。例如，拉取一个 16.04 版本的 Ubuntu 镜像，如下所示。

```
[root@host1 ~]# docker pull ubuntu:16.04
```

```
16.04: Pulling from library/ubuntu
58690f9b18fc: Pull complete
b51569e7c507: Pull complete
da8ef40b9eca: Pull complete
fb15d46c38dc: Pull complete
Digest: sha256:1f1a2d56de1d604801a9671f301190704c25d604a416f59e03c04f5c6ffee0d6
Status: Downloaded newer image for ubuntu:16.04
docker.io/library/ubuntu:16.04
```

可以发现，镜像是逐层拉取的，且每层都是单独拉取的，镜像最终保存在 Docker 的本地存储区（在 Linux 主机上通常是/var/lib/docker 目录）中。

2. 显示本地的镜像列表

可以使用 docker images 命令来列出本地主机上的镜像，该命令的语法格式如下。

```
docker images [选项] [仓库名称[:标签]]
```

在使用该命令时不带任何选项或参数则会列出全部镜像，使用仓库名称和标签作为参数则会列出指定的镜像。-a（--all）选项表示列出本地所有的镜像（含中间镜像层，默认情况下过滤中间镜像层）；-f（--filter）选项表示显示过滤出（符合条件）的镜像，如果有超过一个符合条件的镜像，就使用多个-f 选项；--no-trunc 选项表示显示完整的镜像信息；-q（--quiet）选项表示只显示镜像 ID。在使用 v2 或更高版本格式的镜像时，可以使用--digests 选项将镜像的摘要值显示出来。

-f 选项还可以使用 before 或 since 过滤出在指定镜像之前或之后创建的镜像，格式如下。

```
-f  before=(<镜像名称>[:标签]|<镜像 ID>|<镜像摘要值>)
-f  since=(<镜像名称>[:标签]|<镜像 ID>|<镜像摘要值>)
```

-f 选项可以指定镜像名称、镜像 ID 或镜像摘要值。例如，以下命令显示在 ubuntu:18.04 镜像之前构建的镜像。

```
[root@host1 ~]# docker images -f "before=ubuntu:18.04"
REPOSITORY          TAG              IMAGE ID            CREATED           SIZE
hello-world         latest           d2c94e258dcb        8 months ago      13.3kB
ubuntu              16.04            b6f507652425        2 years ago       135MB
```

3. 查看镜像的详细信息

使用 docker inspect 命令查看 Docker 对象（镜像、容器、任务）的详细信息。默认情况下，以 JSON（JavaScript Object Notation，JavaScript 对象表示法）数组格式输出所有结果。当只需要其中的特定内容时，可以使用-f（--format）选项指定。例如，查看 Ubuntu 镜像的体系结构，代码如下。

```
[root@host1 ~]# docker inspect --format='{{.Architecture}}' ubuntu
amd64
```

又如，通过 JSON 格式的 RootFS 子节点查看镜像的根文件系统信息，代码如下。

```
[root@host1 ~]#  docker inspect --format='{{json .RootFS }}' ubuntu
{"Type":"layers","Layers":["sha256:a1360aae5271bbbf575b4057cb4158dbdfbcae7
6698189b55fb1039bc0207400"]}
```

4. 查看镜像的历史信息

使用 docker history 命令可以查看镜像的历史信息，也就是 Dockerfile 的执行过程。下面的示例查看 Ubuntu 镜像的历史信息，结果如下。

```
[root@host1 ~]# docker history ubuntu:16.04
```

```
IMAGE          CREATED         CREATED BY                                      SIZE
b6f507652425   2 years ago     /bin/sh -c #(nop)  CMD ["/bin/bash"]            0B
<missing>      2 years ago     /bin/sh -c mkdir -p /run/systemd && echo 'do... 7B
<missing>      2 years ago     /bin/sh -c rm -rf /var/lib/apt/lists/*          0B
<missing>      2 years ago     /bin/sh -c set -xe   && echo '#!/bin/sh' > /... 745B
<missing>      2 years ago     /bin/sh -c #(nop) ADD file:11b425d4c08e81a3e... 135MB
```

　　镜像的历史信息也反映了其层次，上面示例中的镜像共有 5 层，每一层的构建操作命令都由 CREATED BY 列显示。如果显示不完整，可以在 docker history 命令中加上选项--no-trunc，以显示完整的构建操作命令。镜像的各层相当于一个子镜像。例如，第 2 次构建的镜像相当于在第 1 次构建的镜像的基础上形成的新的镜像。以此类推，最新构建的镜像是历次构建结果的累加。

　　执行 docker history 命令输出的<missing>行表明相应的层在其他系统上构建，并且已经不可用了，可以忽略这些层。

5. 查找镜像

　　不使用浏览器，在命令行工具中使用 docker search 命令就可以搜索 Docker Hub 中的镜像。如果打算使用一个名为 httpd 的镜像来提供 Web 服务，则可以执行 docker search httpd 命令，如图 2-2 所示。其中，NAME 列显示仓库（源）名称，OFFICIAL 列指明是否为 Docker 官方发布。

```
[root@host1 ~]# docker search httpd
NAME                              DESCRIPTION                                     STARS    OFFICIAL    AUTOMATED
httpd                             The Apache HTTP Server Project                  4629     [OK]
clearlinux/httpd                  httpd HyperText Transfer Protocol (HTTP) ser... 5
paketobuildpacks/httpd                                                            0
vulhub/httpd                                                                      0
jitesoft/httpd                    Apache httpd on Alpine linux.                   0
openquantumsafe/httpd             Demo of post-quantum cryptography in Apache ... 6
wodby/httpd                                                                       0
dockette/httpdump                                                                 0
betterweb/httpd                                                                   0
dockette/apache                   Apache / HTTPD                                  1                    [OK]
centos/httpd-24-centos7           Platform for running Apache httpd 2.4 or bui... 46
manageiq/httpd                    Container with httpd, built on CentOS for Ma... 1                    [OK]
centos/httpd-24-centos8                                                           3
dockerpinata/httpd                                                                1
19022021/httpd-connection_test    This httpd image will test the connectivity ... 0
httpdocker/kubia                                                                  0
publici/httpd                     httpd:latest                                    1                    [OK]
```

图2-2　执行docker search httpd命令

6. 删除本地镜像

　　使用 docker rmi 命令删除本地镜像，该命令的基本语法如下。

```
docker rmi [选项] 镜像 [镜像...]
```

　　可以使用镜像 ID、镜像名称或镜像摘要值来指定要删除的镜像。如果一个镜像对应多个标签，则只有当最后一个标签被删除时，镜像才被真正删除。

　　如果使用-f 选项，则将删除该镜像标签，并删除与该镜像 ID 匹配的所有镜像。

　　--no-prune 选项表示不删除没有标签的父镜像。

　　例如，执行以下命令从当前主机上删除 ubuntu:16.04 镜像，包括移除其标签、删除其所有的层。

```
 [root@host1 ~]# docker rmi ubuntu:16.04
 Untagged: ubuntu:16.04
 Untagged:
ubuntu@sha256:1f1a2d56de1d604801a9671f301190704c25d604a416f59e03c04f5c6ffee0d6
 Deleted: sha256:b6f50765242581c887ff1acc2511fa2d885c52d8fb3ac8c4bba131fd86567f2e
 Deleted: sha256:0214f4b057d78b44fd12702828152f67c0ce115f9346acc63acdf997cab7e7c8
```

项目2　Docker快速入门

29

电子活页 0202

在离线环境中导入镜像

```
Deleted: sha256:1b9d0485372c5562fa614d5b35766f6c442539bcee9825a6e90d1158c3299a61
Deleted: sha256:3c0f34be6eb98057c607b9080237cce0be0b86f52d51ba620dc018a3d421baea
Deleted: sha256:be96a3f634de79f523f07c7e4e0216c28af45eb5776e7a6238a2392f71e01069
```

微课 0201

验证镜像的
分层结构

任务 2.1.2　验证镜像的分层结构

下面通过一个示例验证基于 Dockerfile 的镜像分层结构。

（1）建立一个项目目录，该目录用来存放 Dockerfile 及其相关文件。

```
[root@host1 ~]# mkdir -p ch02/img-layers && cd ch02/img-layers
```

（2）在项目目录中创建 app.py 文件，加入以下内容。

```
#!/usr/bin/python
print("Hello, World!")
```

（3）在项目目录中创建 Dockerfile，加入以下内容。

```
FROM ubuntu:16.04
COPY ./ /app
RUN apt-get -y update && apt-get install -y python
CMD python /app/app.py
```

该 Dockerfile 包括 4 个指令，每个指令创建一个层。第 1 个指令表示从 ubuntu:16.04 镜像开始构建镜像。第 2 个指令表示在 Docker 客户端的当前目录中添加一些文件。第 3 个指令用于安装 Python。第 4 个指令指定在容器中执行的具体命令。

（4）执行以下命令，基于 Dockerfile 构建一个镜像。

```
[root@host1 img-layers]# docker build -t="img-layers-test" .
[+] Building 4.1s (2/3)                                    docker:default
 => [internal] load .dockerignore                                  0.0s
 => => transferring context: 2B                                    0.0s
[+] Building 4.2s (2/3) docker:default. => [internal] load .dockerignore 0.0s
...
 => [1/3] FROM docker.io/library/ubuntu:16.04@sha256:0f71fa8d...0d17d4e704bd3  11.5s
 => => resolve docker.io/library/ubuntu:16.04@sha256:0f71fa8d4d2d4292...4bd39  0.0s
...
 => [2/3] COPY ./ /app                                             17.3s
 => [3/3] RUN apt-get -y update && apt-get install -y python      151.0s
 => exporting to image                                             0.2s
 => => exporting layers                                            0.2s
 => => writing image sha256:1e35fe7139fe5511c430198c9b2a07fff34...5e  0.0s
 => => naming to docker.io/library/img-layers-test                 0.0s
```

（5）查看该镜像的分层信息。

```
[root@host1 img-layers]# docker history img-layers-test
   IMAGE           CREATED          CREATED BY
SIZE   ...
   1e35fe7139fe     2 minutes ago    /bin/sh -c #(nop)   CMD ["/bin/sh" "-c" "pyth...
0B   ...
   <missing>        2 minutes ago    RUN /bin/sh -c apt-get -y update && apt-get ...
60.8MB ...
   <missing>        5 minutes ago    COPY ./ /app # buildkit
147B   ...
   <missing>        2 years ago      /bin/sh -c #(nop)   CMD ["/bin/bash"]
0B
```

```
   <missing>       2 years ago      /bin/sh -c mkdir -p /run/systemd && echo 'do...
7B
   <missing>       2 years ago      /bin/sh -c rm -rf /var/lib/apt/lists/*
0B
   <missing>       2 years ago      /bin/sh -c set -xe   && echo '#!/bin/sh' > /...
745B
   <missing>       2 years ago      /bin/sh -c #(nop) ADD file:11b425d4c08e81a3e...
135MB
```

至此，该镜像的分层结构及构建方式就非常清楚明了了。从上到下的各层是按顺序建立的，下面的层先建，上面的层后建。其中，两年前（2 years ago）建立的层是由 Dockerfile 中的第 1 条指令（FROM ubuntu:16.04）建立的，ubuntu:16.04 为父镜像，它又是由若干指令逐一建立的。

任务 2.2　Docker 容器的使用

任务说明

假如正在开发一个 Web 应用程序，该程序涉及的主要组件有 React 前端、Python API 和 PostgreSQL 数据库。对于这个开发项目，我们必须安装 Node、Python 和 PostgreSQL。那么，如何确保自己拥有与团队中其他开发人员相同版本的环境？如何保证 CI/CD 系统或生产环境使用的版本一致？如何确保应用程序所需的 Python、Node 或数据库版本不受主机现有内容的影响？如何管理潜在的冲突？使用容器即可解决这些问题，容器封装了应用程序的每个组件。对于这个包括 React 前端、Python API 和 PostgreSQL 数据库的复杂 Web 应用程序，每个组件作为容器在自己的隔离环境中运行，与主机上的其他环境完全隔离。读者除了需要了解容器的基础知识，还应掌握容器使用的基本操作。本任务的具体要求如下。

- 理解容器的概念。
- 了解容器的层。
- 了解容器的生命周期。
- 熟悉容器的创建、启动、运行、停止、删除操作。
- 进入容器内部执行操作任务。

知识引入

2.2.1　什么是容器

容器的英文名称为 Container。从软件的角度看，镜像是软件生命周期的构建和打包阶段，而容器则是软件生命周期的启动和运行阶段。获得镜像后，就可以以镜像为模板启动容器了。可以将容器理解为在一个相对独立的环境中运行的一个或一组进程，相当于自带操作系统的应用程序。这个独立环境拥有进程运行所需的一切依赖，包括文件系统、库文件脚本，以及容器的其他配置（如环境变量、要运行的默认命令和其他元数据等）

容器之所以受欢迎，是因为它具有以下特性。

- 自立性。每个容器都具有运行所需的一切依赖，而不依赖于主机上任何预先安装的依赖项。
- 隔离性。容器是独立运行的，进程在属于自己的独立的命名空间内运行。容器可以拥有自己的根文件系统、自己的网络配置、自己的进程空间，甚至自己的用户 ID 空间。因此容器对主机和其他容器的影响最小，从而提高了应用程序的安全性。
- 独立性。每个容器都是独立管理的，删除一个容器不会影响其他容器。
- 可移植性。容器可以在任何地方运行，在开发机器上运行的容器在数据中心或云中的任何地方都将以相同的方式工作。

在 Docker 中，容器是从镜像创建的应用程序运行实例。镜像和容器的关系，就像面向对象程序设计中的类和实例一样，镜像是静态的定义，容器是镜像运行时的实体，基于同一镜像可以创建若干不同的容器。

2.2.2 容器的基本信息

使用 docker ps -a 命令可以输出本地主机上的全部容器列表，例如：

```
[root@host1 ~]# docker ps -a
CONTAINER ID    IMAGE        COMMAND        CREATED       STATUS
                PORTS        NAMES
328e5385a5c3    ubuntu       "/bin/bash"    46 hours ago  Exited (0) 46 hours ago
                             vibrant_solomon
ce6ef4becb98    hello-world  "/hello"       3 days ago    Exited (0) 3 days ago
                             xenodochial_clarke
```

上面的列表反映了容器的基本信息。CONTAINER ID 列表示容器 ID，IMAGE 列表示容器所用镜像的名称，COMMAND 列表示启动容器时执行的命令，CREATED 列表示容器的创建时间，STATUS 列表示容器运行的状态（Up 表示运行中，Exited 表示已停止运行），PORTS 列表示容器对外发布的端口号（由于本例中没有运行中的容器，所以 PORTS 列为空），NAMES 列表示容器名称。

创建容器之后对容器进行的各种操作（如启动、停止、修改或删除等）都可以通过容器 ID 来进行。容器的唯一标识容器 ID 与镜像 ID 一样采用 UUID 形式表示，它是由 64 个十六进制字符组成的字符串。可以在 docker ps 命令中加上--no-trunc 选项以显示完整的容器 ID，但通常采用前 12 个字符的缩略形式，在同一主机上使用这种形式就足以区分各个容器了。在容器数量少的时候，还可以使用更短的格式，即只取前面几个字符即可。

容器 ID 能保证唯一性，但难于记忆，因此可以通过容器名称来代替容器 ID 引用容器。容器名称默认由 Docker 自动生成，也可在执行 docker run 命令时通过--name 选项自行指定。还可以使用 docker rename 命令为现有的容器重命名，以便后续的容器操作。

2.2.3 容器的可写层

容器与镜像的主要不同之处是容器顶部有一个可写层。一个镜像由多个可读的镜像层组成，正在运行的容器会在这个镜像上面增加一个可写层，所有写入容器的数据（包括添加的新数据或修改的已有数据）都保存在这个可写层中。当容器被删除时，这个可写层也会被删除，但是底层的镜像层保持不变。因此，任何对容器的操作均不会影响到其镜像。

由于每个容器都有自己的可写层，所有的改变都存储在这个可写层中，因此多个容器可以共享访问同一个底层镜像，并且仍然拥有自己的数据状态。图 2-3 展示了多个容器共享同一个 ubuntu:16.04 镜像的情况。

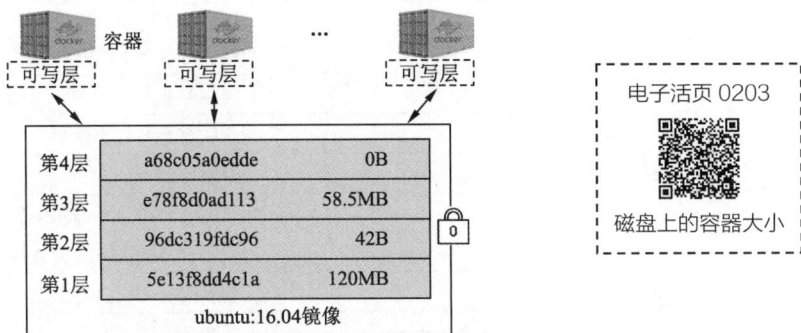

图2-3　多个容器共享同一个ubuntu:16.04镜像的情况

Docker 使用存储驱动来管理镜像层和容器层的内容。每个存储驱动的实现都是不同的，但所有驱动都使用可堆叠的镜像层和写时复制策略。

写时复制是一个高效率的文件共享和复制策略。如果一个文件位于镜像中的较低层，而其他层（包括可写层）需要读取它，那么只需使用现有文件即可。在其他层首次需要修改该文件时（构建镜像或运行容器时），文件将会被复制到该层并被修改。这最大限度地减少了每个后续层的 I/O（Input/Output，输入输出）和体积。

2.2.4　容器操作命令

Docker 提供了相当多的容器操作命令，既包括创建、启动、停止、删除、暂停等容器生命周期管理操作命令，如 docker run、docker start；又包括列表、查看、连接、日志、事件、导出等容器运维操作命令，如 docker ps、docker inspect。这些都是通过 docker 命令的子命令实现操作的。

被操作的容器可以使用容器 ID 或容器名称进行标识。有些子命令可以操作多个容器，多个容器 ID 或容器名称之间使用空格分隔。

Docker 还提供了一个统一的容器管理命令 docker container，该命令的基本语法如下。

```
docker container 子命令
```

docker container 命令的子命令执行容器的各类管理操作功能，大多与传统的 docker 子命令相对应。完整的容器操作命令如表 2-2 所示。考虑到目前直接使用 docker 子命令的用户较多，本项目的示范以容器操作的 docker 命令为主。

表2-2　容器操作命令

docker container 命令	docker 命令	功能
docker container attach	docker attach	将本地的标准输入、标准输出和错误流连接（附加）到正在运行的容器上，其实就是进入容器
docker container commit	docker commit	从当前容器创建新的镜像
docker container cp	docker cp	在容器和本地文件系统之间复制文件或目录
docker container create	docker create	创建新的容器
docker container diff	docker diff	检查容器自创建以来其文件系统上文件或目录的变化
docker container exec	docker exec	在正在运行的容器上执行命令
docker container export	docker export	将容器的文件系统导出为归档文件

docker container 命令	docker 命令	功能
docker container inspect	docker inspect	返回一个或多个容器的详细信息（docker inspect 还可以返回镜像等其他 Docker 对象的详细信息）
docker container kill	docker kill	强制停止一个或多个正在运行的容器
docker container logs	docker logs	获取容器的日志信息
docker container ls	docker ps	返回容器列表
docker container pause	docker pause	暂停一个或多个容器中的所有进程
docker container port	docker port	列出容器的端口映射或特定映射设置
docker container prune	无	删除所有停止执行的镜像
docker container rename	docker rename	重命名容器
docker container restart	docker restart	重启一个或多个容器
docker container rm	docker rm	删除一个或多个容器
docker container run	docker run	创建一个新的容器并执行命令
docker container start	docker start	启动一个或多个已停止的容器
docker container stats	docker stats	实时显示容器资源使用统计信息
docker container stop	docker stop	停止一个或多个正在运行的容器
docker container top	docker top	显示容器中正在运行的进程的信息
docker container unpause	docker unpause	恢复一个或多个容器中被暂停的所有进程
docker container update	docker update	更新一个或多个容器的配置
docker container wait	docker wait	阻塞一个或多个容器的运行，直到容器停止运行，然后输出退出码

2.2.5 容器的生命周期

了解容器的生命周期，对于有效地管理容器化应用程序至关重要。如图 2-4 所示，容器的生命周期涉及的阶段主要包括创建、启动、暂停、恢复、停止、杀死、终止、销毁、重启等，容器所处的状态有创建状态、运行状态、停止状态、暂停状态和删除状态。每个阶段都有其特定的目标和操作，每次操作都会涉及容器状态的转换。在每个阶段采取适当的容器操作，可以有助于提高容器化应用程序的可靠性和稳定性。

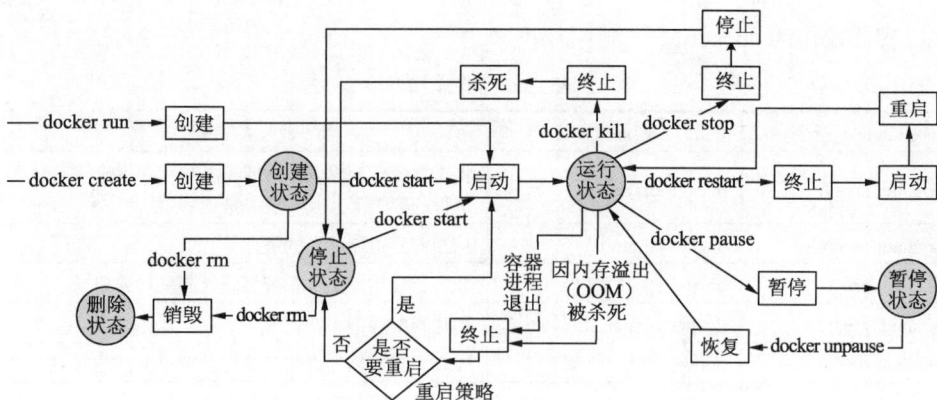

图2-4 容器的生命周期

任务实现

任务 2.2.1　创建并同时启动容器

运行一个容器最常用的方法是使用 docker run 命令，该命令用于创建并同时启动一个新的容器，它的基本语法如下。

```
docker run [选项] 镜像 [命令] [参数...]
```

该命令选项较多，下面列出部分常用的选项。

-d（--detach）：后台运行容器，并返回容器 ID。

-i（--interactive）：让容器的标准输入保持打开状态，通常与-t 选项同时使用。

-t（--tty）：Docker 为容器重新分配一个伪终端（Pseudo TTY），通常与-i 选项同时使用。

-p（--publish）：设置端口映射，格式为"主机端口:容器端口"。

--dns：指定容器使用的 DNS（Domain Name System，域名系统）服务器，默认和主机上的 DNS 配置一致。

--name：为容器指定一个名称。

--rm：容器退出时自动删除。

镜像参数定义容器所用的镜像，可以使用镜像 ID 或镜像名称来标识，还可以使用"仓库名称@摘要值"格式。在本地主机上运行容器时，若使用一个不存在的镜像，Docker 会自动下载这个镜像。如果需要预先下载这个镜像，可以使用 docker pull 命令来拉取它。下载完成后，可以直接使用这个镜像来运行容器。

命令参数定义可选的命令，即容器启动后可以运行的命令，这些命令也可以有自己的参数。

接下来示范几类典型的容器启动操作。

1. 启动容器执行命令后自动终止容器

启动容器执行命令后自动终止容器这种方式不常用，主要用来测试，例如：

```
[root@host1 ~]# docker run ubuntu /bin/echo "这是一个自动终止的容器"
这是一个自动终止的容器
```

这与在本地直接执行命令差不多。

2. 启动容器并允许用户与容器进行交互

例如，基于 Ubuntu 镜像启动一个 Bash 终端，并允许用户进行交互。这里将-i 和-t 两个选项合并在一起，-t 让 Docker 分配一个伪终端并将其绑定到容器的标准输入中，-i 则让容器的标准输入保持打开状态，自动进入容器的交互模式。此时容器可通过终端执行命令，如在容器中列出当前目录内容，如下所示。

```
[root@host1 ~]# docker run -it ubuntu /bin/bash
root@d45fb83cb8c9:/# ls                # 在容器中列出当前目录内容
bin  boot  dev  etc  home  lib  lib32  lib64  libx32  media  mnt  opt  proc
root  run  sbin  srv  sys  tmp  usr  var
root@d45fb83cb8c9:/# exit
exit
```

用户可以执行 exit 命令或按 Ctrl+D 组合键退出容器，退出后该容器就自动终止运行了。

可以尝试分别使用 docker run -i 和 docker run -t 启动容器运行一个 Shell，这样就能直观地感受到两者的不同。

3. 启动容器并让其以守护进程的形式在后台运行

实际应用中，多数情况下容器会采用守护进程的形式运行。启动容器并让其以守护进程的形式在后台运行只需使用-d 选项。下面启动一个 Web 服务器的容器。

```
[root@host1 ~]# docker run -d -p 80:80 --name testweb httpd
Unable to find image 'httpd:latest' locally
latest: Pulling from library/httpd
af107e978371: Pull complete
...
Status: Downloaded newer image for httpd:latest
e3f9c206f2f988ac9af9cfe509444ac4e2d14eebe02d71a7bf5ade50508c440b
```

容器启动后在后台运行，并返回一个唯一的容器 ID。可以通过该容器 ID 对容器进行进一步操作，也可以通过 docker ps 命令来查看正在运行的容器的信息，如下所示。

```
[root@host1 ~]# docker ps
CONTAINER ID  IMAGE   COMMAND             CREATED        STATUS
PORTS                         NAMES
  e3f9c206f2f9  httpd   "httpd-foreground"  6 minutes ago Up 6 minutes
0.0.0.0:80->80/tcp, :::80->80/tcp testweb
```

如果不通过--name 选项明确指定名称，则 Docker 会自动生成一个容器名称，这个名称可与容器 ID 一样用来操作容器。

由于容器在后台运行，因此它不会将输出的信息直接显示在主机上。此时可以考虑使用 docker logs 命令来获取容器的日志信息，例如：

```
[root@host1 ~]# docker logs testweb
  AH00558: httpd: Could not reliably determine the server's fully qualified domain
name, using 172.17.0.2. Set the 'ServerName' directive globally to suppress this
message
  AH00558: httpd: Could not reliably determine the server's fully qualified domain
name, using 172.17.0.2. Set the 'ServerName' directive globally to suppress this
message
  [Fri Jan 12 01:42:15.368304 2024] [mpm_event:notice] [pid 1:tid 140649681713024]
AH00489: Apache/2.4.58 (Unix) configured -- resuming normal operations
  [Fri Jan 12 01:42:15.368383 2024] [core:notice] [pid 1:tid 140649681713024]
AH00094: Command line: 'httpd -D FOREGROUND'
```

当执行 docker run 命令创建并启动容器时，Docker 在后台运行的操作步骤如下。

（1）检查本地是否存在指定的镜像，如果没有就从仓库自动下载这个镜像。

（2）基于镜像创建一个容器并启动它。

（3）为容器分配一个文件系统，并在镜像层顶部增加一个可写层。

（4）从主机配置的网桥接口中将一个虚拟接口桥接到容器。

（5）从网桥的地址池中给容器分配一个 IP 地址。

（6）运行用户指定的应用程序。

（7）根据设置决定是否终止容器运行。

这种在后台运行容器的方式又称分离（Detached）模式，与之相对的是前台（Foreground）模式。

任务 2.2.2　掌握容器的其他常用操作

下面示范容器的其他常用操作。

1. 创建容器

使用 docker create 命令创建一个新的容器，但不启动它，该命令的基本语法如下。

```
docker create [选项] 镜像 [命令] [参数...]
```

以上语法基本与 docker run 命令的语法相同。例如，以下操作基于 busybox 镜像创建一个容器。

```
[root@host1 ~]# docker create -i -t busybox
...
1e48e79f5ccc259b765539a1819ed9510407165ba59e62103acf6582b0300d1c
```

此时这个容器处于已创建（Created）但未启动的状态，最后一行返回的是容器 ID，可以使用 docker start 命令启动容器。BusyBox 是一个集成了上百个常用 Linux 命令和工具的软件，同时也是一个微型的 Linux 系统。

2. 启动容器

使用 docker start 命令启动一个或多个已停止的容器，该命令的基本语法如下。

```
docker start [选项] 容器 [容器...]
```

例如，启动前面创建的容器。

```
[root@host1 ~]# docker start 1e48e7
1e48e7
```

对于运行中的容器，可以使用 docker restart 命令重启它。

3. 停止容器

使用 docker stop 命令停止一个或多个正在运行的容器，该命令的基本语法如下。

```
docker stop [选项] 容器 [容器...]
```

例如，以下操作为停止前面已启动的容器。

```
[root@host1 ~]# docker stop 1e48e7
1e48e7
```

也可以使用 docker pause 命令暂停容器中所有的进程。如果要恢复容器中被暂停的所有进程，则可以使用 docker unpause 命令。

还可以使用 docker kill 命令强制停止一个或多个正在运行的容器。

```
docker kill [选项] 容器 [容器...]
```

4. 重命名容器

使用 docker rename 命令为现有的容器重命名，以便后续的容器操作，该命令的基本语法如下。

```
docker rename 容器 新名称
```

例如，以下操作为验证容器的重命名。

```
[root@host1 ~]# docker run -d httpd
7d78299f01f8345505170bf53c556653a33ef2c478f1e5d3263c0753f987d73a
[root@host1 ~]# docker rename  7d7829 myweb
[root@host1 ~]# docker ps -l
 CONTAINER ID     IMAGE     COMMAND              CREATED            STATUS
PORTS     NAMES
```

```
7d78299f01f8    httpd    "httpd-foreground"  2 minutes ago   Up 2 minutes
80/tcp  myweb
```

5. 显示容器列表

使用docker ps命令显示容器列表，该命令的基本语法如下。

```
docker ps [选项]
```

主要选项说明如下。

-a（--all）：显示所有的容器，包括未运行的容器。

-f（--filter）：根据条件显示过滤的容器。

-l（--latest）：显示最近创建的容器。

-n（--last int）：显示最近创建的 n 个容器。

--no-trunc：不截断输出，显示完整的容器信息。

-q（--quiet）：采用静默模式，只显示容器 ID。

-s（--size）：显示总的文件大小。

不带任何选项执行该命令会列出所有正在运行的容器信息。可以使用-a选项列出所有的容器，例如：

```
[root@host1 ~]# docker ps -a
CONTAINER ID  IMAGE      COMMAND          CREATED       STATUS        PORTS    NAMES
7d78299f01f8  httpd      "httpd-foreground" 10 minutes ago  Up 10 minutes
80/tcp  myweb
1e48e79f5ccc  busybox    "sh"  14 minutes ago   Exited (137) 11 minutes ago
stupefied_wozniak
...
```

其中，STATUS列显示容器的状态。

-f选项可以通过多种条件过滤容器，如id（容器 ID）、name（容器名称）、label（由键值对定义的元数据）、status（状态，可用值有 created、restarting、running、removing、paused、exited、dead）等。例如，以下命令列出已停止的容器。

```
[root@host1 ~]# docker ps --filter status=exited
CONTAINER ID IMAGE   COMMAND      CREATED       STATUS              NAMES
1e48e79f5ccc busybox "sh"         17 minutes ago  Exited (137) 15 minutes ago ...
d45fb83cb8c9 ubuntu  "/bin/bash"  42 minutes ago Exited (0) 42 minutes ago  ...
...
```

可以通过 Shell 命令替换功能利用 docker ps 命令完成容器的批量操作。例如，以下命令暂停正在运行的所有容器（由 docker ps 命令获取符合条件的容器）。

```
docker pause $(docker ps -f status=running -q)
```

6. 查看容器的详细信息

电子活页 0204

格式化命令的输出

使用docker inspect命令查看容器的详细信息，也就是元数据。默认情况下，以 JSON 数组格式输出所有结果。如果只需要查看其中的特定内容，可以使用-f（--format）来指定。例如，获取指定 ID 的容器名称，如下所示。

```
[root@host1 ~]# docker inspect --format='{{.Name}}' 7d78299f01f8
/myweb
```

又如，通过 JSON 格式的 State 子节点获取容器的状态元数据，如下所示。

```
[root@host1 ~]# docker inspect --format='{{json .State }}' myweb
{"Status":"running","Running":true,"Paused":false,"Restarting":false,"OOMK
illed":false,"Dead":false,"Pid":4352,"ExitCode":0,"Error":"","StartedAt":"2024
-01-12T02:04:17.865929363Z","FinishedAt":"0001-01-01T00:00:00Z"}
```

7. 进入容器

微课 0202

进入容器执行
交互操作

对于正在运行的容器而言，用户可以通过相应的 docker 命令进入该容器进行交互操作。目前 Docker 主要提供以下两种操作方法。

（1）使用 docker attach 命令连接到正在运行的容器，该命令的语法格式如下。

```
docker attach [选项] 容器
```

这实际上是将 Docker 主机本地的标准输入、标准输出和错误流连接（附加）到一个正在运行的容器上。执行一个 Shell 命令时通常会自动打开 3 个标准文件：标准输入文件（STDIN）、标准输出文件（STDOUT）和标准错误输出文件（STDERR）。前者通常对应终端的键盘，后两者则对应终端的屏幕。

要连接的容器必须正在运行，可以从 Docker 主机上不同的会话终端（打开多个终端）同时连接到同一个容器来共享容器的输出，看到同步操作过程。

下面的示例示范连接到一个正在运行的容器并从中退出的过程。

```
[root@host1 ~]# docker run -d --name topdemo ubuntu /usr/bin/top -b
5bd264965b8deef195707e60a1b06c673b2dd0d2b5fa34b0473ecd30b8fab61f
[root@host1 ~]# docker attach topdemo
top - 03:20:58 up 2:04, 0 users, load average: 0.11, 0.04, 0.01
Tasks:  1 total,  1 running,  0 sleeping,  0 stopped,  0 zombie
%Cpu(s):  0.0 us,  0.5 sy,  0.0 ni, 99.2 id,  0.2 wa,  0.1 hi,  0.0 si,  0.0 st
MiB Mem :  7654.2 total,  4659.4 free,  1429.5 used,  1565.3 buff/cache
MiB Swap:  6144.0 total,  6144.0 free,     0.0 used.  5945.7 avail Mem
...
   PID USER      PR  NI    VIRT    RES    SHR S  %CPU  %MEM     TIME+ COMMAND
     1 root      20   0    7180   3072   2688 R   0.0   0.0   0:00.06 top ^C
[root@host1 ~]# docker ps -a | grep topdemo
5bd264965b8d  ubuntu "/usr/bin/top -b"  5 minutes ago  Exited (0) About a minute
ago    topdemo
```

连接到容器后，按 Ctrl+C 组合键不仅会从容器中退出（脱离容器），而且会导致容器停止。要使容器保持运行，就需要在执行 docker attach 命令连接容器时加上--sig-proxy=false 选项，确保按 Ctrl+C 组合键不会停止容器，例如：

```
docker attach --sig-proxy=false topdemo
```

（2）使用 docker exec 命令在正在运行的容器上执行命令。使用该命令能够直接进入容器内执行命令，其语法格式如下。

```
docker exec [选项] 容器 命令 [参数...]
```

-d 选项表示采用分离模式，在后台运行命令；-i 选项表示即使没有连接上也保持标准输入处于打开状态，这是一种交互模式；-t 选项用于分配一个伪终端。

下面的示例示范进入一个正在运行的容器，交互执行命令，并在容器中执行 exit 命令退出的过程。退出之后容器仍然在运行。

```
[root@host1 ~]# docker start topdemo
topdemo
[root@host1 ~]# docker exec -it topdemo /bin/bash
root@5bd264965b8d:/# ps
    PID TTY          TIME CMD
      7 pts/0    00:00:00 bash
     15 pts/0    00:00:00 ps
root@5bd264965b8d:/# exit
exit
[root@host1 ~]# docker ps | grep topdemo
5bd264965b8d   ubuntu   "/usr/bin/top -b"   5 hours ago   Up 2 minutes      topdemo
```

docker attach 命令通常用于调试容器内部的应用程序，适合操作需要交互式输入和输出的场合；而 docker exec 命令则通常用于在正在运行的容器中执行命令，便于在容器内部执行复杂操作。

受惯性思维影响，有人希望使用 SSH（Secure Shell，安全外壳）来进入容器执行命令，方法是在制作镜像时安装 SSH 服务器。但是 Docker 不建议使用 SSH 进入容器，除非容器运行的就是一个 SSH 服务器。SSH 存在进程开销大和易被攻击的问题，而且其违背 Docker 所倡导的一个容器一个进程原则。

8. 删除容器

可以使用 docker rm 命令删除一个或多个容器，该命令的基本语法如下。

```
docker rm [选项] 容器 [容器...]
```

默认情况下，只能删除未运行的容器。要删除正在运行的容器，需要使用-f（--force）选项通过 SIGKILL 信号强制删除，例如：

```
[root@host1 ~]# docker rm -f topdemo
topdemo
```

还有两个选项与网络连接和卷有关：-l（--link）选项设置是否删除容器的网络连接，而保留容器本身；-v（--volumes）选项设置是否删除与容器关联的卷。

任务 2.3 Docker 注册中心的使用

任务说明

了解了什么是镜像以及镜像是如何工作的之后，我们还需了解将这些镜像存储在哪里。我们可以将容器镜像存储在本地计算机系统上，但如果想与他人共享镜像，或者要在另一台计算机上使用镜像，就需要使用注册中心。注册中心是用于集中存储和共享镜像的位置，它可以是公共的，也可以是私有的。了解相关的背景知识，掌握注册中心的使用，就能解决镜像的集中存储和分发问题。本任务的具体要求如下。

- 了解注册中心及其仓库。
- 了解第三方注册中心的使用。
- 建立和使用自己的注册中心。

知识引入

2.3.1　注册中心

在使用 Docker 的注册中心时，会涉及注册中心（Registry）和仓库（Repository）这两个术语，尽管两者关系密切，但它们不完全相同。注册中心（又称注册服务器）是集中存储和管理镜像的位置，而仓库（又称存储库）则是注册中心中相关镜像的集合。注册中心是存放仓库的地方，一个注册中心中往往有很多仓库。

注册中心借鉴了代码托管平台 Git 的优秀设计思想。用户创建了自己的镜像后，可以执行 docker push 命令，将该镜像上传到指定注册中心的仓库。若要在另一台计算机上使用同一镜像，只需执行 docker pull 命令，便可从注册中心的仓库拉取该镜像。Docker 默认的注册中心是官方的 Docker Hub。Docker Hub 是一个任何人都可以使用的公共注册中心，它为镜像的检索、发布和变更管理，用户和团队协作，开发流程的自动化提供了集中式的资源服务。几乎所有常用的操作系统、数据库、中间件、应用软件等都有现成的 Docker 官方镜像，或由贡献者（其他个人和组织）创建的镜像，用户只需要稍做配置就可以直接使用。Docker Hub 不仅提供镜像存储和分发服务的功能，还有自动构建镜像的功能。

Docker Hub 部署在境外服务器中，在国内访问可能会受影响，用户无法直接通过浏览器访问 Docker Hub 网站，但是仍然可以通过 docker search、docker pull、docker login 和 docker push 等命令来使用 Docker Hub 的资源。用户还可以配置相应的国内镜像源来提高镜像的下载速度和稳定性。

还有一些第三方的注册中心可供使用，如亚马逊弹性容器注册中心（Elastic Container Registry，ECR）、阿里云容器镜像服务 ACR 等。当然用户也可以在本地系统或组织内部建立自己的私有注册中心。

2.3.2　仓库

仓库是集中存放镜像的地方。可以将仓库想象成一个文件夹，在仓库中用户可以根据项目来组织镜像。每个仓库集中存放某一类镜像，包含一个或多个镜像。不同的镜像通过不同的标签来区分，并通过"仓库名称:标签"格式指定特定版本的镜像。每个仓库可以有多个标签，同时多个标签可能对应的是同一个镜像。标签常用于描述镜像的版本信息。

仓库名称经常以两段的格式出现，如 gitlab/gitlab-ce，前者是命名空间，后者是仓库名称。命名空间可能就是用户名，具体取决于使用的注册中心。严格地讲，在为镜像命名时应在仓库名称之前加上注册中心主机名（或 IP 地址），只有使用默认的 Docker Hub 时才忽略它。

一个完整的镜像名称的结构如下。

```
[注册中心主机:端口]/命名空间/仓库名称[:标签]
```

一个镜像名称由以斜线分隔的名称组件组成，名称组件通常包括命名空间和仓库名称，如 centos/httpd-24-centos7。名称组件可以包含小写字母、数字和分隔符。分隔符可以是句点，一个或两个下画线，或一个或多个破折号。一个名称组件不能以分隔符开始或结束。

名称后面的标签是可选的，可以包含小写字母和大写字母、数字、下画线、句点和破折号，但不能以句点或破折号开头，且最大支持 128 个字符，如 14.04。

名称前面可以加上注册中心主机。主机名用提供仓库的注册中心的域名或 IP 地址表示，必须符合标准的 DNS 规则，但不能包含下画线。主机名后面还可以加一个提供镜像注册服务的端口号，如 ":8080"。如果不提供主机名，默认使用 Docker 的公开注册中心（registry-1.docker.io）。

标签通常用于区分不同版本的镜像。可以使用 docker tag 命令为镜像添加一个新的标签，便于识别和分发镜像。实际应用中通常为指向源镜像的目标镜像添加新的标签，该命令的基本语法如下。

```
docker tag  源镜像[:标签]  目标镜像[:标签]
```

一个镜像可以有多个标签，相当于有多个别名。但无论采用何种方式保存和分发镜像，首先都要给镜像设置标签（重命名），这对镜像的推送特别重要。

下面给出几个示例。

为由镜像 ID 标识的镜像设置标签。

```
docker tag 0e5574283393 fedora/httpd:version1.0
```

为由仓库名称标识的镜像设置标签。

```
docker tag httpd fedora/httpd:version1.0
```

为由仓库名称和镜像 ID 组合标识的镜像设置标签。

```
docker tag httpd:test fedora/httpd:version1.0.test
```

如果镜像推送的目的注册中心不是默认的 Docker 的公开注册中心，则该镜像设置的标签中必须指定一个注册中心的主机名（可能包含端口），如下所示。

```
docker tag 0e5574283393 myregistryhost:5000/fedora/httpd:version1.0
```

根据所存储的镜像文件是否公开共享，可以将仓库分为公开仓库（Public Repository）和私有仓库（Private Repository）。

Docker Hub 包括大量的官方仓库，是由厂商和贡献者向 Docker 提供的公开的、经过认证的仓库，能够确保仓库及时进行安全更新。对于 Canonical、Oracle 和 Red Hat 这样的厂商提供的镜像，用户可以将它们作为基础镜像构建自己的应用程序和服务。

任务实现

任务 2.3.1　配置镜像加速器

镜像加速器为国内用户提供 Docker Hub 的镜像代理服务，它会在国内服务器上缓存大量的镜像。配置镜像加速器之后，用户通过 Docker 拉取镜像时，首先去 Docker 加速器中查找镜像，如果找到该镜像则直接从 Docker 加速器中下载。

配置镜像加速器的通用方法如下。

（1）获取可用的镜像加速器地址。

（2）在/etc/docker/daemon.json 配置文件（如果没有则需要创建）中的 registry-mirrors 字段中加入镜像加速器地址，这是一个列表，如果有多个，用逗号分隔。

```
{
    "registry-mirrors": [
```

```
        ××××                    #镜像加速器地址列表
    ]
}
```

（3）重新加载 systemd 配置，并重启 Docker 服务使新修改的配置生效。

```
systemctl daemon-reload
systemctl restart docker
```

一些通用的镜像加速器不够稳定，建议选择华为云等服务商所提供的专用镜像加速器。

这里以华为云的镜像加速器配置为例进行示范。通过浏览器访问华为云，需要使用账号登录（如果没有，需要先注册一个华为云账号并进行实名认证），成功登录之后即可访问"容器"类中的"容器镜像服务 SWR"，单击"镜像资源"节点下面的"镜像中心"，再单击右上角的"镜像加速器"，出现图 2-5 所示的界面，给出详细的操作说明，提供镜像加速器配置向导。

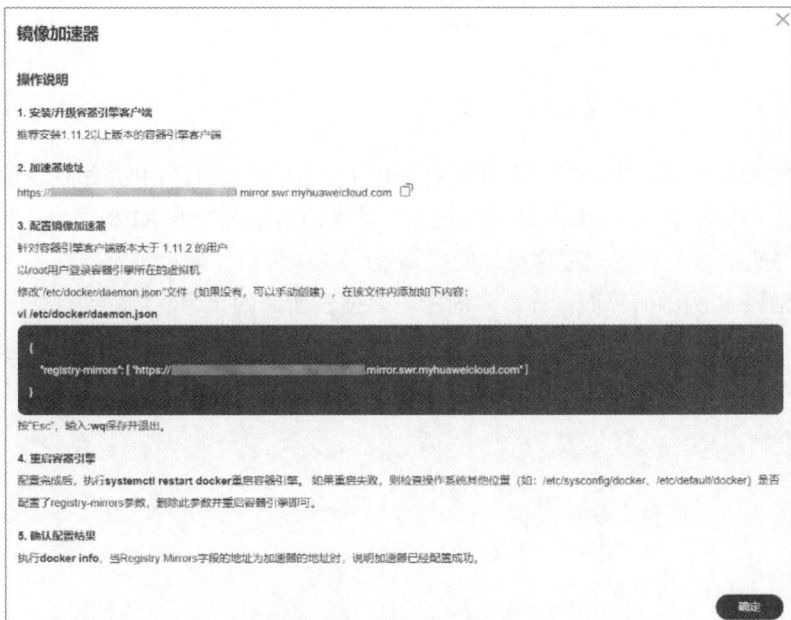

图2-5 华为云镜像加速器配置向导

该配置向导会自动生成一个加速器地址，可以直接复制，在/etc/docker/daemon.json 文件中配置加速器地址，重启 Docker 即可。配置成功之后，即可通过该镜像加速器快速获取 Docker Hub 资源。

任务 2.3.2 使用阿里云容器镜像服务 ACR

一些服务商（如阿里云、华为云）提供与 Docker Hub 类似的注册中心。阿里云提供自己的 Docker 注册服务——阿里云容器镜像服务 ACR。ACR 企业版面向企业客户，是企业级云原生应用制品管理平台，提供镜像和 Helm Chart（Kubernetes 专用）。ACR 个人版面向个人开发者，提供基础的镜像服务，包括应用镜像托管功能、稳定的镜像构建服务以及便捷的镜像授权功能，方便用户进行镜像全生命周期管理。接下来以 ACR 个人版为例简单介绍阿里云 Registry（注册中心）的基本使用方法。注意，在首次使用 ACR 个人版时需要创建个人实例。创建个人实例时需要专门设置 Registry 登录密码，如图 2-6 所示。凭 Registry 登录密码登录之后，通过"容器镜像

微课 0203

使用阿里云容器
镜像服务 ACR

服务"的"实例列表"界面（见图2-7）进入"个人实例"界面。

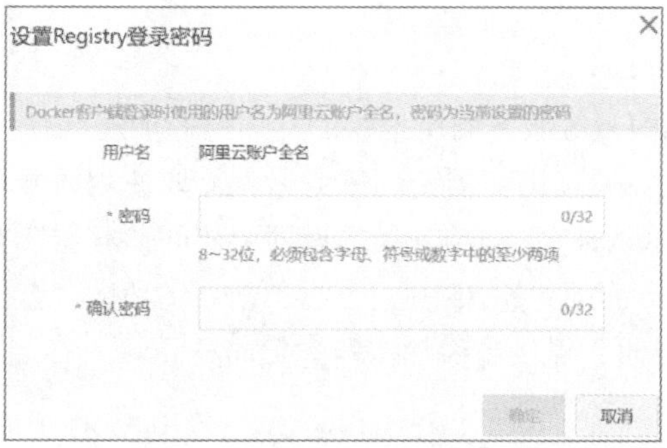

图2-6 设置Registry登录密码

图2-7 "实例列表"界面

1. 搜索镜像

ACR 推出的云原生制品中心为容器开发者提供了源于阿里云官方和龙蜥社区的安全可信容器基础镜像，涵盖了应用容器化基础操作系统镜像、基础语言镜像以及 AI 和大数据相关镜像，支持多种系统架构，使得业务容器化过程更加便捷高效、安全可信。通过浏览器登录之后，单击"制品中心"，出现图 2-8 所示的界面，在该界面中可以搜索所需的镜像。

图2-8 "制品中心"界面

2. 使用命名空间

阿里云 Registry 使用命名空间来分区管理仓库。命名空间是一些仓库的集合，推荐将一个公司或组织的仓库集中在一个命名空间下面。不推荐用命名空间对应一个模块或系统（例如 Tomcat、CentOS），推荐使用仓库管理应用或模块。

要将镜像推送（上传）到阿里云 Registry 的仓库中，必须先创建命名空间。ACR 个人版每个主账号可以创建 3 个命名空间。单击"实例列表"，再单击"个人实例"，进入"个人实例"管理界面。

单击"仓库管理"节点下面的"命名空间"，进入相应界面。在该界面中可以创建和管理命名空间，如图2-9所示，这里创建了一个名为dockerabc的命名空间。默认允许用户直接推送镜像，系统自动根据仓库名称创建对应仓库。可以通过将"自动创建仓库"设置为关闭来禁用这一自动创建的功能。推送镜像自动创建的仓库，默认其是私有的，可以将"默认仓库类型"设置为公开，以使自动创建的仓库默认为公开的。

图2-9　创建了一个名为dockerabc的命名空间

3. 从命令行登录阿里云 Registry

无论是使用 docker pull 命令从阿里云 Registry 拉取镜像，还是使用 docker push 命令将镜像推送到阿里云 Registry，都必须先使用 docker login 命令登录阿里云 Registry。此处以阿里云杭州公网 Registry（网址为 registry.cn-hangzhou.aliyuncs.com）为例，登录时必须指明 Registry 域名，并输入用户名和登录密码，登录成功后会显示 Login Succeeded，例如：

```
[root@host1 ~]# docker login registry.cn-hangzhou.aliyuncs.com
Username:               #此处输入用户账号
Password:               #此处输入用户密码

WARNING! Your password will be stored unencrypted in /root/.docker/config.json.
Configure a credential helper to remove this warning. See
https://docs.docker.com/engine/reference/commandline/login/#credentials-store
Login Succeeded
```

注意，此处用户名是阿里云账号，登录密码是在管理控制台设置的 Registry 登录密码，而不是阿里云账号登录密码。如果忘记了设置的 Registry 登录密码，则可以通过配置仓库的访问凭证来重置密码，如图 2-10 所示。

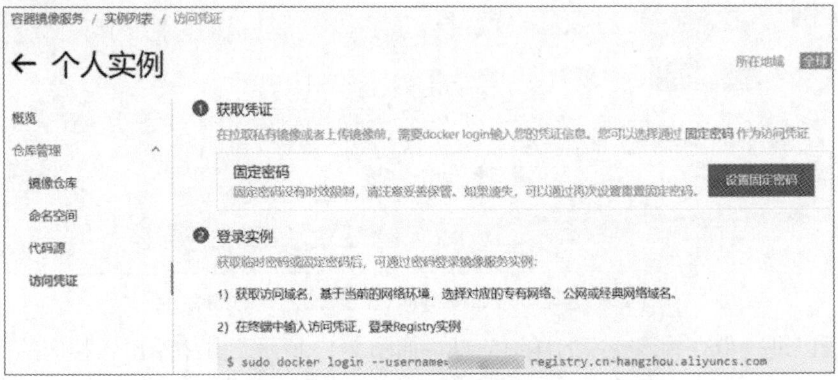

图2-10　配置仓库的访问凭证

4. 将镜像推送到阿里云 Registry

镜像在本地环境构建或打包之后，就可以推送到 Registry。

推送镜像之前需要针对注册中心设置相应的标签。这里为镜像设置针对阿里云 Registry 的标签，标签格式如下。

```
Registry 域名/命名空间/仓库名称[:标签]
```

其中，Registry 域名为阿里云 Registry 的域名，仓库名称就是镜像名称，标签相当于镜像版本。在本例中进行如下操作为镜像设置针对阿里云 Registry 的标签。

```
[root@host1 ~]#docker tag hello-world registry.cn-hangzhou.aliyuncs.com/
dockerabc/hello-world
[root@host1 ~]# docker images | grep hello-world
registry.cn-hangzhou.aliyuncs.com/dockerabc/hello-world  latest  d2c94e258dcb
8 months ago  13.3kB
hello-world                          latest  d2c94e258dcb  8 months ago  13.3kB
```

然后执行 docker push 命令推送该镜像。

```
[root@host1 ~]# docker push registry.cn-hangzhou.aliyuncs.com/dockerabc/
hello-world
Using default tag: latest
The push refers to repository [registry.cn-hangzhou.aliyuncs.com/dockerabc/
hello-world]
ac28800ec8bb: Pushed
latest: digest: sha256:d37ada95d47ad12224c205a938129df7a3e52345828b4fa27b03a98825d1e2e7
size: 524
```

> 💬 **提示**　⚙ 要确认登录的用户对指定的命名空间有写入权限，还要注意登录的 Registry 和当前操作镜像的 Registry 必须保持一致。例如，在只登录 registry.cn-hangzhou.aliyuncs.com 的情况下推送 registry.cn-qingdao.aliyuncs.com 的镜像，客户端会出现未授权的错误信息。

可以到阿里云 Registry 上查看新推送的仓库，如图 2-11 所示。用户可以通过浏览器界面对仓库执行各种管理操作，包括创建新的仓库。

仓库名称	命名空间	仓库状态	仓库类型	仓库地址	创建时间	最近更新时间	操作
hello-world	dockerabc	✓ 正常	私有	⋯	2024-01-15 16:11:31	2024-01-15 16:11:31	管理｜删除

图2-11　到阿里云Registry上查看新推送的仓库

用户还可以进一步查看该仓库的详细信息，如图 2-12 所示，其中给出了相应的操作指南。

Docker容器技术 配置、部署与应用（第2版）（微课版）

图2-12　仓库的详细信息

5. 从阿里云 Registry 拉取镜像

如果要拉取公开仓库下的镜像，可以不登录阿里云 Registry。可以先通过浏览器搜索到要拉取的镜像，获取其地址（格式为"Registry 域名/命名空间/仓库名称[:标签]"），再进行拉取操作。对于私有仓库，要确认用户对该仓库有相应的拉取权限。

下面示范拉取之前推送的镜像。

```
[root@host1 ~]# docker pull registry.cn-hangzhou.aliyuncs.com/dockerabc/hello-world
Using default tag: latest
latest: Pulling from dockerabc/hello-world
Digest: sha256:d37ada95d47ad12224c205a938129df7a3e52345828b4fa27b03a98825d1e2e7
Status: Image is up to date for registry.cn-hangzhou.aliyuncs.com/dockerabc/hello-world:latest
registry.cn-hangzhou.aliyuncs.com/dockerabc/hello-world:latest
```

任务 2.3.3　自建注册中心

考虑到安全性、可控性以及互联网连接的限制，用户可以建立一个自己的注册中心来提供仓库的注册服务。Docker Registry 工具已经开源，并在 Docker Hub 提供官方镜像。下面讲解通过容器部署自己的注册中心的方法，该注册中心用于在可控的环境中存储和分发镜像。

微课 0204

自建注册中心

1. 基于容器安装并运行 Docker Registry

Docker Registry 工具主要负责仓库的管理。执行以下命令，创建并启动一个运行 Registry 容器。

```
[root@host1 ~]# docker run -d -p 5000:5000 --restart=always --name myregistry
-v /opt/data/registry:/var/lib/registry registry
...
```

Docker Registry 运行在容器中，而容器自己的文件系统是随着容器的生命周期终止和删除而被删除的。这里通过-v 选项将主机的本地/opt/data/registry 目录绑定到容器/var/lib/registry 目录（Docker Registry 默认存放镜像文件的位置）中。这样可以实现数据的持久化，将仓库存储到本地文件系统中。

-p 选项用于设置映射端口，这样访问主机的 5000 端口就能访问到 Registry 容器的服务。

--restart 选项设置重启策略，上面的示例中将该选项的值设置为 always，表示这个容器即使异常退出也会自动重启，保持了镜像服务的持续运行。

--name myregistry 选项表示将该容器命名为 myregistry，便于后续操作。

可以执行以下命令获取所有的仓库来测试 Docker Registry 服务，下面的示例说明该服务正常运行，刚建立的注册中心中还没有任何镜像。

```
[root@host1 ~]# curl http://127.0.0.1:5000/v2/_catalog
{"repositories":[ ]}
```

2. 将镜像推送到自建注册中心

推送镜像之前需要针对自建注册中心设置相应的标签，标签格式如下。

```
[注册中心主机:端口]/仓库名称[:标签]
```

其中，注册中心主机可以用自建注册中心的域名或 IP 地址表示，端口就是该中心对外提供注册服务的端口。在本例中进行如下操作。

```
[root@host1 ~]# docker tag hello-world 127.0.0.1:5000/hello-world:v1
```

然后执行镜像推送命令。

```
[root@host1 ~]# docker push 127.0.0.1:5000/hello-world:v1
The push refers to repository [127.0.0.1:5000/hello-world]
ac28800ec8bb: Pushed
v1: digest: sha256:d37ada95d47ad12224c205a938129df7a3e52345828b4fa27b03a98825d1e2e7
size: 524
```

完成之后进行镜像推送测试。首先查看仓库列表。

```
[root@host1 ~]# curl http://127.0.0.1:5000/v2/_catalog
{"repositories":["hello-world"]}
```

然后查看指定仓库的标签列表。

```
[root@host1 ~]# curl http://192.168.10.51:5000/v2/hello-world/tags/list
{"name":"hello-world","tags":["v1"]}
```

也可以直接使用浏览器访问自建注册中心。

3. 从自建注册中心拉取镜像

镜像推送测试无误后，测试拉取刚才推送的镜像，结果表明镜像拉取成功。

```
[root@host1 ~]# docker pull 127.0.0.1:5000/hello-world:v1
v1: Pulling from hello-world
Digest: sha256:d37ada95d47ad12224c205a938129df7a3e52345828b4fa27b03a98825d1e2e7
Status: Image is up to date for 127.0.0.1:5000/hello-world:v1
127.0.0.1:5000/hello-world:v1
```

4．配置自建注册中心地址

默认情况下，注册中心地址使用 localhost 或 127.0.0.1 是没有问题的。但是，如果使用主机的域名或 IP 地址就会报出"http: server gave HTTP response to HTTPS client"这样的错误，这是因为自 1.3.×版本以来，Docker 在访问注册中心时默认使用 HTTPS（Hypertext Transfer Protocol Secure，超文本传输安全协议）。然而，搭建的私有注册中心默认使用 HTTP（Hypertext Transfer Protocol，超文本传送协议）。

```
[root@host1 ~]# docker pull 192.168.10.51:5000/hello-world:v1
Error response from daemon: Get "https://192.168.10.51:5000/v2/": http: server
gave HTTP response to HTTPS client
```

最简单的解决方案是修改 Docker 客户端的/etc/docker/daemon.json 文件，将要使用的注册中心域名或 IP 地址添加到 insecure-registries 列表中，以允许 Docker 客户端与该列表中的注册中心之间的通信支持 HTTP。本例中定义如下。

```
"insecure-registries":["192.168.10.51:5000"]
```

该配置文件的格式是 JSON 格式，如果配置文件是新建的，则需要加上花括号，例如：

```
{ "insecure-registries":["192.168.10.51:5000"] }
```

然后重启 docker 服务。

```
[root@host1 ~]# systemctl restart docker
```

这样再进行镜像推送和拉取就没有问题了，例如：

```
 [root@host1 ~]# docker pull 192.168.10.51:5000/hello-world:v1
v1: Pulling from hello-world
Digest: sha256:d37ada95d47ad12224c205a938129df7a3e52345828b4fa27b03a98825d1e2e7
Status: Downloaded newer image for 192.168.10.51:5000/hello-world:v1
192.168.10.51:5000/hello-world:v1
```

任务 2.4　构建镜像

任务说明

对于 Docker 用户来说，使用已有的镜像是最方便的。如果找不到合适的现有镜像，或者需要在现有镜像中加入特定的功能，则需要自己构建镜像。当然，对于自己开发的应用程序，如果要在容器中部署与运行，一般都要构建自己的镜像。构建镜像是软件开发生命周期的关键部分，它允许用户打包和捆绑代码并将其发送到任何地方。Docker 提供了两种构建镜像的方法：第 1 种方法是将现有容器转化为镜像，第 2 种方法是通过 Dockerfile 构建镜像。实际应用中主要使用第 2 种方法，这就要用到构建命令 docker build。该命令不仅可用于构建镜像和打包代码，还支持常见的工作流任务，并支持更复杂和高级的场景。本任务的具体要求如下。

- 了解构建镜像方法。
- 熟悉 Dockerfile 构建镜像的基本语法和主要的 Dockerfile 指令。
- 学会使用 docker build 命令基于 Dockerfile 构建镜像。

2.4.1　基于容器生成镜像

容器启动后是可写的，所有写操作都保存在顶部的可写层中。可以通过 docker commit 命令提交现有的容器来生成新的镜像。

基于容器生成镜像的具体实现原理是通过对可写层的修改生成新的镜像，如图 2-13 所示。这种方法会让镜像的层数越来越多，而因为联合文件系统所允许的层数是有限的，所以这种方法存在一些不足，这在任务 2.1 讲解基于联合文件系统的镜像的分层结构时已经说明。Docker 并不推荐使用这种方法，而是建议通过 Dockerfile 构建镜像。

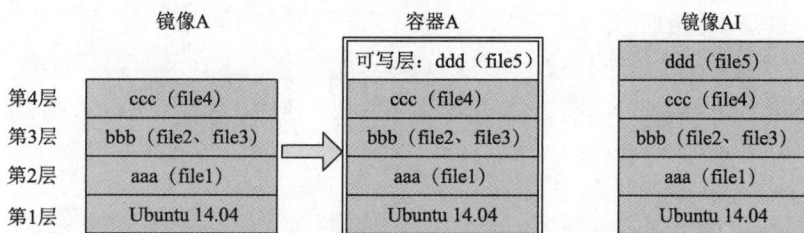

图2-13　基于容器生成镜像的具体实现原理

docker commit 命令用于从容器中创建一个新的镜像，该命令的基本语法如下。

```
docker commit [选项] 容器 [仓库[:标签]]
```

-a 选项为镜像添加作者信息；-c 选项表示使用 Dockerfile 指令来创建镜像；-p 选项表示在执行提交命令 commit 时将容器暂停。

2.4.2　Dockerfile 格式

Dockerfile 是一个文本文件，由一系列指令和参数构成，每一条指令构建一层镜像，因此每一条指令的内容就是描述该层应当如何构建，一个 Dockerfile 包含构建镜像的完整指令。Dockerfile 的格式如下。

```
# 注释
指令 参数
```

指令不区分大小写，但建议大写。指令可以指定若干参数。

Docker 按顺序执行其中的指令。Dockerfile 必须以 FROM 指令开头，该指令定义构建镜像所用的基础镜像。FROM 指令之前唯一允许的是 ARG 指令（用于定义变量）。

以 "#" 符号开头的行都将被视为注释，除了解析器指令（Parser Directive）。行中其他位置的 "#" 符号将被视为参数的一部分。

解析器指令是可选的，它会影响 Docker 处理 Dockerfile 中后续的指令和内容的方式。解析器指令不会添加镜像层，也不会在构建步骤中显示。解析器指令是 "# 指令 = 值" 格式的一种特殊类型的注释，单个指令只能使用一次。一旦注释、空行或构建器指令被处理，Docker 就不再搜寻解析器指令，而是将格式化解析器指令的任何内容都作为注释，并且判断解析器指令。因此，所有解析器指令都必须位于 Dockerfile 的首部。

将转义字符设置为反引号（ ` ）在 Windows 系统中特别有用，因为默认转义字符 "\" 是目录路径分隔符。Docker 可使用解析器指令 escape 设置作为转义字符的字符。如果未指定，则默认转义字符为反斜线"\"。转义字符既用于转义行中的字符，也用于转义一个新的行，这让 Dockerfile 指令能跨越多行。设置作为转义字符的字符的示例如下。

```
# escape=\
```

或者：

```
# escape=`
```

另一个解析器指令是 syntax，它用于声明构建镜像的 Dockerfile 语法版本，这适用于新版本的构建工具 BuildKit。如果未指定，BuildKit 将使用 Dockerfile 前端的捆绑版本。通过使用 syntax 声明 Dockerfile 语法版本，用户可以自动使用最新的 Dockerfile 版本，而无须升级 BuildKit 或 Docker Engine。官方建议采用以下定义，让 BuildKit 在构建镜像之前拉取 Dockerfile 语法的最新稳定版本。

```
# syntax=docker/dockerfile:1
```

2.4.3 Dockerfile 常用指令

镜像的定制实际上是定制每一层的配置、文件，将每一层修改、安装、构建、操作的指令都写入 Dockerfile。使用 Dockerfile 构建、定制镜像，可以解决基于容器无法重复生成镜像、构建过程缺乏透明性和生成的镜像体积偏大的问题。在创建 Dockerfile 之后，当需要定制有额外需求的镜像时，只需在 Dockerfile 上添加或修改指令，重新生成镜像即可。下面介绍常用的 Dockerfile 指令。

1. FROM——设置基础镜像

FROM 指令可以使用以下 3 种格式。

```
FROM <镜像名称> [AS <名称>]
FROM <镜像名称>[:<标签>] [AS <名称>]
FROM <镜像名称>[@<摘要值>] [AS <名称>]
```

大部分情况下都基于一个已有的基础镜像来构建镜像，不必从"零"开始。FROM 指令为后续指令设置基础镜像。"镜像"参数表示基础镜像的名称，可以指定任何有效的镜像，特别是从公开仓库下载的镜像。

FROM 指令可以在同一个 Dockerfile 中多次出现，以创建多个镜像层。

可以通过添加"AS <名称>"来为此阶段构建的镜像指定一个名称，这个名称可用于在后续的 FROM 指令中和 COPY --from=<name|index>指令中引用此阶段构建的镜像。

"标签""摘要值"参数是可选的。如果省略其中任何一个，构建器将默认使用"latest"作为要生成的镜像的标签。如果构建器与标签不匹配，则构建器将返回错误信息。

2. RUN——运行命令

RUN 指令可以使用以下 2 种格式。

```
RUN <命令>
RUN ["可执行程序", "参数1", "参数2"]
```

第 1 种是 Shell 格式，命令在 Shell 中运行，在 Linux 系统中默认为/bin/sh –c 命令，在 Windows 系统中为 cmd /S/C 命令。第 2 种是 Exec 格式，不会启动 Shell。

RUN 指令会在当前镜像顶部创建新的层，在其中执行定义的命令并提交结果。提交结果产生的镜像将用于 Dockerfile 的下一步处理。

分层的 RUN 指令和生成的提交结果符合 Docker 的核心理念。提交结果非常易于使用，可以从镜像历史中的任何节点创建容器，这与软件源代码控制非常类似。

在 Shell 格式中，命令和参数被传递给一个 Shell（默认/bin/sh）。就像在命令行中输入命令一样，用户还可以使用 Shell 的特性，如管道、通配符、变量扩展等。在 Shell 格式中，如果不使用/bin/sh，改用其他 Shell，需要明确提供 Shell 运行环境。还可以使用反斜线 "\\" 将单个 RUN 指令延续到下一行，例如：

```
RUN /bin/bash -c 'source $HOME/.bashrc; \
echo $HOME'
```

也可以将这两行指令合并到一行中。

```
RUN /bin/bash -c 'source $HOME/.bashrc; echo $HOME'
```

Exec 格式使用 JSON 数组来明确指定命令和参数，格式更加明确和清晰，可以避免 Shell 解析问题，例如：

```
RUN ["/bin/bash", "-c", "echo hello"]
```

3. CMD——指定容器启动时默认执行的命令

CMD 指令可以使用以下 3 种格式。

```
CMD ["可执行程序","参数 1","参数 2"]
CMD ["参数 1","参数 2"]
CMD 命令 参数 1 参数 2
```

第 1 种是首选的 Exec 格式，第 2 种提供 ENTRYPOINT 指令的默认参数，第 3 种是 Shell 格式。一个 Dockerfile 中只能有一个 CMD 指令，如果列出多个 CMD 指令，则只有最后一个 CMD 指令有效。

CMD 指令的主要作用是为运行中的容器提供默认值，这些默认值可以包括可执行文件，如果不提供可执行文件，则必须指定 ENTRYPOINT 指令。

CMD 一般是整个 Dockerfile 的最后一条指令。当 Dockerfile 完成所有环境的安装和配置后，使用 CMD 指令指示 docker run 命令运行镜像时要执行的命令。

CMD 指令使用 Shell 或 Exec 格式设置运行镜像时要执行的命令。如果使用 Shell 格式，则命令将在/bin/sh –c 语句中执行，echo 命令会自动被/bin/sh-c 调用，例如：

```
FROM ubuntu
CMD echo "This is a test." | wc -
```

如果不使用 Shell 格式，则必须使用 JSON 数组表示命令，并给出可执行文件的完整路径。这种数组格式是 CMD 指令的首选格式，任何附加参数都必须在数组中以单个字符串的形式提供，例如：

```
FROM ubuntu
CMD ["/usr/bin/wc","--help"]
```

如果希望容器每次运行同一个可执行文件，则应考虑组合使用 ENTRYPOINT 和 CMD 指令，后面会对此进行详细说明。

如果用户执行 docker run 命令时指定了参数，则该参数会覆盖 CMD 指令中的默认定义。

注意，不要混淆 RUN 和 CMD 指令。RUN 指令实际执行命令并提交结果；CMD 指令在构建镜像时不执行任何命令，只为镜像定义想要执行的命令。

4. LABEL——向镜像添加标记

LABEL 指令的语法格式如下。

```
LABEL <键>=<值> <键>=<值> <键>=<值> ...
```

LABEL 指令向镜像添加的每个标记（元数据）以键值对的形式表示。如要在其中包含空格，应使用引号和反斜线，就像命令行解析一样。下面是几个使用 LABEL 指令的示例。

```
LABEL "com.example.vendor"="ACME Incorporated"
LABEL com.example.label-with-value="foo"
LABEL version="1.0"
LABEL description=" 这段文本表明 \
标记可以使用多行内容表示 "
```

一个镜像可以有多个标记。要指定多个标记，Docker 建议尽可能将它们合并到单个 LABEL 指令中。这是因为每个 LABEL 指令会产生一个新层，如果使用多个标记，可能会生成效率低下的镜像层。

5. EXPOSE——声明容器在运行时监听的网络端口

EXPOSE 指令的语法格式如下。

```
EXPOSE <端口> [<端口>...]
```

EXPOSE 指令声明容器在运行时监听的网络端口。这个端口可以指定为 TCP 或 UDP（User Datagram Protocol，用户数据报协议）端口，默认是 TCP 端口。

EXPOSE 指令不会发布该端口，只会起到声明作用。要发布端口，必须在运行容器时使用-p 选项发布一个或多个端口，或者使用-P 选项发布所有暴露的端口。

6. ENV——指定环境变量

ENV 指令可以使用以下两种格式。

```
ENV <键> <值>
ENV <键>=<值> ...
```

ENV 指令以键值对的形式指定环境变量。该值会存在于构建镜像阶段的所有后续指令环境中，也可以在容器运行时被指定的环境变量替换。

第 1 种格式将单个变量设置为一个值，键后第 1 个空格后面的整个字符串将被视为值的一部分，包括空格和引号等字符。

第 2 种格式允许一次设置多个变量，可以使用等号，而第 1 种格式不使用等号。与命令行解析类似，要在值中包含空格可使用引号和反斜线。

7. COPY——将源文件复制到容器

COPY 指令可以使用以下两种格式。

```
COPY [--chown=<用户>:<组>] <源>...<目的>
COPY [--chown=<用户>:<组>] ["<源>",..., "<目的>"]
```

--chown 选项只能用于构建 Linux 容器，而不能在 Windows 容器上工作。因为用户和组的所有权概念不能在 Linux 和 Windows 之间转换，所以对于路径中包含空白字符的情形，必须采用第 2 种格式。

COPY 指令将指定源路径的文件或目录复制到容器文件系统指定的目的路径中。

COPY 指令可以指定多个源路径，但文件和目录的路径将被视为相对于构建上下文的源路径。每个源路径可能包含通配符，通配符的匹配将使用 Go 语言的 filepath.Match 函数完成。例如：

```
COPY hom* /mydir/          # 添加所有以"hom"开头的文件
COPY hom?.txt /mydir/      # ?用于替换任何单字符，如"home.txt"
```

目的路径可以是绝对路径，也可以是相对于工作目录（由 WORKDIR 指令指定）的路径，源文件将被复制到目的容器的目的路径中。例如：

```
COPY test relativeDir/        #将"test"添加到相对路径`WORKDIR`/relativeDir/中
COPY test /absoluteDir/       # 将"test"添加到绝对路径/absoluteDir/中
```

COPY 指令遵守以下复制规则。

- 源路径必须位于构建上下文中，不能使用 COPY ../something/something 指令，因为 docker build 命令的第 1 步是发送构建上下文目录及其子目录到 Docker 守护进程中。
- 如果源是目录，则复制目录的整个内容，包括文件系统元数据。注意，目录本身不会被复制，被复制的只是其内容。
- 如果源是任何其他类型的文件，则它会与其元数据被分别复制。在这种情形下，如果目的路径以斜线（/）结尾，则它将被认为是一个目录，源内容将被写到"<目的>/base(<源>)"路径中。
- 如果直接指定多个源，或者源中使用了通配符，则目的路径必须是目录，并且必须以斜线结尾。
- 如果目的路径不以斜线结尾，则它将被视为常规文件，源内容将被写入其中。
- 如果目的路径不存在，则该路径会与其中所有缺少的目录一起被创建。

复制过来的源文件在容器中作为新文件和目录，它们都以 UID（用户 ID）和 GID（用户组 ID）为 0 的用户和组账号的身份被创建，除非使用--chown 选项明确指定用户名、组名或 UID/GID 组合。

COPY 指令还可以使用--from=<name|index>选项将源位置设置为构建阶段（参见 FROM 指令）产生的镜像，以替代由用户发送的构建上下文。--from 选项可以使用数字索引来标识以 FROM 指令开始的所有之前的构建阶段。

8. ADD——将源文件复制到容器

ADD 指令可使用以下两种格式。

```
ADD [--chown=<用户>:<组>] <源>... <目的>
ADD [--chown=<用户>:<组>] ["<源>",... "<目的>"]
```

该指令的功能与 COPY 指令的功能基本相同，二者的不同之处有两点：一是 ADD 指令的源可以使用 URL（Uniform Resource Locator，统一资源定位符）指定，二是 ADD 指令的归档文件在复制过程中能够被自动解压缩。

在源是远程 URL 的情况下，复制产生的目标文件的权限为 600，即只有所有者可读写，其他人不可访问。

如果源是 URL，而目的路径不以反斜线结尾，则文件将下载 URL 指向的文件，并将其复制到目的路径中。

如果源是 URL 并且目的路径以反斜线结尾，则从 URL 中解析出文件名，并将文件下载到"<源>/<文件名>"路径中。例如，ADD http://example.com/foobar/指令会创建/foobar 文件。URL必须有一个特别的路径，以便解析出文件名（像 http://example.com 这样的 URL 不可用）。

如果源是具有可识别的压缩格式（如 gzip、bzip2 或 xz）的本地归档文件，则将其解压缩为目录。来自远程 URL 的资源不会被解压缩。

9. ENTRYPOINT——配置容器的默认入口点

ENTRYPOINT 指令可以使用以下两种格式。

```
ENTRYPOINT ["可执行文件", "参数 1", "参数 2"]
```

```
ENTRYPOINT 命令 参数 1 参数 2
```

第 1 种格式是首选的 Exec 格式，第 2 种格式是 Shell 格式。

ENTRYPOINT 指令用于定义容器的默认入口点，即容器启动时执行的可执行文件或脚本。例如，下面的示例将使用 nginx 镜像的默认内容启动 nginx 监听端口 80。

```
docker run -i -t --rm -p 80:80 nginx
```

docker run <镜像> 的命令参数将附加在 Exec 格式的 ENTRYPOINT 指令所定义的所有元素之后，并将覆盖 CMD 指令指定的所有元素。这种方式允许参数被传递给入口点，即 docker run <镜像> -d 命令会将 -d 传递给入口点。用户可以使用 docker run --entrypoint 命令覆盖 ENTRYPOINT 指令。

Shell 格式的 ENTRYPOINT 指令可以防止使用任何 CMD 指令或 docker run 命令的参数，其缺点是 ENTRYPOINT 指令将作为 /bin/sh -c 的子命令启动，不传递任何其他信息。这就意味着可执行文件将不是容器的第 1 个进程（PID 1），并且不会接收 UNIX 信号，因此可执行文件将不会从 docker stop <容器> 命令中接收到 SIGTERM（终止）信号。

在 Dockerfile 中只有最后一个 ENTRYPOINT 指令会起作用。接下来给出两个示例进行进一步说明。

（1）使用 Exec 格式的 ENTRYPOINT 指令示例。

可以考虑使用 Exec 格式的 ENTRYPOINT 指令设置默认命令和参数，然后使用 CMD 指令的任何格式来设置更容易被修改的其他默认值。例如，Dockerfile 内容如下。

```
FROM ubuntu
ENTRYPOINT ["top", "-b"]
CMD ["-c"]
```

假设从该 Dockerfile 构建的镜像为 test，执行以下命令，基于该镜像运行一个容器，会发现只有一个 top 进程在运行。

```
# docker run -it --rm --name test  top -H
top - 08:25:00 up 7:27,  0 users,  load average: 0.00, 0.01, 0.05
Threads:  1 total,  1 running,  0 sleeping,  0 stopped,  0 zombie
%Cpu(s):  0.1 us,  0.1 sy,  0.0 ni, 99.7 id,  0.0 wa,  0.0 hi,  0.0 si,  0.0 st
KiB Mem:  2056668 total, 1616832 used,  439836 free,  99352 buffers
KiB Swap: 1441840 total,  0 used, 1441840 free. 1324440 cached Mem

   PID USER   PR  NI  VIRT   RES   SHR  S  %CPU %MEM   TIME+   COMMAND
     1 root   20   0  19744  2336  2080 R   0.0  0.1  0:00.04 top
```

容器运行时，-H 替换了 CMD 指令的设置。可以使用 docker exec 命令进一步检查结果，如下所示。

```
# docker exec -it test ps aux
USER    PID %CPU %MEM  VSZ    RSS  TTY  STAT  START   TIME  COMMAND
root     1   2.6  0.1  19752  2352  ?    Ss+   08:24  0:00   top -b -H
root     7   0.0  0.1  15572  2164  ?    R+    08:25  0:00   ps aux
```

执行 docker stop test 命令将停止该容器。

（2）使用 Shell 格式的 ENTRYPOINT 指令示例。

可以使用 Shell 格式的 ENTRYPOINT 指令定义一个普通的字符串，该字符串将作为命令在 /bin/sh -c 语句中执行。这种格式使用 Shell 进程替换 Shell 环境变量，并忽略任何 CMD 指令的设置或 docker run 命令的参数。要确保 docker stop 命令正确终止一直执行的 ENTRYPOINT 指令，需要使用 exec 命令来启动该命令。看一看以下 Dockerfile 示例。

```
FROM ubuntu
ENTRYPOINT exec top -b
```

假设从该 Dockerfile 构建的镜像为 test，执行以下命令，基于该镜像运行一个容器，会发现只有一个 PID 为 1 的进程在运行。

```
# docker run -it --rm --name test top
Mem: 1704520K used, 352148K free, 0K shrd, 0K buff, 140368121167873K cached
CPU:   5% usr   0% sys   0% nic  94% idle   0% io   0% irq   0% sirq
Load average: 0.08 0.03 0.05 2/98 6
  PID   PPID  USER   STAT   VSZ   %VSZ   %CPU  COMMAND
    1      0  root   R      3164   0%     0%   top -b
```

执行以下命令可以停止该容器。

```
/usr/bin/time docker stop test
```

10. 其他指令

VOLUME 指令用于创建具有指定名称的挂载点，并将其标记为从本地主机或其他容器可访问的外部挂载。挂载点路径可以是 JSON 数组（如 VOLUME ["/var/log/"]）或具有多个参数的纯字符串（如 VOLUME /var/log 或 VOLUME /var/log/var/db）。

WORKDIR 指令用于为 Dockerfile 中的任何 RUN、CMD、ENTRYPOINT、COPY 和 ADD 指令设置工作目录。该目录如果不存在，则将被自动创建，即使不被任何后续的 Dockerfile 指令使用。可以在一个 Dockerfile 中多次使用 WORKDIR 指令。如果提供了相对路径，则该路径是相对于前面 WORKDIR 指令提供的路径而言的。

USER 指令用于设置运行镜像时使用的用户名（或 UID）和可选的用户组（或 GID），Dockerfile 中的任何 RUN、CMD 和 ENTRYPOINT 指令会使用这个被设置的身份。

ARG 指令用于定义一个变量，用户可以在使用--build-arg <varname> = <value>执行 docker build 命令构建镜像时将该变量传递给构建器。如果用户指定了一个未在 Dockerfile 中定义的构建参数，构建时将输出错误。

SHELL 指令用于以指定 Shell 格式覆盖默认的 Shell。Linux 上的默认 Shell 是["/bin/sh","-c"]，Windows 上的默认 Shell 是["cmd","/S","/C"]。SHELL 指令必须以 JSON 格式编写。SHELL 指令在 Windows 上特别有用，其中有两个常用的且完全不同的本机 Shell（cmd 和 powershell）以及包括 sh 的备用 Shell。SHELL 指令可以多次出现，每个 SHELL 指令都覆盖所有先前的 SHELL 指令，并影响所有后续指令。

2.4.4　区分 RUN、CMD 和 ENTRYPOINT 指令

RUN、CMD 和 ENTRYPOINT 这 3 条指令都涉及容器中命令的执行，必须区分它们并厘清它们之间的关系。

1. RUN、CMD 和 ENTRYPOINT 的区别和联系

RUN 指令执行命令并创建新的镜像层，经常用于安装应用程序和软件包。RUN 先于 CMD 或 ENTRYPOINT 指令在构建镜像时执行，并被固化在所生成的镜像中。

CMD 和 ENTRYPOINT 指令在每次启动容器时才执行，两者的区别在于 CMD 指令会被 docker run 命令所覆盖。当这两个指令一起使用时，ENTRYPOINT 指令作为可执行文件，而 CMD 指令则为 ENTRYPOINT 指令提供默认参数。

CMD 指令的主要作用是为容器提供启动时的默认值，即默认执行的命令及其参数，但当运行带有替代参数的容器时，CMD 指令将被覆盖。如果 CMD 指令不提供可执行文件，则必须指定 ENTRYPOINT 指令。CMD 指令可以为 ENTRYPOINT 指令提供额外的默认参数，同时可以利用 docker run 命令替换 CMD 指令设置的参数。

当容器作为可执行文件时，应该定义 ENTRYPOINT 指令，让容器以应用程序或者服务的形式运行。与 CMD 指令不同，ENTRYPOINT 指令不会被忽略，一定会被执行，即使是在执行 docker run 命令时指定了其他命令参数也是如此。如果镜像的用途是运行应用程序或服务，如运行一个 MySQL 服务器，则应该优先使用 Exec 格式的 ENTRYPOINT 指令。

ENTRYPOINT 指令中的参数始终会被 docker run 命令使用，不可改变；而 CMD 指令中的额外参数可以在执行 docker run 命令启动容器时被动态替换。

2. 组合使用 CMD 和 ENTRYPOINT 指令

CMD 和 ENTRYPOINT 指令都可以定义运行容器时要执行的命令，两者组合使用时应遵循以下规则。

- Dockerfile 中应该至少定义一个 CMD 或 ENTRYPOINT 指令。
- 将整个容器作为一个可执行文件时应当定义 ENTRYPOINT 指令。
- CMD 指令应为 ENTRYPOINT 指令提供默认参数，或者用于在容器中临时执行一些命令。
- 当使用替代参数运行容器时，CMD 指令将会被覆盖。

表 2-3 给出了 CMD 和 ENTRYPOINT 指令组合时实际执行的命令。其中，exec_cmd 表示可执行命令，p1_cmd 和 p2_cmd 表示命令参数；exec_entry 表示可执行文件，p1_entry 表示其参数。

表2-3 CMD和ENTRYPOINT指令组合时实际执行的命令

CMD 指令的定义	无 ENTRYPOINT 指令的定义	ENTRYPOINT 指令的定义（Shell 格式）：exec_entry p1_entry	ENTRYPOINT 指令的定义（Exec 格式）：["exec_entry", "p1_entry"]
无 CMD 指令的定义	报错，不被允许	/bin/sh -c exec_entry p1_entry	exec_entry p1_entry
CMD ["exec_cmd", "p1_cmd"]	exec_cmd p1_cmd	/bin/sh -c exec_entry p1_entry	exec_entry p1_entry exec_cmd p1_cmd
CMD ["p1_cmd", "p2_cmd"]	p1_cmd p2_cmd	/bin/sh -c exec_entry p1_entry	exec_entry p1_entry p1_cmd p2_cmd
CMD exec_cmd p1_cmd	/bin/sh -c exec_cmd p1_cmd	/bin/sh -c exec_entry p1_entry	exec_entry p1_entry /bin/sh -c exec_cmd p1_cmd

值得注意的是，如果 CMD 指令是基础镜像中定义的，那么 ENTRYPOINT 指令的定义会将 CMD 指令重置为空值。在这种情况下，必须在当前镜像中为 CMD 指令指定一个实际的值。

> 💬 **提示**
>
> ⚙ RUN、CMD 和 ENTRYPOINT 指令都会用到 Exec 和 Shell 格式，因此需要区分这两种格式。CMD 和 ENTRYPOINT 指令应首选 Exec 格式，因为这种格式的指令的可读性更强，更容易被人理解；而对于 RUN 指令则两种格式都可以选择。如果使用 CMD 指令为 ENTRYPOINT 指令提供默认参数，则 CMD 和 ENTRYPOINT 指令都应以 JSON 数组格式指定。

电子活页 0205

Exec 和
Shell 格式

57

2.4.5 镜像构建工具

无论何时构建镜像，都要使用 Docker Build 工具。Docker 从 19.03 版本开始引入 Buildx 客户端，这使得 Docker 可以构建不同 CPU 体系结构的镜像（如 ARM 镜像），而且不必引入模拟器，凭借 Docker 自身所提供的原生统一构建机制即可构建。

Docker Build 的架构如图 2-14 所示。Docker Build 采用客户端/服务器架构，Buildx 是用于运行和管理构建工作的客户端和用户接口，属于前端；BuildKit 是执行构建工作的服务器或生成器，属于后端。

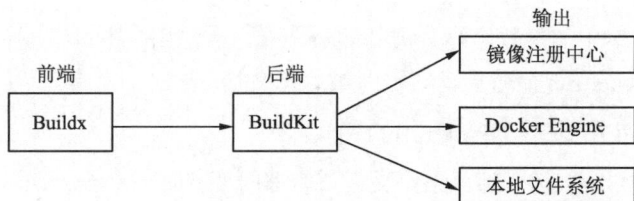

图2-14　Docker Build的架构

从 Docker Engine 23.0 和 Docker Desktop 4.19 开始，执行 docker build 命令默认使用 Buildx 客户端；在此之前，需要显式调用运行 docker buildx build 命令才能使用 Buildx 命令行工具。

BuildKit 作为守护进程运行。调用 docker build 命令后，由 Buildx 解析构建命令，然后向 BuildKit 发送构建请求。构建请求的内容包括 Dockerfile、构建参数、导出选项和缓存选项。

在构建镜像期间，Buildx 监视构建状态并将进度输出到终端。如果构建过程需要来自客户端的资源（例如本地文件或构建密钥），则 BuildKit 会从 Buildx 请求所需的资源（包括本地文件系统构建上下文、构建密钥、SSH 套接字、注册中心认证令牌等）。这是 BuildKit 相对于它所替代的传统构建器更高效的原因之一。BuildKit 仅在需要时请求构建过程所需的资源，而传统构建器则全程复制本地文件系统。

基于 Dockerfile 构建镜像需要使用 docker build 命令，该命令的基本语法如下。

```
docker build [选项] 路径 | URL | -
```

该命令的别名有 docker image build、docker buildx build、docker builder build。

该命令通过 Dockerfile 和构建上下文（Build Context）构建镜像。构建上下文是由文件路径（本地文件系统上的目录）或一个 URL 定义的一组文件。URL 参数可以指定 3 种资源：代码仓库、预打包的 tarball 上下文和纯文本文件。

构建上下文以递归方式处理。这样，本地路径包括其中的所有子目录，URL 包括仓库及其子模块。

镜像构建由 Docker 守护进程而不是命令行接口运行。构建过程中一开始将整个构建上下文递归地发送给守护进程。在大多数情况下，最好将 Dockerfile 和所需文件复制到一个空的目录中，再以这个目录为构建上下文进行构建。

一定要注意不要将多余的文件放到构建上下文中，特别是不要把/、/usr 路径作为构建上下文，否则构建过程会相当缓慢甚至失败。

要使用构建上下文中的文件，可以通过 Dockerfile 引用由指令（如 COPY）指定的文件。

按照习惯，将 Dockerfile 直接命名为"Dockerfile"，并置于构建上下文的根位置；否则，执行镜像构建时就需要使用-f 选项指定 Dockerfile 的具体位置。

```
docker build -f Dockerfile 路径 .
```

其中，句点（.）表示当前路径。

可以通过-t（--tag）选项指定构建的新镜像的仓库名称和标签，例如：

```
docker build -t shykes/myapp .
```

要将镜像标记为多个仓库，就要在执行 build 命令时添加多个-t 选项（带参数），例如：

```
docker build -t shykes/myapp:1.0.2 -t shykes/myapp:latest .
```

Docker 守护进程逐一执行 Dockerfile 中的指令。如果需要，会将每个指令的结果提交到一个新的镜像，最后输出新镜像的 ID。Docker 守护进程会自动清理发送的构建上下文。

Dockerfile 中的每条指令都被独立执行并创建一个新镜像，这样 RUN cd /tmp 等命令就不会对下一条指令产生影响。

只要有可能，Docker 将重用过程中的中间镜像（缓存），以加速构建过程。缓存会使用本地生成的镜像链上的镜像，如果不想使用本地缓存，可以通过--cache-from 选项指定缓存。如果通过--no-cache 选项禁用缓存，则将不再使用本地生成的镜像链，而是从仓库中下载。

构建成功后，可以将所生成的镜像推送到注册中心的仓库。

> 💬
> **提示**
> ⚙ 要提高构建性能，可通过将.dockerignore 文件添加到构建上下文中来定义要排除的文件和目录。只要提供.dockerignore 文件，在构建上下文被发送到 Docker 守护进程之前，命令行接口就将修改构建上下文以排除匹配该文件定义的文件和目录。

任务实现

微课 0205	电子活页 0206
基于 Dockerfile 构建镜像	理解.dockerignore 文件

任务 2.4.1　基于 Dockerfile 构建镜像

基于 Dockerfile 构建镜像的基本步骤是：准备构建上下文 → 编写 Dockerfile → 构建镜像（多数情况下是基于一个已有的基础镜像构建新的镜像）。下面以在 CentOS 镜像的基础上安装 nginx 服务器软件构建新的镜像为例进行示范。

（1）准备构建上下文。

建立一个目录，将该目录用作构建上下文，并准备所需的文件，代码如下。

```
[root@host1 ch02]# mkdir dockerfile-test && cd dockerfile-test
[root@host1 dockerfile-test]# touch nginx.repo
[root@host1 dockerfile-test]# touch Dockerfile
```

其中 nginx.repo 是用于安装 nginx 软件包的 yum 源定义文件，内容如下。

```
[nginx-stable]
name=nginx stable repo
baseurl=http://nginx.org/packages/centos/$releasever/$basearch/
gpgcheck=1
enabled=1
gpgkey=https://nginx.org/keys/nginx_signing.key
module_hotfixes=true
```

（2）编写 Dockerfile。

可以使用 nano 文本编辑器编写 Dockerfile，本例中 Dockerfile 的内容如下。

```
# syntax=docker/dockerfile:1
# 从基础镜像 centos-stream-9 开始构建
FROM dokken/centos-stream-9
# 维护者信息
LABEL maintainer="tester@abc.com"
# 将 Dockerfile 上下文中的 nginx.repo 复制到容器中的 yum 源定义文件中
COPY ./nginx.repo /etc/yum.repos
# 安装 nginx
RUN yum install -y nginx
# 修改 nginx 首页信息
RUN echo "Hello! This is nginx server " > /usr/share/nginx/html/index.html
# 对外暴露 80 端口
EXPOSE 80
# 启动 nginx
CMD ["nginx", "-g", "daemon off;"]
```

注意，最后一行中 nginx 命令行选项-g 加入的配置 daemon off;表示不以守护进程的方式运行nginx。这是因为当容器启动时，默认会将容器内部的第 1 个进程（PID 为 1 的程序）作为容器是否正在运行的依据，如果第 1 个进程退出了，容器就跟着退出了。在执行 docker run 命令时会将CMD 指令指定的命令作为容器内部命令，如果 nginx 以守护进程方式运行，那么 nginx 将在后台运行，此时第 1 个进程并不是 nginx，而是 bash 命令，但 bash 在执行 nginx 命令后就结束了，容器也会退出。

（3）使用 docker build 命令构建镜像。具体执行过程如下。

```
[root@host1 dockerfile-test]# docker build -t centos-with-nginx:1.0 .  #最后
的句点表示构建上下文为当前目录
 [+] Building 128.2s (9/9) FINISHED            docker:default
 => [internal]   load .dockerignore           0.0s    # 加载.dockerignore 文件
 => => transferring context: 2B               0.0s    # 传送上下文
 => [internal] load build definition from Dockerfile
                                              0.0s    # 从 Dockerfile 加载构建指令
 => => transferring dockerfile: 506B          0.0s    # 传送 Dockerfile
 => [internal] load metadata for docker.io/dokken/centos-stream-9:latest
                                             97.9s    # 加载基础镜像元数据
 => [internal] load build context            0.0s    # 加载构建上下文
 => => transferring context: 231B            0.0s    # 传送上下文
 => [1/4] FROM docker.io/dokken/centos-stream-9@sha256:3e23bb...f0bad5
                                             13.0s    #获取基础镜像
 => => resolve docker.io/dokken/centos-stream-9@sha256:3e23bb...952fbb58000bad5
                                              0.0s
 => => sha256:556bd38aaf99c7c65fbd7f2...d10476 61.36MB / 61.36MB
                                              7.0s
 ...
 => => extracting sha256:52626018f28a54fdc6646d59bc284c8793ee...55a180a325ece
                                              3.1s
 => => extracting sha256:556bd38aaf99c7c65fbd7f2a3fddf6e82a89831de6...880d10476
                                              4.7s
 => [2/4] COPY ./nginx.repo /etc/yum.repos  0.7s  #将 yum 源定义文件复制到容器
 => [3/4] RUN yum install -y nginx          16.0s    #执行 nginx 安装
 => [4/4] RUN echo "Hello! This is nginx server " >
```

Docker容器技术：配置、部署与应用（第2版）（微课版）

```
/usr/share/nginx/html/index.html              0.3s      #修改首页
    => exporting to image                      0.2s      # 导出到镜像
    => => exporting layers                     0.2s      # 导出层
    => => writing image sha256:f726f238deb880de58dc871024c...7577a
                                               0.0s      # 写入镜像
    => => naming to docker.io/library/centos-with-nginx:1.0
                                                         # 为镜像命名
```

可以执行以下命令查看刚构建的镜像信息。

```
[root@host1 dockerfile-test]# docker images centos-with-nginx:1.0
REPOSITORY           TAG        IMAGE ID        CREATED         SIZE
centos-with-nginx    1.0        f726f238deb8    10 minutes ago  418MB
```

（4）基于该镜像启动容器进行测试，代码如下。

```
[root@host1 dockerfile-test]# docker run --rm -d -p 8000:80 --name my-nginx
centos-with-nginx:1.0
59d1d3a46be877f4d19a3d64c2dec7eb0795576efdf5f688c9b6b7000b7164e3
```

通过列出正在运行的容器来验证该容器，如下所示。

```
[root@host1 dockerfile-test]# docker ps
CONTAINER ID   IMAGE                     COMMAND                  CREATED
STATUS           PORTS                                           NAMES
59d1d3a46be8   centos-with-nginx:1.0   "nginx -g 'daemon of..." 26 seconds ago
Up 25 seconds   0.0.0.0:8000->80/tcp, :::8000->80/tcp           my-nginx
```

可以执行以下命令访问 nginx 网站首页进行测试。

```
[root@host1 dockerfile-test]# curl 127.0.0.1:8000
Hello! This is nginx server
```

还可以使用浏览器访问进行实际测试。

（5）实验完毕，停止该容器，如下所示，该容器会被自动删除。

```
[root@host1 dockerfile-test]# docker stop my-nginx
my-nginx
```

任务 2.4.2 测试构建缓存

在构建过程中，每生成一层新的镜像时这个镜像就会被缓存。即使后面的某个步骤导致构建失败，再次构建时也会从构建失败的那层镜像的前一条指令继续往下执行。

这里修改任务 2.4.1 中的 Dockerfile，将其中的首页内容修改为：

```
Hello! Please test the nginx server
```

微课 0206

测试构建缓存

基于 Dockerfile 重新构建一个镜像，过程如下所示。

```
[root@host1 dockerfile-test]# docker build -t centos-with-nginx:2.0 .
[+] Building 11.5s (9/9) FINISHED                    docker:default
 => [internal] load build definition from Dockerfile 0.0s    # 从 Dockerfile
加载构建指令
    => => transferring dockerfile: 513B              0.0s
    => [internal] load .dockerignore                 0.0s    # 加载.dockerignore 文件
    => => transferring context: 2B                   0.0s
    => [internal] load metadata for docker.io/dokken/centos-stream-9:latest
```

61

```
                                                         11.3s   #加载基础镜像元数据
 => [internal] load build context                         0.0s   # 加载构建上下文
 => => transferring context: 32B                          0.0s   # 传送上下文
 => [1/4] FROM docker.io/dokken/centos-stream-9@sha256:3e23bb7728a3382...0bad5
                                 0.0s      #获取基础镜像（直接从本地缓存加载）
 => CACHED [2/4] COPY ./nginx.repo /etc/yum.repos  0.0s   #直接使用缓存
 => CACHED [3/4] RUN yum install -y nginx          0.0s   #直接使用缓存
 => [4/4] RUN echo "Hello! Please test the nginx server" >
/usr/share/nginx/html/index.html                          0.2s   #修改首页
 => exporting to image                                    0.0s   # 导出到镜像
 => => exporting layers                                   0.0s   # 导出层
 => => writing image sha256:f258cd7197cc6f8c0379...af8772f061f8e
                                                          0.0s   # 写入镜像
 => => naming to docker.io/library/centos-with-nginx:2.0  0.0s   # 为镜像命名
```

如果不想使用这种缓存功能，可以在执行构建命令时加上--no-cache 选项，例如：

```
docker build --no-cache -t centos-with-nginx:2.0 .
```

项目实训

项目实训 1　Ubuntu 镜像操作

实训目的

掌握镜像的基本操作。

实训内容

- 拉取最新的 Ubuntu 官方镜像。
- 查看该镜像的详细信息。
- 查看该镜像的历史信息。
- 删除该镜像。

项目实训 2　Apache Web 容器操作

实训目的

掌握容器的基本操作。

实训内容

- 基于 httpd 镜像以分离模式运行 Apache Web 容器并对外暴露 80 端口。
- 将该容器重命名为 apache-web。
- 查看该容器的详细信息。
- 使用 docker exec 命令进入该容器并查看当前目录。
- 停止并删除该容器。
- 考察该容器的生命周期。

Docker容器技术 配置、部署与应用（第2版）（微课版）

项目实训 3　使用自建注册中心

实训目的

掌握自建注册中心的使用。

实训内容

- 基于容器安装并运行 Docker Registry 以自建注册中心。
- 为 hello-world 镜像设置标签并将它推送到自建注册中心。
- 检查镜像是否推送到自建注册中心。
- 从自建注册中心拉取镜像。
- 修改自建注册中心的配置使其支持 HTTP 访问。

项目实训 4　构建在 Ubuntu 系统上运行的 nginx 镜像

实训目的

掌握基于 Dockerfile 构建镜像的方法。

实训内容

- 准备构建上下文。
- 编写 Dockerfile。
- 使用 docker build 命令构建镜像。
- 测试镜像构建的缓存。

参照任务 2.4.1 和任务 2.4.2 完成本实训任务。

项目总结

　　通过本项目的实施，读者应当掌握 Docker 的基本使用。我们可以将镜像理解为包含应用程序以及相关依赖的基础文件系统，在容器启动的过程中，它以只读的方式被用于创建容器的运行环境中。容器的实质是进程，但与直接在主机上执行的进程不同，容器运行于属于自己的独立的命名空间中，容器封装的应用程序比直接在主机上运行得更加安全。容器本身有自己的生命周期。Docker 可以通过阅读 Dockerfile 指令的方式自动创建镜像，Dockerfile 包含用户可以在命令行上调用的用于组装镜像的所有命令。注册中心提供集中存储和分发镜像的服务。开发人员可以先从注册中心拉取要使用的镜像，然后修改它，再上传到自己的私有注册中心，最后由运维人员实施各种环境的部署。

　　最后用一个示意图（见图 2-15）呈现基于 Docker 的应用程序生命周期的各阶段，以进一步说明 Dockerfile、镜像、容器和注册中心及仓库之间的关系。Docker 通过镜像描述文件 Dockerfile 来创建新的镜像和更新已有的镜像，就像 Linux 应用开发中使用 Makefile 文件来构建应用程序一样。在使用 Docker 进行应用程序开发与运维的过程中，最基本的工作是通过 Dockerfile 构建镜像，再通过镜像运行容器。从软件开发与运维的角度看，Dockerfile、镜像与容器分别代表软件的 3 个不同阶段：Dockerfile 面向开发、镜像成为交付标准、容器涉及部署和运维。项目 3 将介绍 Docker 的网络与存储配置。

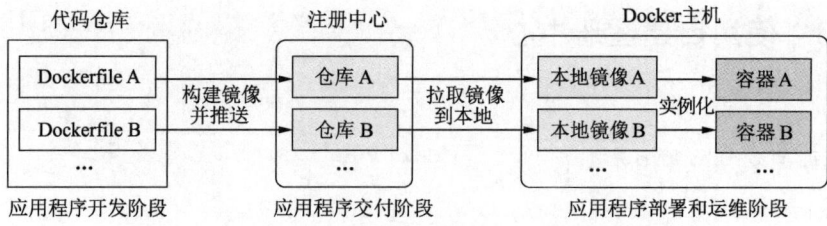

图2-15 基于Docker的应用程序生命周期的各阶段

项目3

Docker网络与存储配置

03

学习目标

- 掌握 Docker 网络基础知识，学会容器的网络配置；
- 掌握容器与外部网络之间的通信方法；
- 区分容器本地存储与外部存储，了解 Docker 存储驱动；
- 掌握容器的卷挂载方法，熟悉绑定挂载的操作。

项目描述

项目 2 中讲解了容器的基本操作。容器不是孤立的，可能需要与其他容器进行通信，还可能需要与外部网络进行通信，这就需要使用 Docker 网络。网络可以说是虚拟化技术最复杂的部分之一，也是 Docker 应用中最重要的环节之一。Docker 网络配置主要解决容器的网络连接问题、容器之间或容器与外部网络之间的通信问题。Docker 存储配置主要解决容器的数据持久存储问题。容器运行的是应用程序，这就涉及数据存储。默认情况下，所有数据在写入时均写到容器可写层中，但这些数据会随着容器被删除而消失。为确保持久存储容器的数据，Docker 引入了卷和绑定挂载（Bind Mount）这两种外部存储技术。

本项目将进一步拓展容器的配置，为容器增加网络和存储这两种重要资源，让读者掌握容器的网络配置和外部存储的使用方法。Docker 网络涉及的概念多，学习难度大，要求读者具备一定的计算机网络基础，并要加强专业训练。

任务 3.1　Docker 网络配置与管理

任务说明

容器（包括服务）如此强大的原因之一是它们能够连接在一起，而且能够连接到非 Docker 工作负载。不论 Docker 主机是分别运行 Linux、Windows 操作系统，还是混用这两者，都可以通过与平台无关的方式使用 Docker 来管理它们，但这样做的前提是有网络支持。Docker 网络配置的实现目标是提供可扩展、可移植的容器网络，解决容器的连网和通信问题。本任务的具体要求如下。

- 了解 Docker 网络驱动。
- 了解容器的网络模式。

- 了解容器之间的通信方式和容器与外部网络之间的通信方式。
- 掌握桥接网络的使用方法。
- 掌握容器端口映射的配置方法。

知识引入

3.1.1 Docker 网络概述

默认情况下，容器已启用网络，并且它们已经建立起对外通信的连接。

1. 单主机与多主机的 Docker 网络

从覆盖范围上可以将 Docker 网络划分为单主机上的网络和多主机上的网络。Docker 无论是在单主机上部署，还是在多主机上部署，都需要和网络打交道。

对于大多数单主机部署来说，可以使用网络在容器之间、容器与主机之间进行数据交换。容器也可以使用共享卷进行数据交换。共享卷这种方式的优势是易于使用而且进行数据交换的速度很快，但是其耦合度较高，很难将单主机部署转化为多主机部署。

在多主机部署中，除了需要考虑单主机上容器之间的通信，更重要的是要实现多主机之间的通信，这涉及性能和安全两个方面。

Docker 网络作用域可以是 local（本地）或 Swarm（集群）。local 作用域仅在 Docker 主机范围内提供连接和网络服务（如 DNS 和 IPAM）；Swarm 作用域则在集群范围内提供连接和网络服务。Swarm 作用域网络在整个集群中有同一个网络 ID，而 local 作用域网络则在每个 Docker 主机上有各自唯一的网络 ID。

2. Docker 网络驱动

Docker 网络子系统使用可插拔的驱动，默认情况下有多个驱动程序，并提供核心连网功能。常用的 Docker 网络驱动如表 3-1 所示。

表3-1 常用的Docker网络驱动

网络驱动	说明	适用场景
bridge	桥接网络，这是默认的网络驱动程序。不指定驱动程序创建容器时就会使用桥接网络。当容器中运行的应用程序需要与同一主机上的其他容器通信时，通常会使用桥接网络	默认的桥接网络适合运行不需要特殊网络功能的容器。用户自定义桥接网络最适用于同一 Docker 主机上运行的多个容器之间需要通信的场景。通常用来为属于常用项目或组件的多个容器定义一个隔离的网络
host	主机网络。容器直接使用（共享）主机的网络，这样可以消除容器和 Docker 主机之间的网络隔离	容器的网络不能与 Docker 主机隔离
overlay	覆盖网络。它将多个 Docker 守护进程连接在一起，使 Swarm 服务和容器能够跨节点通信。这种驱动不需要在容器之间执行操作系统级路由	不同 Docker 主机上运行的容器需要通信，或者多个应用程序通过 Swarm 服务一起工作
macvlan	将 MAC（Medium Access Control，介质访问控制）地址分配给容器，使容器作为网络上的物理设备。Docker 守护进程通过其 MAC 地址将流量路由到容器。当传统应用程序要直接连接到物理网络时，macvlan 有时是最佳选择，它不用通过 Docker 主机的网络栈进行路由	从虚拟机迁移过来的容器，或者容器需要像网络上的物理机一样拥有独立 MAC 地址

网络驱动	说明	适用场景
ipvlan	类似于 macvlan，但没有为容器分配唯一的 MAC 地址。这种网络为用户提供了对 IPv4 和 IPv6 寻址的完全控制	可以分配给网络接口或端口的 MAC 地址数量受到限制
none	表示关闭容器的所有网络连接	容器不需要网络，或者与自定义网络驱动一起使用。不适用于 Swarm 服务
网络驱动插件	可以通过 Docker 安装和使用第三方驱动网络插件	将 Docker 与专用网络栈进行集成

3.1.2　容器的网络模式

在创建容器时，可以指定容器的网络模式。Docker 支持以下网络模式，这些网络模式决定了容器的网络连接。

1. bridge 模式

选择 bridge 模式的容器使用 bridge 驱动连接到桥接网络。在 Docker 中，桥接网络使用软件网桥，让连接到同一桥接网络的容器之间可以相互通信，同时隔离那些没有连接到该桥接网络的容器。bridge 驱动自动在 Docker 主机中安装相应规则，让不同桥接网络上的容器之间不能直接相互通信。

桥接网络用于同一 Docker 主机上运行的容器之间的通信。对于在不同 Docker 主机上运行的容器，可以通过在操作系统层级管理路由，或使用覆盖网络来实现通信。

桥接网络分为默认桥接网络和用户自定义桥接网络两种类型。bridge 是 Docker 的默认网络模式，连接的是默认桥接网络。该模式相当于 VMware 虚拟机网络连接的 NAT 模式，容器拥有独立的网络命名空间和隔离的网络栈。作为 Docker 传统的解决方案，默认桥接网络将来可能会被弃用，因为其只适用于一些演示或实验场合，不建议用于生产。

bridge 模式的工作原理如图 3-1 所示。当 Docker 守护进程启动时，会自动在 Docker 主机上创建一个名为 docker0 的虚拟网桥，容器如果没有明确定义，则会自动连接到这个虚拟网桥上。虚拟网桥的工作方式与物理交换机的类似，主机上的所有容器通过它连接在同一个二层网络中。

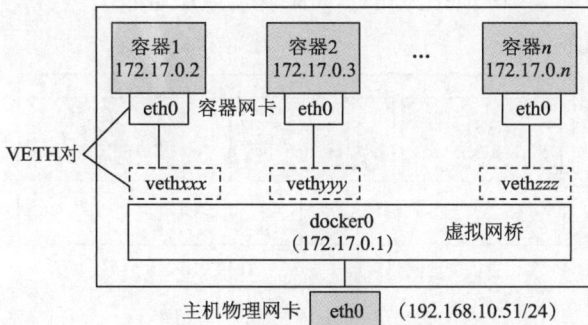

图3-1　bridge模式的工作原理

Docker 守护进程为每个启动的容器创建一个 VETH 对设备。VETH 对设备总是成对出现，它们组成了一个数据的通道，数据从一个设备进入，就会从另一个设备出来。这里的 VETH 对是直接相连的一对虚拟网络接口，其中一个接口设置为新创建容器的接口（内部命名为 eth0@*xxx*），它位于容器的网络命名空间中；另一个接口连接到虚拟网桥 docker0，它位于 Docker 的网络命名空间中，以 vethxxx 形式命名。发送到 VETH 对一端的数据包由另一端接收，这样容器就能连接到虚拟网桥上。

同时，Docker 还要为容器分配 IP 地址。Docker 会从 RFC1918 所定义的私有 IP 网段中选择与 Docker 主机不同的 IP 地址和子网分配给 docker0 虚拟网桥。连接到 docker0 虚拟网桥的容器就从分配到的子网中获取一个未占用的 IP 地址。一般 Docker 会使用 172.17.0.0/16 这个网段，并将 172.17.0.1 分配给 docker0 虚拟网桥。在 Docker 主机上可以看到 docker0，可将其视为网桥的管理接口，相当于主机上的一个虚拟网络接口。可以在 Docker 主机上执行 ip addr show 命令查看网卡及配置的地址信息（包括网桥的配置信息）以进行验证，本例中 docker0 虚拟网桥的配置信息如下。

```
3: docker0: <BROADCAST,MULTICAST,UP,LOWER_UP> mtu 1500 qdisc noqueue state UP
group default
    link/ether 02:42:b5:f3:59:e4 brd ff:ff:ff:ff:ff:ff
    inet 172.17.0.1/16 brd 172.17.255.255 scope global docker0
      valid_lft forever preferred_lft forever
    inet6 fe80::42:b5ff:fef3:59e4/64 scope link
      valid_lft forever preferred_lft forever
```

图 3-1 所示的是单主机环境下的网络拓扑，该示例中 Docker 主机地址为 192.168.10.51/24。

2. host 模式

选择 host 模式的容器使用 host 驱动，直接连接到 Docker 主机网络栈。这种网络模式的本质是关闭 Docker 网络，让容器直接使用主机操作系统的网络。

如图 3-2 所示，host 模式没有为容器创建一个隔离的网络环境，即容器没有隔离的网络命名空间，也不会获得一个独立的网络命名空间，而是和 Docker 主机共用同一个网络命名空间。

这种网络模式相当于 VMware 虚拟机网络连接的桥接模式，容器与主机在同一个网络中，和主机一样使用主机的物理网络接口 eth0，但没有独立的 IP 地址。容器不会虚拟出自己的网络接口、配置自己的 IP 地址等，而是直接使用主机的 IP 地址和端口，其 IP 地址即主机物理网络接口的 IP 地址，其主机名与主机系统上的主机名一样。由于容器都使用相同的主机接口，因此同一主机上的容器在绑定端口时必须相互协调，避免与已经使用的端口号冲突。主机上的各容器是通过主机发布的端口号来区分的，如果容器或服务没有公开（暴露）端口，则主机网络无法访问该容器或服务。

电子活页 0301

容器使用主机网络

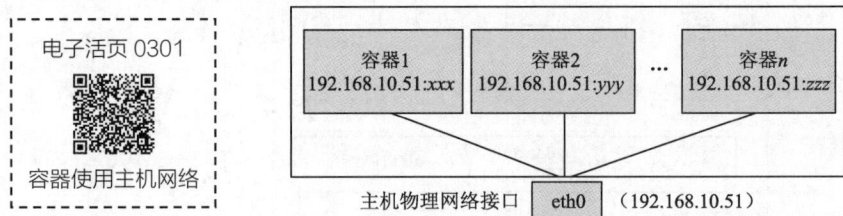

图3-2　host模式的工作原理

虽然容器不会获得一个独立的网络命名空间，但是容器的其他方面（如文件系统、进程列表等）与主机是隔离的。

3. container 模式

在理解了 host 模式之后，理解 container 模式就会变得相对容易。这是 Docker 中一种比较特别的网络模式，它主要适用于容器间需要直接进行频繁通信的场景。通常来说，当要自定义网络栈时，该模式是很有用的。

电子活页 0302

使用 container
网络模式

如图 3-3 所示，该模式指定新创建的容器与现有的容器共享网络命名空间，而不是与 Docker 主机共享网络命名空间。新创建的容器不会创建自己的网络接口、配置自己的 IP 地址等，而是与一个指定的容器共享 IP 地址、端口范围等。同样，两个容器除了网络方面，其他方面（如文件系统、进程列表等）是相互隔离的，两个容器的进程可以通过回环网络接口进行通信。

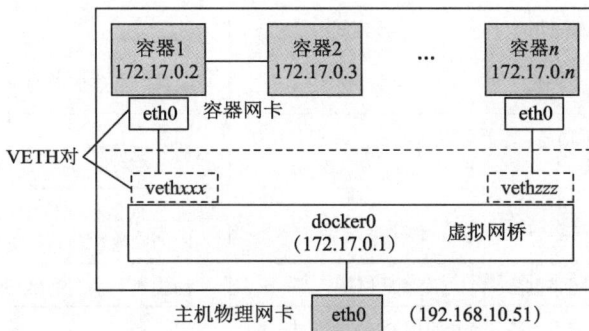

图3-3 container模式的工作原理

这两个容器之间不存在网络隔离，但它们与主机以及其他容器之间存在网络隔离。

4. none 模式

电子活页 0303

使用 none
网络模式

none 模式将容器放置在它自己的网络栈中，但是并不对容器进行任何配置，实际上它关闭了容器的网络功能。它可用于以下情况。

- 有些容器并不需要网络，如只需要写入磁盘卷的批处理任务。
- 一些应用对安全性要求高并且不需要连网，如某个容器的唯一用途是生成随机密码，这种情况下就可以将它放到 none 模式的网络中，以免密码被窃取。
- 自定义网络。

如图 3-4 所示，使用 none 模式，容器拥有自己的网络命名空间，但是并不会进行任何网络配置、构造任何网络环境，容器内部只能使用回环网络接口，即使用 IP 地址为 127.0.0.1 的本机网络，不会再有网络接口、IP 地址、路由等其他网络资源，也没有外部流量的路由，当然管理员可以自行为容器添加网络接口、配置 IP 地址等。

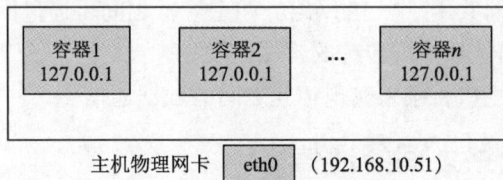

图3-4 none模式的工作原理

5. 用户自定义网络

上述几种网络模式都是 Docker 内置的。容器也可以使用自定义网络，管理员可以使用 Docker 网络驱动（bridge、overlay、macvlan、ipvlan）或第三方网络驱动插件创建一个自定义的网络，然后将多个容器连接到同一个自定义网络。连接到用户自定义网络的容器之间只需要使用 IP 地址或名称就能相互通信。可以根据需要创建任意数量的自定义网络，并且可以在任何给定时间将容器连接到这些网络中。此外，对于运行中的容器，可以连接或断开自定义网络，而无须重启容器。

下面重点介绍一下单主机环境常用的用户自定义桥接网络。Docker 本身内置 bridge 网络驱动，可以用来创建用户自定义桥接网络。生产环境中应使用用户自定义桥接网络，不推荐使用默认桥接网络。用户自定义桥接网络与默认桥接网络的主要区别如表 3-2 所示。

表3-2　用户自定义桥接网络与默认桥接网络的区别

用户自定义桥接网络	默认桥接网络
能够在容器之间提供更好的隔离和互操作性。连接到同一个用户自定义桥接网络的容器会自动互相公开所有端口，但不会将端口到外部公开	在默认桥接网络上运行应用栈，Docker 主机需要通过其他方式来限制对端口的访问
提供容器之间自动 DNS 解析功能，容器可以通过名称或别名相互访问	容器只能通过 IP 地址互相访问
容器可以在运行时与用户自定义桥接网络连接或断开	断开与默认桥接网络的连接需要停止容器并使用不同的网络选项重新创建该容器
每个用户可通过自定义桥接网络创建一个可配置的网桥	自动创建一个名为 docker0 的虚拟网桥
使用多种方式实现共享环境变量：多个容器使用 Docker 卷挂载包含共享信息的一个文件或目录；通过 docker compose 命令同时启动多个容器，由 Compose 文件定义共享变量；使用集群服务代替单个容器，共享机密数据和配置数据	默认桥接网络中所连接的容器共享环境变量

建议使用自定义桥接网络控制哪些容器可以相互通信，自动将容器名称解析到 IP 地址。

3.1.3　容器之间的通信

容器之间的通信方案比较多，除了网络连接，还有一些其他方案，具体列举如下。

* bridge 模式让同一个 Docker 网络上的所有容器在所有端口上都可以相互连接。默认桥接网络不支持基于名称的服务发现，所连接的容器只能通过 IP 地址互相访问，除非创建容器时使用 --link 选项建立容器连接。

* host 模式让所有容器都位于同一个主机网络空间中，并共用主机的 IP 地址栈，在该主机上的所有容器都可通过主机的网络接口相互通信。

* 在用户自定义桥接网络中，容器之间可以通过名称或别名互相访问。

* 容器通过端口映射对外部提供连接。

* container 模式让容器共用一个 IP 网络，两个容器之间可通过回环网络接口相互通信。

* 容器之间使用 --link 选项建立传统的容器互联。

* 容器之间通过挂载主机目录来实现相互之间的数据通信。

3.1.4　容器与外部网络之间的通信

1. 容器访问外部网络

默认情况下，容器可以访问外部网络。使用 bridge 模式（默认桥接网络）的容器是通过 NAT 方式实现外部访问的，具体通过 iptables（Linux 的包过滤防火墙）的源地址伪装操作实现。Docker 主机上的 NAT 过程如图 3-5 所示。

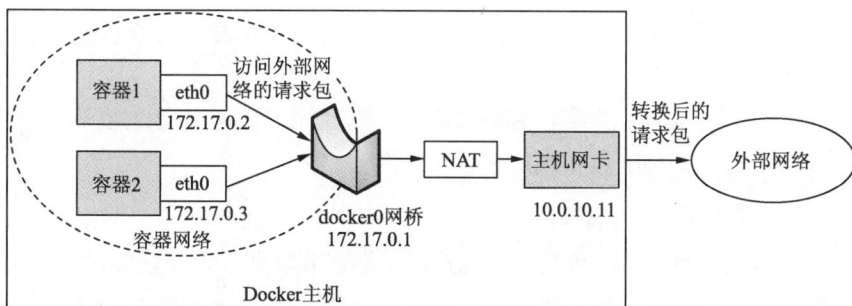

图3-5　Docker主机上的NAT过程

2. 从外部网络访问容器

默认情况下，创建的容器不会对外发布其任何端口，从容器外部是无法访问容器内部的应用程序和服务的。从外部访问容器内的应用程序必须有明确的授权，这是通过内部端口映射来实现的。要让容器能够被外部网络（Docker 主机外部）或者那些未连接到该容器的网络上的 Docker 主机访问，就要将容器的端口映射到 Docker 主机上，允许从外部网络通过该端口访问容器。这种端口映射也是一种 NAT 实现，即目标网络地址转换（Destination NAT，DNAT）。端口映射过程如图 3-6 所示。

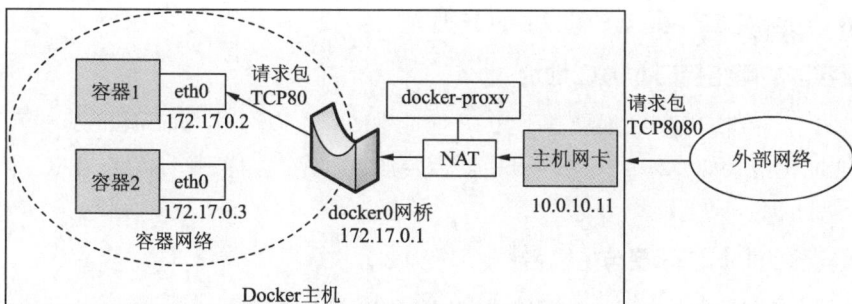

图3-6　端口映射过程

3.1.5　容器的网络配置语法

容器不知道连接到哪种网络，也不知道与它通信的是不是 Docker 工作负载。容器只能看到具有 IP 地址、网关、路由表、DNS 服务和其他网络详细信息的网络接口。

通常使用 docker run 或 docker create 命令的相关选项来设置容器的网络配置，包括网络连接、IP 地址、DNS 配置与主机名，以及端口映射等。

1. 设置容器的网络连接

使用--network 选项设置容器要连接的网络，也就是网络模式。可以使用以下参数来表示网络模式，同样的功能也可使用--net 选项来实现。

- none：容器采用 none 模式，不使用任何网络连接。使用 docker run --network none 能够完全禁用网络连接，禁止所有入站和出站连接。在这种情形下，只能通过文件、标准输入或标准输出完成 I/O 通信。
- bridge：容器采用 bridge 模式，连接到默认桥接网络，这是默认设置。
- host：容器采用 host 模式，使用主机的网络栈。

- container：容器采用 container 模式，使用其他容器的网络栈，需要通过容器的 name 或 id 参数指定其他容器。
- <网络名称>|<网络 ID>：容器连接到自定义网络，这个参数可以是自定义网络的名称或 ID。容器启动时，只能使用--network 选项连接到一个网络。

2．为容器添加网络作用域的别名

容器在网络作用域中是允许有别名的，且这个别名在容器所在网络中都可以直接访问，它类似于局域网中各个物理机的主机名。使用--network 选项指定容器要连接的网络，使用--network-alias 选项指定容器在该网络中的别名。例如，执行以下命令，将 testweb 容器连接到 mynet 网络，testweb 容器在该网络中的别名是 websrv，在 mynet 网络中的其他容器可以通过该别名访问该容器。

```
docker run -d -p 80:80 --name testweb --network mynet --network-alias websrv httpd
```

3．设置容器的 IP 地址

默认情况下，Docker 守护进程可以有效地充当每个容器的 DHCP（Dynamic Host Configuration Protocol，动态主机配置协议）服务器，为连接到每个 Docker 网络上的容器分配一个 IP 地址。通过--network 选项启动容器连接自定义网络时，可以使用--ip 或--ip6 选项明确指定分配给该网络上容器的 IP 地址。当通过 docker network connect 命令将现有的容器连接到不同的网络时，也可以使用--ip 或--ip6 选项指定容器在这个网络上的 IP 地址。

4．设置容器的网络接口 MAC 地址

默认情况下，容器的 MAC 地址基于其 IP 地址生成。可以通过--mac-address 选项为容器指定一个 MAC 地址（格式如 12:34:56:78:9a:bc）。需要注意的是，如果手动指定 MAC 地址，Docker 并不会检查地址的唯一性。

5．设置容器的 DNS 配置与主机名

默认情况下，容器继承 Docker 守护进程的 DNS 配置，包括/etc/hosts 和/etc/resolv.conf 配置文件。可以使用以下选项为每个容器配置 DNS，以覆盖这些默认配置。
- --dns：为容器设置 DNS 服务器的 IP 地址。可以使用多个--dns 选项为一个容器指定多个 DNS 服务器的 IP 地址。如果容器无法连接到所指定的 DNS 服务器的 IP 地址，则会自动使用谷歌公司提供的公共 DNS 服务器的 IP 地址 8.8.8.8，让容器能够解析 Internet 域名。
- --dns-search：为容器指定一个 DNS 搜索域，用于搜索非全称主机名。要指定多个 DNS 搜索域，可以使用多个该选项。
- --dns-opt：为容器设置表示 DNS 选项及其值的键值对，可以参考操作系统的 resolv.conf 文件来确定这些选项。
- --hostname：为容器指定自定义的主机名。如果未指定，则默认的主机名是容器 ID。

6．为容器添加主机名解析

容器将在自己的/etc/hosts 文件定义容器本身的主机名以及 localhost 和其他一些常见主机名或域名的解析。可以通过--add host 选项向容器的/etc/hosts 文件中添加额外的主机名解析条目。

7．设置容器的发布端口

通过 docker run 命令创建容器时使用-p（长格式为--publish）或-P（长格式为--publish-all）选项设置容器的发布端口，也就是端口映射。

3.1.6 Docker 网络管理语法

docker network 是 Docker 网络本身的管理命令，该命令的基本语法如下。

```
docker network 子命令
```

子命令用于完成具体的网络管理任务，docker network 命令常用的子命令如表 3-3 所示。

表3-3　docker network命令常用的子命令

子命令	功能
create	创建一个网络
connect	将容器连接到指定的网络
disconnect	断开容器与指定网络的连接
inspect	显示一个或多个网络的详细信息
ls	显示网络列表
prune	删除所有未使用的网络
rm	删除一个或多个网络

任务实现

微课 0301

将容器连接到默认
桥接网络

任务 3.1.1　将容器连接到默认桥接网络

创建或启动容器时不指定网络，则该容器会被连接到默认桥接网络。但连接到默认桥接网络的容器之间只能通过 IP 地址进行通信。下面示范如何使用 Docker 自动设置的默认桥接网络，本例在同一个 Docker 主机上启动两个不同的 Alpine 容器（Alpine 操作系统是面向安全应用的轻量级 Linux 发行版），并测试它们之间的通信。

（1）打开一个终端窗口，先执行 docker network ls 命令列出当前已有的网络。

```
[root@host1 ~]# docker network ls
NETWORK ID          NAME            DRIVER          SCOPE
9e1ae56d8509        bridge          bridge          local
af581d7cfc36        host            host            local
4d5c27cd9c80        none            null            local
```

该列表包括 4 列，分别对应网络 ID、网络名称、网络驱动和作用域。默认情况下 Docker 主机上有 3 个 ID、名称和驱动不同的网络，包括默认桥接网络（名称为 bridge，驱动为 bridge）、主机网络（名称为 host，驱动为 host）和 none 模式的网络（名称为 none，驱动为 null）。它们的网络作用域都是 local，仅在 Docker 主机范围内提供连接和网络服务。

接下来要将两个 Alpine 容器连接到名称为 bridge 的默认桥接网络上。

（2）启动两个运行 ash（Alpine 操作系统的默认 Shell）的 Alpine 容器。-dit 组合选项表示分离模式（即在后台运行）、交互式（可以交互操作）和伪终端（可以查看输入和输出）。由于容器以分离模式启动，因此用户不能立即连接到容器进行操作，只会在命令行输出容器 ID；并且因为没有提供任何--network 选项，所以容器会连接到默认桥接网络。具体执行过程如下。

```
[root@host1 ~]# docker run -dit --name alpine1 alpine ash
Unable to find image 'alpine:latest' locally
latest: Pulling from library/alpine
...
```

```
ea9298fd6aa4efeb98b04ec5247930e692e2f9e923c4544efcc0a725488c52b3
[root@host1 ~]# docker run -dit --name alpine2 alpine ash
7079bf0c397c554d3a84ec67e4b80e5e950e06e1b584d2f7fde13618175045f9
```

（3）检查两个容器是否已经启动，如下所示。

```
[root@host1 ~]# docker container ls
CONTAINER ID IMAGE   COMMAND CREATED             STATUS          PORTS    NAMES
7079bf0c397c alpine  "ash"   About a minute ago  Up About a minute        alpine2
ea9298fd6aa4 alpine  "ash"   2 minutes ago       Up 2 minutes             alpine1
```

（4）执行 docker network inspect bridge 命令查看桥接网络的详细信息。

```
[root@host1 ~]# docker network inspect bridge
[
    {
        "Name": "bridge",                        # 网络名称
        "Id": "9e1ae56d850961937e1cb71af070fb545b939fc20fcdac51243d855a8aef7c7e",
        "Created": "2024-01-17T16:18:31.147329792+08:00",
        "Scope": "local",                        # 作用域
        "Driver": "bridge",                      # 驱动
        "EnableIPv6": false,                     # 是否启用 IPv6
        "IPAM": {                                # IP 地址管理
            "Driver": "default",
            "Options": null,
            "Config": [
                {
                    "Subnet": "172.17.0.0/16", # 子网
                    "Gateway": "172.17.0.1"    # 网关的 IP 地址
                }
            ]
        },
        "Internal": false,
        "Attachable": false,
        "Ingress": false,
        "ConfigFrom": {
            "Network": ""
        },
        "ConfigOnly": false,
        "Containers": {                          # 所连接的容器
            "7079bf0c397c554d3a84ec67e4b80e5e950e06e1b584d2f7fde13618175045f9": {
                "Name": "alpine2",
                "EndpointID": "89727554ce995ed0d0a6a364b752e7eedc6b1d9cf293e
67d799f664f5569000d",
                "MacAddress": "02:42:ac:11:00:04",
                "IPv4Address": "172.17.0.4/16",
                "IPv6Address": ""
            },
            "ea9298fd6aa4efeb98b04ec5247930e692e2f9e923c4544efcc0a725488c52b3": {
                "Name": "alpine1",
                "EndpointID": "f3f306c0bc8d0cd1bfcb7d197bd883eb7e13915f32b1c4
d370edc903911502dc",
                "MacAddress": "02:42:ac:11:00:03",
                "IPv4Address": "172.17.0.3/16",
                "IPv6Address": ""
```

```
            }
        },
        "Options": {                                    # 选项
            "com.docker.network.bridge.default_bridge": "true",
            "com.docker.network.bridge.enable_icc": "true",
            "com.docker.network.bridge.enable_ip_masquerade": "true",
            "com.docker.network.bridge.host_binding_ipv4": "0.0.0.0",
            "com.docker.network.bridge.name": "docker0",
            "com.docker.network.driver.mtu": "1500"
        },
        "Labels": {}
    }
]
```

上述代码的开头部分列出了桥接网络的相关信息，包括 Docker 主机和桥接网络之间网关的 IP 地址（172.17.0.1）。"Containers"键中列出已经连接的容器，其中包括两个新启动的容器 alpine1 和 alpine2，它们的 IP 地址分别为 172.17.0.3 和 172.17.0.4。

（5）由于容器在后台运行，因此可以使用 docker attach 命令连接到 alpine1 容器，如下所示。

```
[root@host-a ~]# docker attach alpine1
/ #
```

提示符"#"说明当前在容器中用户以 root 用户身份登录。使用 ip addr show 命令显示 alpine1 容器的网络接口，结果如下。

```
/ # ip addr show
1: lo: <LOOPBACK,UP,LOWER_UP> mtu 65536 qdisc noqueue state UNKNOWN qlen 1000
    link/loopback 00:00:00:00:00:00 brd 00:00:00:00:00:00
    inet 127.0.0.1/8 scope host lo
       valid_lft forever preferred_lft forever
6: eth0@if7: <BROADCAST,MULTICAST,UP,LOWER_UP,M-DOWN> mtu 1500 qdisc noqueue
state UP
    link/ether 02:42:ac:11:00:03 brd ff:ff:ff:ff:ff:ff
    inet 172.17.0.3/16 brd 172.17.255.255 scope global eth0
       valid_lft forever preferred_lft forever
```

第 1 个接口是回环（Loopback）设备。注意，第 2 个接口有一个 IP 地址 172.17.0.3，这与步骤（4）中显示的 alpine1 容器的 IP 地址相同。

（6）在 alpine1 容器中通过 ping 一个网址来证明可以连接到外部网络。-c 2 选项限制 ping 命令仅尝试两次。结果如下，表明容器能够访问外部网络。

```
/ # ping -c 2 www.baidu.com
PING www.baidu.com (110.242.68.4): 56 data bytes
64 bytes from 110.242.68.4: seq=0 ttl=127 time=24.073 ms
64 bytes from 110.242.68.4: seq=1 ttl=127 time=23.809 ms
--- www.baidu.com ping statistics ---
2 packets transmitted, 2 packets received, 0% packet loss
round-trip min/avg/max = 23.809/23.941/24.073 ms
```

（7）尝试 ping alpine2 容器。首先 ping 它的 IP 地址 172.17.0.4，结果如下。

```
/ # ping -c 2 172.17.0.4
PING 172.17.0.4 (172.17.0.4): 56 data bytes
64 bytes from 172.17.0.4: seq=0 ttl=64 time=0.071 ms
64 bytes from 172.17.0.4: seq=1 ttl=64 time=0.063 ms
```

```
--- 172.17.0.4 ping statistics ---
2 packets transmitted, 2 packets received, 0% packet loss
round-trip min/avg/max = 0.063/0.067/0.071 ms
```

以上结果说明可连通。接着通过容器名称来 ping alpine2 容器，结果如下，说明通信失败，不可以通过容器名称来访问 alpine2。

```
/ # ping -c 2 alpine2
ping: bad address 'alpine2'
```

（8）脱离 alpine1 容器而不要停止它。这需要使用两个组合键 Ctrl+P 和 Ctrl+Q（在键盘上按住 Ctrl 键，再依次按 P 键和 Q 键）。

（9）依次执行以下命令，停止并删除这两个容器。

```
docker container stop alpine1 alpine2
docker container rm alpine1 alpine2
```

> **提示**　连接到默认桥接网络的容器之间只能通过 IP 地址进行通信。如果要通过名称进行通信，则需要使用传统的--link 选项进行连接。

任务 3.1.2　创建用户自定义桥接网络并连接容器

通过 docker network create 命令创建用户自定义网络，该命令的基本语法如下。

```
docker network create [选项] 网络名称
```

--driver（-d）选项指定网络驱动，默认的驱动为 bridge，即桥接网络；--gateway 选项指定子网的网关；--ip-range 选项指定子网中容器的 IP 地址范围。

要将容器连接到自定义网络，可以在使用 docker run 命令启动容器时，使用--network 选项连接到指定的自定义网络。对于正在运行的容器，可以使用 docker network connect 命令将它连接到指定的网络。

下面通过一个示例示范如何将容器连接到用户自定义桥接网络，并验证、分析容器之间的连通性。为进行比较，示例中创建 4 个 Alpine 容器，其中两个只连接到用户自定义桥接网络，一个只连接到默认桥接网络，还有一个同时连接到默认桥接网络和用户自定义桥接网络。

（1）创建用户自定义的 alpine-net 网络，如下所示。

```
[root@host1 ~]# docker network create --driver bridge alpine-net
dc21e14f86c6f13d00843d3866cccb47b7cc8903898810a57d6aa1d754435110
```

该网络是一个桥接网络，创建时可以不使用--driver bridge 选项设置 bridge 驱动，因为该驱动是 Docker 默认的网络驱动。

（2）执行 docker network ls 命令列出 Docker 主机上的网络，可以发现新添加的自定义网络，结果如下。

```
[root@host1 ~]# docker network ls
NETWORK ID      NAME             DRIVER        SCOPE
dc21e14f86c6    alpine-net       bridge        local
...
```

查看 alpine-net 网络的详细信息，显示其子网 IP 地址和网关，如下所示，目前没有任何容器连接到该网络。

```
[root@host1 ~]# docker network inspect alpine-net
[
    {
        "Name": "alpine-net",
        "Id": "dc21e14f86c6f13d00843d3866cccb47b7cc8903898810a57d6aa1d754435110",
        "Created": "2024-01-17T18:47:37.255510192+08:00",
        "Scope": "local",
        "Driver": "bridge",
        "EnableIPv6": false,
        "IPAM": {
            "Driver": "default",
            "Options": {},
            "Config": [
                {
                    "Subnet": "172.18.0.0/16",
                    "Gateway": "172.18.0.1"
                }
            ]
        },
        "Internal": false,
        "Attachable": false,
        "Ingress": false,
        "ConfigFrom": {
            "Network": ""
        },
        "ConfigOnly": false,
        "Containers": {},
        "Options": {},
        "Labels": {}
    }
]
```

注意，这个网络的网关的 IP 地址是 172.18.0.1（在具体的网络环境中该 IP 地址有所不同），而默认桥接网络的网关的 IP 地址是 172.17.0.1。

（3）分别创建 4 个 Alpine 容器，注意命令中--network 选项的使用，如下所示，alpine3 容器只连接到默认桥接网络。

```
[root@host1 ~]# docker run -dit --name alpine1 --network alpine-net alpine ash
2bafba98533b7b92c6de9e158dd8fa518bb0ee93c89f6c233075560871aa578d
[root@host1 ~]# docker run -dit --name alpine2 --network alpine-net alpine ash
f7292517feb49b11d45c9b613b8b9ca79f1e5acf84d37f77704e12949d40be81
[root@host1 ~]# docker run -dit --name alpine3  alpine ash
6b9ec8a8e7dbeb7d3d2a053cada26f4771cb252f7a7fc4e4d05d1df30c716344
[root@host1 ~]# docker run -dit --name alpine4 --network alpine-net alpine ash
ce05f742a8bbc3e351299881e3fb53c4e388c0df0ed52178b97dafefe7b4b6ed
```

docker run 命令仅能使容器连接到一个网络，当容器需要连接到多个网络时，可以在容器创建之后使用 docker network connect 命令使其连接到其他网络。这里将 alpine4 容器连接到默认桥接网络，如下所示。

```
[root@host1 ~]# docker network connect bridge alpine4
```

查看所有正在运行的容器，结果表明容器正常运行。

```
[root@host1 ~]# docker container ls
CONTAINER ID    IMAGE    COMMAND    CREATED            STATUS             PORTS    NAMES
ce05f742a8bb    alpine   "ash"      About a minute ago Up About a minute           alpine4
6b9ec8a8e7db    alpine   "ash"      About a minute ago Up About a minute           alpine3
f7292517feb4    alpine   "ash"      About a minute ago Up About a minute           alpine2
2bafba98533b    alpine   "ash"      About a minute ago Up About a minute           alpine1
```

（4）使用 docker network inspect 命令分别查看默认桥接网络和 alpine-net 网络的详细信息。这里仅列出相关的部分信息，其中，连接到默认桥接网络的容器的信息如下。

```
        "Containers": {
            "6b9ec8a8e7dbeb7d3d2a053cada26f4771cb252f7a7fc4e4d05d1df30c716344": {
                "Name": "alpine3",
                "EndpointID": "1fbd2c51c4a8c014cdaafb25ed0559de2ceaec4b5abf81
74604dd1fc768c53e1",
                "MacAddress": "02:42:ac:11:00:03",
                "IPv4Address": "172.17.0.3/16",
                "IPv6Address": ""
            },
            "ce05f742a8bbc3e351299881e3fb53c4e388c0df0ed52178b97dafefe7b4b6ed": {
                "Name": "alpine4",
                "EndpointID": "156f8bdf3899442c1f05cf47c10053e8add714931722e9
03cb7cd6ea64449858",
                "MacAddress": "02:42:ac:11:00:04",
                "IPv4Address": "172.17.0.4/16",
                "IPv6Address": ""
            }
        },
```

这表明容器 alpine3 和 alpine4 连接到了默认桥接网络。

连接到用户自定义桥接网络 alpine-net 的容器的信息如下。

```
        "Containers": {
            "2bafba98533b7b92c6de9e158dd8fa518bb0ee93c89f6c233075560871aa578d": {
                "Name": "alpine1",
                "EndpointID": "7518d51b494050d9f2688abc2a7cd9a6e686410bae06a
9a6250f9394ea6fad91",
                "MacAddress": "02:42:ac:12:00:02",
                "IPv4Address": "172.18.0.2/16",
                "IPv6Address": ""
            },
            "ce05f742a8bbc3e351299881e3fb53c4e388c0df0ed52178b97dafefe7b4b6ed": {
                "Name": "alpine4",
                "EndpointID": "ef712b9d3074c8fefb3807e3b4a21a3fc5a427972f28a
8330a104d4c895c5d3d",
                "MacAddress": "02:42:ac:12:00:04",
                "IPv4Address": "172.18.0.4/16",
                "IPv6Address": ""
            },
            "f7292517feb49b11d45c9b613b8b9ca79f1e5acf84d37f77704e12949d40be81": {
                "Name": "alpine2",
                "EndpointID": "5cbe82c41de976d9e4401b85ef9c38baf4da56c0ced8f
21596fb8dc2bf1a0bf6",
                "MacAddress": "02:42:ac:12:00:03",
                "IPv4Address": "172.18.0.3/16",
                "IPv6Address": ""
```

Docker容器技术 配置、部署与应用（第2版）（微课版）

```
            }
        },
```

这表明 alpine1、alpine2 和 alpine4 连接到了 alpine-net 网络。

（5）在用户自定义桥接网络中，容器不仅能通过 IP 地址进行通信，而且能将容器名称解析到 IP 地址。这种功能称为自动服务发现（Automatic Service Discovery）。接下来执行 docker attach 命令进入 alpine1 容器测试此功能。alpine1 可以将 alpine2、alpine4 的名称解析到 IP 地址，当然也可以将自己的名称解析到 IP 地址，相应的过程和结果如下。

```
[root@host1 ~]# docker attach alpine1
/ # ping -c 2 alpine2
PING alpine2 (172.18.0.3): 56 data bytes
64 bytes from 172.18.0.3: seq=0 ttl=64 time=0.073 ms
64 bytes from 172.18.0.3: seq=1 ttl=64 time=0.184 ms
--- alpine2 ping statistics ---
2 packets transmitted, 2 packets received, 0% packet loss
round-trip min/avg/max = 0.073/0.128/0.184 ms
/ # ping -c 2 alpine4
PING alpine4 (172.18.0.4): 56 data bytes
64 bytes from 172.18.0.4: seq=0 ttl=64 time=0.080 ms
64 bytes from 172.18.0.4: seq=1 ttl=64 time=0.203 ms
--- alpine4 ping statistics ---
2 packets transmitted, 2 packets received, 0% packet loss
round-trip min/avg/max = 0.080/0.141/0.203 ms
```

（6）alpine1 容器不能与 alpine3 容器连通，这是因为 alpine3 容器不在 alpine-net 网络中。测试过程和结果如下。

```
/ # ping -c 2 alpine3
ping: bad address 'alpine3'
```

不仅如此，alpine1 容器也不能通过 IP 地址连通 alpine3 容器。查看之前显示的默认桥接网络的详细信息，就会发现 alpine3 容器的 IP 地址是 172.17.0.3，尝试 ping 该 IP 地址，如下所示。

```
/ # ping -c 2 172.17.0.3
PING 172.17.0.3 (172.17.0.3): 56 data bytes
--- 172.17.0.3 ping statistics ---
2 packets transmitted, 0 packets received, 100% packet loss
```

脱离 alpine1 容器而不要停止它（方法是按住 Ctrl 键，再依次按 P 键和 Q 键）。

（7）alpine4 容器同时连接到默认桥接网络和用户自定义桥接网络。它可以访问所有其他容器，只是访问 alpine3 容器时需要通过它的 IP 地址，这是因为 alpine3 和 alpine4 容器都连接到了默认桥接网络。下面使用 docker attach 命令进入 alpine4 容器进行测试。

```
[root@host1 ~]# docker attach alpine4
/ # ping -c 2 alpine1
PING alpine1 (172.18.0.2): 56 data bytes
64 bytes from 172.18.0.2: seq=0 ttl=64 time=0.160 ms
64 bytes from 172.18.0.2: seq=1 ttl=64 time=0.186 ms
--- alpine1 ping statistics ---
2 packets transmitted, 2 packets received, 0% packet loss
round-trip min/avg/max = 0.160/0.173/0.186 ms
/ # ping -c 2 alpine2
PING alpine2 (172.18.0.3): 56 data bytes
64 bytes from 172.18.0.3: seq=0 ttl=64 time=0.080 ms
```

```
64 bytes from 172.18.0.3: seq=1 ttl=64 time=0.183 ms
--- alpine2 ping statistics ---
2 packets transmitted, 2 packets received, 0% packet loss
round-trip min/avg/max = 0.080/0.131/0.183 ms
/ # ping -c 2 alpine3                         # 通过容器名称访问 alpine3 失败
ping: bad address 'alpine3'
/ # ping -c 2 172.17.0.3                       # 通过容器 IP 地址访问 alpine3 成功
PING 172.17.0.3 (172.17.0.3): 56 data bytes
64 bytes from 172.17.0.3: seq=0 ttl=64 time=0.081 ms
64 bytes from 172.17.0.3: seq=1 ttl=64 time=0.180 ms
--- 172.17.0.3 ping statistics ---
2 packets transmitted, 2 packets received, 0% packet loss
round-trip min/avg/max = 0.081/0.130/0.180 ms
```

（8）最后通过 ping 一个网址以证明无论是连接到默认桥接网络，还是用户自定义桥接网络，容器都可以访问外部网络。由于管理员已经进入 alpine4 容器，因此可以从它开始测试，下面结果表明该容器能够正常访问外部网络。

```
/ # ping -c 2 www.baidu.com
PING www.baidu.com (110.242.68.3): 56 data bytes
64 bytes from 110.242.68.3: seq=0 ttl=127 time=21.389 ms
64 bytes from 110.242.68.3: seq=1 ttl=127 time=20.472 ms
--- www.baidu.com ping statistics ---
2 packets transmitted, 2 packets received, 0% packet loss
round-trip min/avg/max = 20.472/20.930/21.389 ms
```

按住 Ctrl 键，再依次按 P 键和 Q 键脱离 alpine4 容器，然后进入 alpine3 容器（仅连接到默认桥接网络）进行测试，下面结果表明该容器能够正常访问外部网络。

```
[root@host1 ~]# docker attach alpine3
/ # ping -c 2 www.baidu.com
PING www.baidu.com (110.242.68.3): 56 data bytes
64 bytes from 110.242.68.3: seq=0 ttl=127 time=20.917 ms
64 bytes from 110.242.68.3: seq=1 ttl=127 time=21.785 ms
--- www.baidu.com ping statistics ---
2 packets transmitted, 2 packets received, 0% packet loss
round-trip min/avg/max = 20.917/21.351/21.785 ms
```

按住 Ctrl 键，再依次按 P 键和 Q 键脱离 alpine3 容器，然后进入 alpine1 容器（仅连接到 alpine-net 网络）进行测试，下面结果表明该容器能够正常访问外部网络。

```
[root@host1 ~]# docker attach alpine1
/ # ping -c 2 www.baidu.com
PING www.baidu.com (110.242.68.3): 56 data bytes
64 bytes from 110.242.68.3: seq=0 ttl=127 time=21.213 ms
64 bytes from 110.242.68.3: seq=1 ttl=127 time=21.152 ms
--- www.baidu.com ping statistics ---
2 packets transmitted, 2 packets received, 0% packet loss
round-trip min/avg/max = 21.152/21.182/21.213 ms
```

按住 Ctrl 键，再依次按 P 键和 Q 键脱离 alpine1 容器。

（9）停止并删除以上实验用到的所有容器和 alpine-net 网络，恢复实验环境。

```
docker container stop alpine1 alpine2 alpine3 alpine4
docker container rm alpine1 alpine2 alpine3 alpine4
docker network rm alpine-net
```

任务 3.1.3　设置端口映射以允许外部网络访问容器

要让容器能够被外部网络访问，就要在通过 docker run 命令创建容器时使用-p 或-P 选项设置端口映射，将容器的端口映射到 Docker 主机上，允许外部网络通过该端口访问容器。

1. 使用-p 选项发布特定端口

通过 docker run 命令启动容器时，使用-p（长格式为--publish）选项可以将容器的一个或多个端口映射到 Docker 主机上，可以多次使用-p 选项设置任意数量的端口映射。有多种语法用来实现不同类型的端口映射，具体语法如表 3-4 所示。

表3-4　使用-p选项设置端口映射的语法

语法	说明	示例
-p 主机端口:容器端口	映射主机上所有网络接口的地址	-p 8080:80
-p 主机 IP 地址:主机端口:容器端口	映射指定地址的指定端口	-p 192.168.10.10:80:5000
-p 主机 IP 地址::容器端口	映射指定地址的任一端口	-p 127.0.0.1::5010
-p 容器端口	自动分配主机端口	-p 5200
-p 以上各种格式/udp	发布 UDP 端口（默认为 TCP 端口）	-p 8080:80/udp
-p 以上各种格式/tcp　-p 以上各种格式/udp	同时发布 TCP 和 UDP 端口	-p 8080:80/tcp -p 8080:80/udp

下面给出一个通过端口映射发布 Web 服务的示例。首先在创建容器时指定端口映射，如下所示。

```
[root@host1 ~]# docker run --rm -d --name websrv -p 8080:80 httpd
bf5200ffda875bad86322136a863d68ad1bdbcd231615fb57eb38e7c71635caf
```

容器启动后，可通过 docker container ls 或 docker ps 命令列出容器列表来查看容器的端口映射。使用 docker container 命令查看端口映射，如下所示。

```
[root@host1 ~]# docker container ls
CONTAINER ID    IMAGE    COMMAND         CREATED              STATUS
PORTS                    NAMES
bf5200ffda87    httpd    "httpd-foreground"  33 seconds ago Up 32 seconds
0.0.0.0:8080->80/tcp, :::8080->80/tcp    websrv
```

本例中 httpd 容器的 80 端口被映射到主机上的 8080 端口，这样就可以通过<主机 IP 地址>:<8080>访问容器的 Web 服务了。这里使用 curl 命令访问该 Web 服务进行测试，结果如下。

```
[root@host1 ~]# curl http://192.168.10.51:8080
<html><body><h1>It works!</h1></body></html>
```

实验完毕，停止该容器，它会根据设置被自动删除。

2. 使用-P 选项发布特定端口

通过 docker run 命令创建容器时，使用-P（长格式为--publish-all）选项将容器中所有公开的端口发布到 Docker 主机上随机的高端地址端口中。这要求容器中要发布的端口必须提前公开出来，有以下两种方式可以公开端口：

- 在 Dockerfile 中使用 EXPOSE 指令定义；
- 在执行 docker run 命令创建容器时使用--expose 选项指定。

而在使用-P 选项发布端口时，即使该端口没有使用 EXPOSE 指令或--expose 选项进行显式声明，Docker 也会隐式公开这些已经发布的端口。下面通过一个操作示例示范-P 选项的使用。首先创建一个容器并使用-P 选项发布 httpd 服务，如下所示。

```
[root@host1 ~]# docker run --rm -d --name websrv -P httpd
a60af39a2ba9c1ed3109b05b6717148c7306b6cafcd3f72c5e5343b5f3ebf08a
```

然后使用 docker port 命令查看该容器的端口映射设置，如下所示。

```
[root@host1 ~]# docker port websrv
80/tcp -> 0.0.0.0:32768
80/tcp -> [::]:32768
```

在上面的结果中，箭头左边是容器发布的端口，右边是映射到主机上的 IP 地址和端口。由于httpd 镜像通过 EXPOSE 指令公开了 80 端口，因此可以使用-P 选项发布该端口，本例中 Docker自动分配的映射端口是 32768。这里使用 curl 命令访问该服务进行测试，结果如下。

```
[root@host1 ~]# curl http://192.168.10.51:32768
<html><body><h1>It works!</h1></body></html>
```

实验完毕，停止该容器，它会根据设置被自动删除。

任务 3.2　Docker 存储配置与管理

▶ 任务说明

有状态的容器都有数据持久化的需求。默认情况下，文件系统的改动都发生在容器层。在容器的生命周期内，容器层是可持续的，即使是在容器被停止后。但是，当容器被删除时，容器层也随之被删除了。要为容器提供持久存储，就需要使用容器的外部存储，Docker 为此提供了卷和绑定挂载这两种类型的持久存储方案，读者应掌握容器存储的配置与管理方法。本任务的具体要求如下。

- 了解容器本地存储与外部存储的差别。
- 了解容器的挂载类型。
- 熟悉卷的创建和管理操作。
- 掌握容器挂载卷的操作方法。
- 熟悉容器绑定挂载的操作方法。

✖ 知识引入

3.2.1　容器本地存储与 Docker 存储驱动

每个容器都被自动分配了本地存储，也就是内部存储。容器由一个可写层和若干个只读镜像层组成，容器的数据就存放在这些层中。每个容器的本地存储空间都是由这种分层结构构成的，分层结构有助于镜像和容器的创建、共享和分发。

容器本地存储采用的是联合文件系统，这种文件系统将其他文件系统合并到一个联合挂载点，实现了多层数据的叠加并对外提供一个统一视图。

联合文件系统是 Docker 的一种底层技术，Docker 可以使用联合文件系统的多种变体，包括AUFS（已被逐步弃用）、OverlayFS、Btrfs 和 Device Mapper 等。这些联合文件系统实际上是由存储驱动（Storage Driver）实现的，相应的存储驱动有 aufs、overlay、overlay2、btrfs、devicemapper 等。这里的文件系统首字母大写，而相应的存储驱动使用小写。

　　容器的本地存储是通过存储驱动进行管理的。存储驱动控制镜像和容器在 Docker 主机上的存储和管理方式。Docker 通过插件机制支持不同的存储驱动，不同的存储驱动采用不同方法实现镜像层构建和写时复制策略。虽然底层实现的差异并不影响用户与 Docker 之间的交互，但是选择合适的存储驱动对 Docker 的性能和稳定至关重要。

　　应当优先使用 Linux 发行版默认的存储驱动。对于所有能够支持 overlay2 的 Linux 发行版来说，应当首选 overlay2 作为 Docker 的存储驱动。

　　每台 Docker 主机都只能选择一种存储驱动，不能为每个容器选择不同的存储驱动。可使用 docker info 命令查看 Docker 主机上当前使用的存储驱动。例如，在一台安装 CentOS Stream 9 操作系统的计算机上安装 Docker Engine 之后执行 docker info 命令，从输出结果中找出 "Storage Driver" 部分的信息，如下所示。

```
Storage Driver: overlay2          # 存储驱动是 overlay2
  Backing Filesystem: xfs         # 底层文件系统是 XFS
  Supports d_type: true           # 支持 d_type
```

　　对 Docker 来说，底层文件系统就是/var/lib/docker 目录所在的文件系统。某些存储驱动仅适用于特定的底层文件系统，比如 overlay2 要求底层文件系统为 EXT4 或启用 d_type 支持的 XFS。d_type 是 Linux 内核的一个术语，表示目录条目类型，Linux 内核从 2.6 版本开始就已经支持 d_type 这个特性。

　　可以根据需要更改现有的存储驱动。建议在更改存储驱动之前使用 docker save 命令导出已创建的镜像，或者将它们推送到 Docker Hub 或其他镜像注册中心，以免今后重新创建它们。

> 提示
>
> 在运行 Linux 系统的 Docker 主机中，基于某种存储驱动的本地存储位于/var/lib/docker/<存储驱动>目录之下，更改存储驱动会使得现有容器和镜像不可访问。这是因为每种存储驱动在主机上存储镜像层的位置是不同的，更改了存储驱动的类型，Docker 就无法找到原有的镜像和容器。如果恢复原来的存储驱动，则可以再次访问旧镜像和容器。但是，这样又会使得基于新的存储驱动拉取或创建的镜像和容器都不能被访问。

　　在 Linux 系统中可以通过修改/etc/docker/daemon.json 配置文件来更改存储驱动配置，修改完成之后需要重启 Docker 才能够使修改生效。下面展示了如何将存储驱动设置为 overlay2。

电子活页 0305

overlay2
驱动工作机制

```
{
  "storage-driver": "overlay2"
}
```

3.2.2　容器与数据存储持久化

　　解决容器的数据存储问题需要了解哪些数据需要持久化，哪些数据需要非持久化。

1. 容器与非持久化数据

非持久化数据是不需要保存的那些数据，容器本地存储中的数据就属于非持久化数据。容器创建时会创建非持久化存储，这是存储容器全部文件和文件系统的地方。

默认情况下，在容器内创建的所有文件都存储在容器的可写层，文件系统的改动都发生在容器层，这意味着存在以下问题。

- 非持久化数据从属于容器，生命周期与容器的相同，会随着容器的删除而被删除。
- 当该容器不再运行时，非持久化数据不会持久保存，如果另一个进程需要，则可能很难从该容器中获取数据。
- 容器的可写层与运行容器的 Docker 主机紧密耦合，无法轻松地将数据转移到其他位置。
- 写入容器的可写层需要 Docker 存储驱动管理文件系统。存储驱动使用 Linux 内核提供的联合文件系统，其性能不如直接写入主机文件系统的卷的性能。

2. 容器与持久化数据

持久化数据是需要保存的数据，如客户信息、财务、计划、审计日志，以及某些应用日志数据等。Docker 通过将主机中的文件系统挂载到容器中供容器访问，从而实现持久化数据存储，这就是容器的外部存储。即使容器被删除，这些数据仍然存在。Docker 目前支持卷和绑定挂载这两种挂载类型来实现容器的持久化数据存储。

卷是在 Docker 中进行持久化数据存储的最佳方式。如果希望自己的容器数据能够保留下来（持久化），则可以将数据存储在卷上。卷又称数据卷，本质上是 Docker 主机文件系统中的目录或文件，它能够直接被挂载到容器的文件系统中。卷与容器是解耦的，因此可以独立地创建并管理卷，并且卷并未与任意容器生命周期绑定。用户可以停止或删除一个关联了卷的容器，但是卷不会被删除。可以将任意数量的卷装入容器，多个容器也可以共享一个或多个卷。

绑定挂载是 Docker 早期版本就支持的挂载类型。绑定挂载性能高，但使用它们需要指定主机文件系统的特定路径，从而限制了容器的可移植性。

卷和绑定挂载这两种外部存储都绕过了联合文件系统，其读写操作会绕过存储驱动，并以本地主机的存取速度运行。这里以绑定挂载为例说明容器外部存储与本地存储的关系，如图 3-7 所示。一个 Docker 主机运行两个容器，每个容器都位于 Docker 主机本地存储区（/var/lib/docker/...）各自的空间内，由存储驱动支持。Docker 主机上的/data 目录绑定并挂载到两个容器中，可以被两个容器共享。容器的挂载点目录与主机上的/data 目录之间采用虚线连接，这是为了表明它们之间是非耦合的关系。外部存储位于 Docker 主机本地存储区之外，进一步增强了它们不受存储驱动控制的独立性。当容器被删除时，外部存储中的任何数据都会保留在 Docker 主机上。

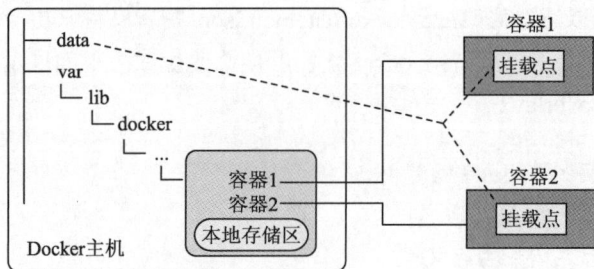

图3-7　容器外部存储与本地存储的关系

3.2.3　挂载类型及其选择

往容器中挂载的外部文件系统有多种类型。除了卷和绑定挂载，Docker 还支持容器将文件存储在主机内存中，在 Linux 上运行 Docker 可以使用 tmpfs 挂载，而在 Windows 上运行 Docker 则可以使用命名管道，只是这种类型仅支持非持久化数据。

卷、绑定挂载和 tmpfs 挂载这 3 种挂载类型的主要区别是它们在 Docker 主机中存储数据的位置不同，如图 3-8 所示。

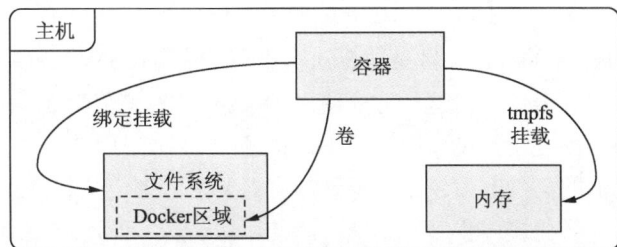

图3-8　不同类型的挂载在Docker主机中存储数据的位置

无论选择哪种挂载类型，从容器内部的角度看，数据并没有什么不同，这些数据在容器的文件系统中都会作为一个目录或一个单独的文件对外公开。

1. 卷

卷存储是主机文件系统的一部分，这部分由 Docker 管理，在 Linux 主机上默认是/var/lib/docker/volumes 目录。它受到保护，非 Docker 进程不能修改这部分。卷是 Docker 中持久存储容器的应用数据的首选方式。

卷支持使用卷驱动，卷驱动允许用户将数据存储在远程主机、云提供商，以及其他位置上。

可以以匿名方式或命名方式挂载卷。匿名卷（Anonymous Volume）在首次挂载到容器中时没有指定明确的名称，因此 Docker 会为其随机指定一个在当前 Docker 主机中唯一的名称。除了名称，命名卷（Named Volume）和匿名卷的特性相同。

卷由 Docker 创建并管理，卷适用于以下应用场景。

● 在多个正在运行的容器之间共享数据。如果没有显式创建卷，则卷会在首次被挂载到容器上时自动创建。当容器被终止或删除时，卷依然会存在。多个容器可以同时挂载同一个卷，挂载模式可以是读写模式或只读模式。只有显式删除卷时，卷才会被删除。

● 当 Docker 主机不能保证具有特定目录或文件结构时，卷有助于将 Docker 主机的配置与容器运行时进行解耦。

● 当用户需要将容器的数据存储到远程主机或云提供商处，而不是存储到本地时。

● 当用户需要在两个 Docker 主机之间备份、恢复或迁移数据时，卷是更好的选择。可以在停止使用卷的容器之后，备份卷的目录（如/var/lib/docker/volumes/<卷名称>）。

● 当应用程序需要在 Docker Desktop 上进行高性能 I/O 时。卷存储在 Linux 虚拟机中，而不是主机中，这意味着读取和写入的延迟和吞吐量要低得多。

● 当应用程序需要在 Docker Desktop 上使用原生文件系统的特性时。例如，数据库引擎需要对磁盘刷新进行精确控制，以保证事务的持久性。

2. 绑定挂载

绑定挂载可以将容器的数据存储到主机系统的任意位置，甚至会存储到一些重要的系统文件或目录中。但 Docker 主机上的非 Docker 进程或容器都可以随时对这些文件进行修改。

与卷相比，绑定挂载功能更受限。绑定挂载性能高，但它们依赖于具有特定目录结构的主机文件系统，不能使用 Docker 命令直接管理它们。绑定挂载还允许访问敏感文件。

绑定挂载适用于以下应用场景。

- 在主机和容器之间共享配置文件。Docker 向容器提供 DNS 解析时默认采用的就是这种方式，即将主机上的/etc/resolv.conf 文件挂载到每个容器中。
- 在 Docker 主机上的开发环境和容器之间共享源代码或构建工件（Artifacts）。例如，用户可以将项目管理工具 Maven 的 target 目录挂载到容器中，每当在 Docker 主机上构建 Maven 项目时，容器会访问重新构建的工件。以这种方式使用 Docker 进行开发时，生产环境中的 Dockerfile 会直接将可用于生产的工件复制到镜像中，而不是依赖一个绑定挂载。
- 当 Docker 主机上的文件或目录结构保证与容器要求的绑定挂载一致时。

如果正在开发新的容器化应用程序，则应考虑使用命名卷，而不应使用绑定挂载。

3. tmpfs 挂载

tmpfs 挂载仅限于在运行 Linux 操作系统的 Docker 主机上使用，它只存储在主机的内存中，不会被写到主机的文件系统中，因此不能持久保存容器的应用数据。对于不需要将数据持久保存到主机或容器中的应用场景，tmpfs 挂载是最合适的。对于出于安全考虑，或者要保证容器的性能，应用程序需要写入大量非持久化数据的应用场景，这种挂载很适用。

如果容器产生了非持久化数据，那么可以考虑使用 tmpfs 挂载避免将数据永久存储到任何位置，并且通过避免将数据写入容器的可写层来提高容器的性能。

3.2.4 Docker 的卷管理命令

docker volume 是 Docker 的卷管理命令，该命令的基本语法如下。

```
docker volume 子命令
```

子命令用于完成具体的卷管理任务，docker volume 命令的子命令如表 3-5 所示。

表3-5   docker volume命令的子命令

子命令	功能
create	创建一个新的卷
ls	列出本地 Docker 主机上的卷
inspect	显示卷的详细信息，包括卷在 Docker 主机文件系统中的具体位置
prune	删除未被容器或服务副本使用的全部卷
rm	删除未被使用的指定卷

3.2.5 容器的文件系统挂载语法

使用 docker run 或 docker create 命令的相关选项将外部文件系统挂载到容器中。卷和绑定挂载都可以通过-v（长格式为--volume）和--mount 这两个选项挂载到容器中，只是二者的语法存在细微差异。-v 将所有选项组合在一个字段中，而--mount 将所有选项分开，采用若干键值对以支持更多的设置选项。如果需要指定卷驱动程序选项，则必须使用--mount。--mount 语法更清晰、定制更详细，官方建议对于所有的容器或服务的绑定挂载、卷或 tmpfs 挂载都使用--mount 选项。但是-v 语法更简洁，加上习惯因素，目前其仍然被广泛使用。在本书的一些示例中这两个选项都会兼顾到。

另外，对于 tmpfs 挂载，可以使用--tmpfs 选项，只是该选项只能用于容器，且不允许指定任何可配置的选项，而改用--mount 选项则不受这些限制。

1. -v 选项的基本语法

-v 选项的基本语法如下。

```
-v [主机中的源]:容器中的目标:[<选项>]
```

该选项包括由冒号（:）分隔的 3 个字段。这些字段必须按照正确的顺序排列，不过每个字段的含义并不明显。

第 1 个字段表示挂载源。对于卷，在命名卷的情况下，第 1 个字段是卷的名称，并且在给定的主机上是唯一的；在匿名卷的情况下，将省略第 1 个字段。对于绑定挂载，第 1 个字段为 Docker 主机上的目录或文件。

第 2 个字段表示挂载目标，即容器中的挂载点，可以是目录或文件路径，必须采用绝对路径的形式。

第 3 个字段是可选的，是一个以逗号分隔的选项列表，如 ro 表示只读。

2. --mount 选项的基本语法

--mount 选项的基本语法如下。

```
--mount <键>=<值>,<键>=<值>,...
```

该选项的参数由多个由逗号分隔的键值对组成。--mount 选项的语法比-v 选项的更冗长，但键的排列顺序并不重要，并且键值更易于理解。该选项主要的键列举如下。

- type：指定挂载类型，值可以是 bind（绑定挂载）、volume（卷）或 tmpfs。默认使用 volume。
- source（或 src）：指定挂载源。对于卷，该键是卷名称；对于绑定挂载，该键则是 Docker 主机上的目录或文件。
- destination（或 dst、target）：指定挂载目标，即容器中的挂载点，必须采用绝对路径的形式。
- readonly（或 ro）：指定只读选项，表示源以只读方式挂载到容器中。
- volume-opt：指定卷的其他选项，可以多次指定，由若干键值对组成。
- bind-propagation：指定绑定挂载的传播选项，值可以是 rprivate、private、rshared、shared、rslave 或 slave。
- tmpfs-size：指定 tmpfs 的大小，默认不限制大小。
- tmpfs-mode：以八进制数指定 tmpfs 的文件模式，如 700 或 0770。默认值为 1777，表示全局可写。

任务实现

任务 3.2.1　容器使用卷

多个容器可以同时使用同一个卷，这对需要访问共享数据的容器特别有用。例如，一个容器写入数据到卷，另一个容器从卷中读取数据。

微课 0304

1. 创建一个卷并让容器挂载该卷

使用 docker volume create 命令创建卷。下面示范创建卷并让容器挂载该

创建一个卷并让容器挂载该卷

卷的操作过程。

（1）执行以下命令创建一个卷。

```
[root@host1 ~]# docker volume create test-vol
test-vol
```

默认情况下，Docker 创建新卷时采用内置的 local 驱动，使用该驱动的本地卷只能被所在主机上的容器使用。卷名称必须是唯一的，这就意味着不同的卷驱动不能使用相同的卷名称。如果定义的卷名称在当前卷驱动上已经存在，那么 Docker 会认为要重用现有的卷而不会报错。

（2）使用以下命令列出本地 Docker 主机上的卷（列出卷驱动和卷名称）。

```
[root@host1 ~]# docker volume ls
DRIVER      VOLUME NAME
local       test-vol
```

（3）使用以下命令查看该卷的详细信息。

```
[root@host1 ~]# docker volume inspect test-vol
[
    {
        "CreatedAt": " 2024-01-19T11:49:10+08:00",
        "Driver": "local",                                        # 卷驱动
        "Labels": {},
        "Mountpoint": "/var/lib/docker/volumes/test-vol/_data",   # 卷的挂载点
        "Name": "test-vol",                                       # 卷名称
        "Options": {},
        "Scope": "local"                                          # 卷的作用域
    }
]
```

可以发现，创建卷时会在主机上的 Docker 根目录（Linux 主机上默认为/var/lib/docker）下的 volumes 子目录中生成一个以卷名称命名的子目录（示例中为 test-vol）；在该子目录中会再生成一个名为_data 的子目录，它将作为卷的数据存储路径。

（4）执行以下命令启动一个容器，并将 test-vol 卷挂载到容器中的/world 目录。

```
[root@host1~]#docker run -it --mount source=test-vol,target=/world ubuntu /bin/bash
root@1a9137e97f98:/#
```

Docker 并不支持在容器中使用相对路径的挂载点目录，挂载点目录必须从根目录开始。本例使用--mount 选项挂载卷，改用-v 选项的方法如下。

```
docker run -it -v test-vol:/world ubuntu /bin/bash
```

（5）在容器中列出目录，会发现容器中有一个名为 world 的目录，这个目录实际指向的是上述 test-vol 卷，如下所示。

```
root@1a9137e97f98:/# ls
bin  boot  dev  etc  home  lib  lib32  lib64  libx32  media  mnt  opt  proc
root  run  sbin  srv  sys  tmp  usr  var  world
```

（6）退出该容器，如下所示。

```
root@1a9137e97f98:/# exit
exit
```

（7）执行 docker inspect 1a9137 命令查看容器的详细信息，可以验证卷是否被正确挂载到容器中，从输出结果中查看其"Mounts"（挂载）部分的信息。

```
        "Mounts": [
```

```
        {
            "Type": "volume",                      # 挂载类型为 volume（卷）
            "Name": "test-vol",                    # 卷名称
            "Source": "/var/lib/docker/volumes/test-vol/_data",   # 挂载源
            "Destination": "/world",               # 挂载目标
            "Driver": "local",                     # 卷驱动
            "Mode": "z",                           # SELinux 标签
            "RW": true,                            # 可读写
            "Propagation": ""                      # 传播设置
        }
    ],
```

这些信息表明挂载的是一个卷，显示了正确的挂载源和挂载目标，并且该卷是可读写的。

（8）执行以下命令删除该卷。

```
[root@host1 ~]# docker volume rm test-vol
Error response from daemon: remove test-vol: volume is in use -
[1a9137e97f982ec76f8d903558c7273588a98b6cead03ef17b39a288fe5d48f8]
```

此操作报出错误信息，说明卷正在被容器使用。上述容器虽然停止运行了，但仍然处于容器生命周期内，仍然会占用卷。

（9）删除该容器之后，即可成功删除该卷，如下所示。

```
[root@host1 ~]# docker container rm 1a9137
1a9137
[root@host1 ~]# docker volume rm test-vol
test-vol
```

> 提示
>
> 创建卷时使用-d 选项可以指定不同的驱动，第三方驱动可以通过插件方式接入。这些驱动提供了高级存储特性，并为 Docker 集成了外部存储系统。

2. 启动容器时自动创建卷

在启动带有卷的容器时，如果卷不存在，则 Docker 会自动创建卷，即在 Docker 根目录下的volumes 子目录中自动生成相应的目录结构。下面的示例将 myvol 挂载到容器 testnovol 的/app 目录下。先来看一看使用--mount 选项的实现方法。

```
[root@host1 ~]# docker run -d --name nginx-autovol --mount source=myvol,
target=/app nginx
    78da614da5d0c24c3144829f1006d3ba479c1c601850be76a959fb0f14a22ca6
```

myvol 卷并没有提前被创建，Docker 会自动创建这个卷。执行 docker inspect nginx-autovol 命令查看 nginx-autovol 容器的详细信息，可以验证卷是否被正确创建和挂载。下面列出该卷的"Mounts"部分的信息。

```
        "Mounts": [
            {
                "Type": "volume",
                "Name": "myvol",
                "Source": "/var/lib/docker/volumes/myvol/_data",   # 挂载源
                "Destination": "/app",                             # 挂载目标
                ...
```

```
        }
    ],
```

改用-v选项挂载卷，执行以下命令得到的结果与使用--mount选项得到的结果相同。

```
docker run -d --name nginx-autovol  -v myvol:/app  nginx
```

要注意的是，因为容器名称是唯一的，所以上述两个操作命令不能同时运行，除非在运行其中一个之后删除 nginx-autovol 容器，或者使用其他容器名称，或者不使用自定义容器名称。

实验结束之后，停止并删除所用的容器，再删除所用的卷。

3. 使用容器填充卷

如果在容器启动时挂载已经存在并包含数据的卷，则容器不会将其挂载点目录的数据复制到该卷，而是直接使用该卷中的数据。如果在容器启动时挂载空白卷（卷已存在但不包含任何数据）或者自动创建新卷，而容器在挂载点目录中已有文件或目录，则该挂载点目录的内容会被传播（复制）到卷中，也就是说容器中挂载点目录的数据会填充到卷中。其他容器挂载并使用该卷时可以访问其中预先填充的内容。下面给出一个示例验证容器填充卷。

（1）执行以下命令启动一个运行 nginx 的容器，并使用容器的/usr/share/nginx/html 目录（nginx 服务器存储其网页内容的默认位置）的内容填充新卷 nginx-vol。

```
[root@host1 ~]# docker run -d --name=nginxtest   --mount source=nginx-vol,
destination=/usr/share/nginx/html   nginx
d28bc37bf93b6010750a21ef188895cf608c28547d89bedbcb0eea287d48f872
```

（2）执行 docker volume inspect nginx-vol 命令查看该卷的详细信息，其中，挂载点设置如下。

```
    "Mountpoint": "/var/lib/docker/volumes/nginx-vol/_data",
```

（3）执行以下命令查看主机上该卷所在目录的内容，可以发现容器已经填充了卷。

```
[root@host1 ~]# ls  /var/lib/docker/volumes/nginx-vol/_data
50x.html  index.html
```

（4）基于 Ubuntu 镜像启动另一个容器挂载该卷，以使用其中预先填充的内容，操作过程如下。

```
[root@host1 ~]# docker run -it --name=ubuntutest --mount source=nginx-vol,
destination=/nginx ubuntu /bin/bash
root@5701db7f9196:/# ls /nginx
50x.html  index.html
root@5701db7f9196:/# exit
exit
```

查看容器中的挂载目标目录/nginx 的内容，可以发现两个文件与主机上 nginx-vol 卷对应存储位置中的文件是一致的。

（5）依次执行下面的命令删除容器和卷。

```
docker container stop nginxtest ubuntutest
docker container rm nginxtest ubuntutest
docker volume rm nginx-vol
```

由上述实验可知，如果启动容器时指定一个不存在的卷，则会自动创建一个空白卷。如果将一个空白卷挂载到容器中已包含文件或目录的目录中，则这些文件或目录会被复制到卷中，这是预先填充其他容器所需数据的常用方法。

4. 使用只读卷

同一个卷可以由多个容器挂载，并且可以让某些容器执行读写操作，而让另一些容器仅能执行只读操作。在设置只读权限后，在容器中是无法对卷中的数据进行修改的，只有 Docker 主机有权修改数据，这在某种程度上提高了安全性。

下面的示例通过在容器中挂载点后面的选项列表（默认为空）中添加只读参数，将卷以只读模式挂载到容器目录。如果存在多个选项，则用逗号将它们分隔。先来看一看使用--mount 选项的实现方法。

项目3 Docker 网络与存储配置

91

```
[root@host1 ~]# docker run -d --name=nginxtest --mount source=nginx-vol,
destination=/usr/share/nginx/html,readonly   nginx
7e67ee893f651185afd7a454195b2e371f41ccef7944e671b2c40511bd493a25
```

使用 docker inspect nginxtest 命令验证卷挂载是否正确创建。查看其"Mounts"部分的信息，可以发现挂载的卷为只读模式，如下所示。

```
            "Mounts": [
                {
                    "Type": "volume",
                    "Name": "nginx-vol",
                    "Source": "/var/lib/docker/volumes/nginx-vol/_data",
                    "Destination": "/usr/share/nginx/html",
                    "Driver": "local",
                    "Mode": "z",                # SELinux 标签
                    "RW": false,                # 读写模式为 false，表示只读
                    "Propagation": ""
                }
            ],
```

停止并删除 nginxtest 容器，然后删除 nginx-vol 卷。

再来看改用-v 选项的实现方法，如下所示。

```
docker run -d --name=nginxtest  -v nginx-vol:/usr/share/nginx/html:ro   nginx
```

编者使用 docker inspect nginxtest 命令验证卷的挂载，查看其"Mounts"部分的信息，发现显示的信息与使用--mount 选项显示的信息略有差别，如下所示。

```
            "Mounts": [
                {
                    "Type": "volume",
                    "Name": "nginx-vol",
                    "Source": "/var/lib/docker/volumes/nginx-vol/_data",
                    "Destination": "/usr/share/nginx/html",
                    "Driver": "local",
                    "Mode": "ro",               # 模式为只读
                    "RW": false,                # 读写模式为 false，表示只读
                    "Propagation": ""
                }
            ],
```

使用两种选项的实现方法的差别体现在 Mode 选项的含义不同：在使用-v 选项时，Mode 表示只读模式；而在使用--mount 选项时，Mode 用于 SELinux 标签设置。

测试完毕，停止并删除 nginxtest 容器，然后删除 nginx-vol 卷。

5. 使用匿名卷

在创建或启动容器时可以创建匿名卷，匿名卷没有指定明确的名称。

在使用--mount 选项启动容器时不定义 source，就会产生匿名卷，例如：

微课 0306

使用匿名卷

```
[root@host1 ~]# docker run -it --name ubuntutest --mount destination=/world
```

```
ubuntu /bin/bash
    root@9503aa65eac7:/# ls
    bin  boot  dev  etc  home  lib  lib32  lib64  libx32  media  mnt  opt  proc
root  run  sbin  srv  sys  tmp  usr  var  world
    root@9503aa65eac7:/# exit
    exit
```

执行 docker inspect ubuntutest 命令查看该容器的 "Mounts" 部分的信息，如下所示。

```
        "Mounts": [
            {
                "Type": "volume",
                "Name": "90754afc35904f05013f7f5aea33480cd5bf8890e9a620f0a68f
dc28777abdd5",
                "Source": "/var/lib/docker/volumes/90754afc35904f05013f7f5aea
33480cd5bf8890e9a620f0a68fdc28777abdd5/_data",
                "Destination": "/world",
                ...
            }
        ],
```

可以发现，匿名卷并不是没有名称，Docker 自动为匿名卷生成一个 UUID 作为匿名卷的名称，这个 UUID 与容器 ID 一样采用的是由 64 个十六进制字符组成的字符串。

删除该容器，列出当前的卷，发现该匿名卷仍然存在。

```
[root@host1 ~]# docker volume ls
DRIVER                VOLUME NAME
local                 90754afc35904f05013f7f5aea33480cd5bf8890e9a620f0a68fdc28777abdd5
```

使用 docker volume rm 命令删除匿名卷，此时必须指定匿名卷的完整 UUID，如下所示。

```
[root@host1 ~]# docker volume rm 90754afc35904f05013f7f5aea33480cd5bf8890e9a
620f0a68fdc28777abdd5
```

当然也可以通过 docker volume prune 命令删除未被容器或服务副本使用的全部卷。

要自动删除匿名卷，应在创建容器时使用--rm 选项。

要使用-v 选项在启动容器时产生匿名卷，则需要省略该选项的第 1 个字段，例如：

```
docker run -it --name ubuntutest -v /world ubuntu /bin/bash
```

任务 3.2.2 容器使用绑定挂载

如果容器需要与 Docker 主机使用同一个目录或文件，则应使用绑定挂载。

微课 0307

绑定挂载主机上的
目录

1. 绑定挂载主机上的目录

通过绑定挂载可以将 Docker 主机上现有的目录挂载到容器的目录中，需要挂载的目录可以由主机上的绝对路径引用。这里给出一个使用绑定挂载构建源代码的示例。

假如源代码保存在 source 目录中，当构建源代码时，工件保存到另一个目录 source/target 中。要求工件在容器的/app 目录中可用，且每次在开发主机上构建源代码时容器都可以访问新的工件。可以使用以下命令将/target 目录绑定挂载到容器的/app 目录中。从 source 目录运行此命令，$(pwd)子命令表示 Linux 主机上的当前工作目录。

（1）准备源代码目录并切换到 source 目录，如下所示。这里仅示范，没有添加具体源代码。

```
[root@host1 ~]# mkdir -p source/target  && cd source
```

（2）执行以下命令启动容器并将主机上的 source/target 目录挂载到容器的/app 目录中。

```
[root@host1 source]# docker run -d -it  --name devtest --mount type=bind,source=
"$(pwd)"/target, target=/app  nginx
```

使用--mount 选项时要指明挂载类型 bind，挂载源和挂载目标必须使用绝对路径。

Linux 的 Shell 中的命令替换可用来非常灵活、方便地指定挂载的源或目标目录。这里使用 pwd 命令来指定挂载源为主机的当前目录，也可以使用 pwd 命令来指定挂载目标为容器的当前目录。

上述命令改用以下-v 选项定义可以产生相同的结果。

```
docker run -d -it --name devtest  -v "$(pwd)"/target:/app  nginx
```

（3）使用 docker inspect devtest 命令查看该容器的详细信息，可以验证绑定挂载是否正确创建。查看该容器的"Mounts"部分的信息，如下所示。

```
"Mounts": [
    {
        "Type": "bind",                        # 挂载类型为bind（绑定挂载）
        "Source": "/root/source/target",  # 源为主机上的目录/root/source/target
        "Destination": "/app",                # 目标为容器上的/app
        "Mode": "",                            # 模式为空
        "RW": true,                            # 可读写
        "Propagation": "rprivate"            # 绑定传播设置
    }
],
```

这些信息表明挂载方式是绑定挂载，源和目标都正确。与卷挂载不同的是，这里的挂载类型为 bind，源为主机上指定的目录，而不是 Docker 根目录中的特定路径。

在这些信息中，Mode 表示与 SELinux 标签有关的选项。如果使用 SELinux，可以添加 z 或 Z 选项来修改被挂载到容器中的主机目录或文件的 SELinux 标签，但这会影响主机本身的目录或文件，并影响 Docker 之外的范围。z 选项表示绑定挂载的内容在多个容器之间共享；Z 选项表示绑定挂载的内容是私有的，不能共享。使用这些选项时要格外小心，使用 Z 选项绑定系统目录（如/home 或/usr）时会导致主机无法操作这些目录，可能需要手动重新标记主机文件。不过，在服务而不是容器上使用绑定挂载时，SELinux 标签 ":Z"":z"":ro" 都会被忽略。

这里的绑定传播（Propagation）设置是 rprivate，表示是私有的。

> **提示**　卷和绑定挂载默认的绑定传播设置都是 rprivate。只有在 Linux 主机上的绑定挂载才是可配置的。绑定传播所涉及的内容比较专业，多数用户不需要配置。绑定传播是指在指定的绑定挂载或命名卷中创建的挂载是否可以传播到该挂载的副本。

（4）执行以下命令停止并删除实验所用的容器。

```
docker stop devtest && docker rm devtest
```

在一些应用中，容器需要写入绑定挂载，所写入的内容会自动传回 Docker 主机上的相应目录。在另一些应用中，容器可能只需读取绑定挂载。下面修改以上的示例，改用只读绑定挂载。

（5）使用--mount 选项实现只读绑定挂载，如下所示。

```
[root@host1 source]# docker run -d -it    --name devtest    --mount
type=bind,source="$(pwd)"/target,target=/app,readonly  nginx
```

如果存在多个选项，则用逗号将它们分隔。

上述命令改用-v 选项定义可以产生相同的结果。

```
docker run -d -it  --name devtest  -v "$(pwd)"/target:/app :ro  nginx
```

（6）使用 docker inspect devtest 命令查看容器详细信息，"Mounts"部分的信息如下。

```
"Mounts": [
    {
        "Type": "bind",
        "Source": "/root/source/target",
        "Destination": "/app",
        "Mode": "",                        #模式为空
        "RW": false,                       #只读
        "Propagation": "rprivate"          #绑定传播设置
    }
],
```

（7）停止并删除实验所用容器。

2. 绑定挂载主机上的文件

除了绑定挂载目录，还可以单独指定一个文件进行绑定挂载，该文件可以由主机上的绝对路径引用。

绑定挂载文件主要用于在主机与容器之间共享配置文件。许多应用程序依赖于配置文件，如果为每个配置文件制作一个镜像，则会让简单的工作变得复杂起来，而且很不方便。将配置文件置于 Docker 主机上，并且挂载到容器中，可以随时修改配置，使配置文件的管理变得简单、灵活。例如，将主机上的/etc/localtime 挂载到容器中，可以让容器的时区设置与主机的保持一致，如下所示。

```
[root@host1 ~]# docker run --rm -it -v /etc/localtime:/etc/localtime ubuntu /bin/bash
root@b9fc19b70f8a:/# date -R                        # 查看当前时区
Fri, 19 Jan 2024 17:09:42 +0800
root@b9fc19b70f8a:/# exit
exit
```

3. 绑定挂载主机上不存在的目录或文件

在绑定挂载 Docker 主机上不存在的目录或文件时，-v 和--mount 选项的表现有些差异。

如果使用-v 选项，则会在主机上自动创建一个目录，对于不存在的文件，创建的也是一个目录。在下面的示例中，Docker 会在启动容器之前在主机上创建一个/doesnt/exist 目录。

```
[root@host1 ~]# docker run  --rm -v /doesnt/exist:/foo -w /foo -i -t ubuntu bash
root@22dfa63c1239:/foo# exit
exit
[root@host1 ~]# ls -l /doesnt
总用量 0
drwxr-xr-x 2 root root 6  1月 19 17:12 exist
```

但是如果改用--mount 选项，则 Docker 不会自动创建目录，反而会报错。改写上述示例，如下所示。

```
[root@host1 ~]# docker run  --rm --mount type=bind,source=/doesnt/exist:/foo,
target=/foo -w /foo -i -t ubuntu bash
docker: Error response from daemon: invalid mount config for type "bind": bind
source path does not exist: /doesnt/exist:/foo.
```

4. 绑定挂载到容器中的非空目录

如果将主机上的目录绑定挂载到容器中的非空目录，则容器挂载的目录中的现有内容会被绑定挂载（主机上的目录）所遮盖。被遮盖的目录和文件不会被删除或更改，但在使用绑定挂载时不可访问。这就像将文件保存到 Linux 主机上的/mnt 目录中，然后将 USB（Universal Serial Bus，通用串行总线）驱动器挂载到/mnt 目录中，在卸载 USB 驱动器之前，USB 驱动器的内容会遮盖/mnt 目录中的内容，访问/mnt 目录实际上存取的是 USB 驱动器的内容。卸载 USB 驱动器之后，访问/mnt 目录看到的是该目录本身的内容。

无论主机上的目录是否为空，绑定挂载到容器中的非空目录都会发生遮盖的情况。一定要注意，这与卷是完全不同的。对于卷来说，只有卷中存在内容，挂载卷的容器目录才会被遮盖而使用该卷中的内容。

这里给出一个比较极端的示例，用主机上的/tmp 目录替换容器中的/usr 目录的内容，如下所示。在大多数情况下，这会产生一个没有用处的容器。

```
[root@host1 ~]# docker run -d  -it    --name broken-container    --mount
type=bind,source= /tmp,target=/usr  nginx
e84a1cfbdb5b87b2cbb1722383a049e60d4eae6e1d03ba9dcdd585d829ea6c45
docker: Error response from daemon: OCI runtime create failed:
container_linux.go:345: starting container process caused "exec: \"nginx\":
executable file not found in $PATH": unknown.
```

容器虽然被创建了，但是无法工作。执行以下命令删除这个容器。

```
docker container rm broken-container
```

绑定传播设置是 rprivate，表示是私有的。

> 💬 **提示**　　可以通过卷容器（Volume Container）实现卷的备份、恢复和迁移。卷容器又称数据卷容器，是一种特殊的容器，专门用来将卷（也可以是绑定挂载）提供给其他容器挂载。

项目实训

> 电子活页 0307
>
> [二维码]
>
> 通过卷容器实现卷的备份、恢复和迁移

项目实训 1　创建和使用用户自定义桥接网络

实训目的

掌握用户自定义桥接网络的操作。

实训内容

- 创建一个用户自定义桥接网络。
- 查看该网络的详细信息。
- 参照任务 3.1.1 中的相关示例创建 4 个 Alpine 容器，连接到用户自定义桥接网络和默认桥接网络，测试容器之间的通信。

项目实训 2　使用卷

实训目的

掌握卷的基本操作。

实训内容

- 创建一个卷。
- 查看该卷的详细信息。
- 启动一个容器并挂载该卷。
- 查看该容器的详细信息以验证卷是否被正确挂载。
- 删除该容器，再删除该卷。

项目实训 3　使用绑定挂载

实训目的

掌握绑定挂载的基本操作。

实训内容

- 启动一个容器并将主机上的某目录挂载到该容器中。
- 查看该容器的详细信息以验证绑定挂载是否正确创建。
- 停止并删除实验所用容器。

项目实训 4　测试容器填充卷

实训目的

通过测试理解容器填充卷。

实训内容

- 启动一个容器并自动创建新卷。
- 查看该卷的详细信息。
- 查看主机上该卷所在目录的内容。
- 启动另一个容器挂载该卷，以使用其中预先填充的内容。
- 进入这个新容器，查看其挂载目录的内容。
- 删除测试中用到的容器和卷。

项目总结

通过本项目的实施，读者应当掌握 Docker 网络和存储的使用方法，能够使容器变得更实用、具备更强大的功能，也能够通过网络配置让容器与其他容器及外部网络进行通信，还能够通过挂载外部存储实现容器数据的持久存储。容器连网是指容器之间或容器与非 Docker 工作负载连接和通信的能力。Docker 为容器在主机上存储文件提供了卷和绑定挂载两种类型的持久存储方案，这样即使在容器停止后文件也会被持久化。项目 4 将介绍容器与守护进程运维。

项目4

Docker 容器与守护进程运维

04

学习目标

- 了解容器资源限制技术，学会限制容器使用资源的操作；
- 了解容器监控的相关知识，掌握容器监控的实施方法；
- 了解容器日志的相关知识，掌握日志查看和配置方法；
- 掌握 Docker 守护进程的配置和管理方法；
- 了解 Docker 对象，掌握通用的配置和管理方法。

项目描述

项目 3 实现了 Docker 网络与存储配置。容器正式的部署环境需要更为严谨的配置和管理，也需要解决一些更为实际的问题，如容器的持续运行、容器的资源限制、容器监控与日志管理，以及 Docker 守护进程本身的管理和 Docker 对象的通用配置等。本项目关注的正是这些问题的解决方案，即对容器与 Docker 守护进程进行运维。

任务 4.1　Docker 容器配置进阶

▶ 任务说明

前面讲解了容器的基本操作与配置，本任务介绍一些更高级的配置功能。本任务的具体要求如下。

- 掌握容器资源限制的配置方法。
- 掌握容器的自动重启配置方法。
- 学会在一个容器中运行多个服务。
- 了解容器健康检查机制。
- 了解容器运行时如何覆盖镜像的默认设置。

4.1.1　容器的资源限制

默认情况下，容器没有资源限制，它可以使用主机内核调度程序所允许的资源，但这样有可能导致某个容器占用太多资源而影响其他容器，乃至影响整个主机的性能。要避免这种情况发生，可以通过设置 docker run（或 docker create）命令的运行时配置选项限制容器对资源的使用，还可以通过 docker update 命令动态更改容器的运行时资源限制配置。

1. 容器的内存限制

在 Linux 主机上，如果内核检测到没有足够的内存来执行重要的系统功能，就会抛出内存溢出异常（Out Of Memory Exception，OOME），并开始终止进程以释放内存。在这种情况下，任何进程都会被"杀死"，包括 Docker 守护进程和其他重要的应用程序。如果进程被错误终止，还可能导致整个系统"瘫痪"。Docker 试图通过调整 Docker 守护进程的 OOM 优先级来减轻这些风险，降低 Docker 守护进程被"杀死"的可能性。但是，容器的 OOM 优先级并没有调整，这使得单个容器比 Docker 守护进程或其他系统进程更有可能被"杀死"。要防止这种情况发生，就不要让运行的容器占用太多主机的内存，应该对容器使用的内存进行限制。

容器可使用的内存包括两部分：物理内存和交换（Swap）空间。Docker 默认没有设置内存限制，容器进程可以根据需要使用尽可能多的物理内存和交换空间。可以使用相关选项限制容器的内存使用。这些选项大多采用正整数，后跟 b、k、m、g 等，分别表示字节、千字节、兆字节或吉字节。

Docker 对内存可以实施"硬"限制，仅允许容器使用不超过给定数量的用户内存或系统内存；也可以实施"软"限制，允许容器按需使用尽可能多的内存，除了在某些情况下，如内核检测到内存不足或主机上有内存争用。

（1）用户内存限制

容器的用户内存限制设置涉及以下两个选项。

-m（--memory）：设置容器可用的最大内存。该值最低为 4MB。

--memory-swap：允许容器置入磁盘交换空间中的内存大小。

Docker 可以提供以下 4 种方式设置容器的用户内存限制。

① 对容器内存使用无限制。

上述两个选项都不用，容器可以根据需要使用尽可能多的内存。

② 设置内存限制并取消交换空间内存限制。

下面的示例意味着容器中的进程可以使用 300MB 的内存，并且按需使用尽可能多的交换空间（前提是主机支持交换空间）。

```
docker run -it -m 300M --memory-swap -1 ubuntu:22.04 /bin/bash
```

③ 只设置内存限制。

在下面的示例中，容器进程可以使用 300MB 的内存和 300MB 的交换空间。默认情况下虚拟内存总量（--memory-swap）将设置为内存大小的两倍，这样内存和交换空间之和为 $2 \times 300MB$，因此容器进程能使用 300MB 的交换空间。

```
docker run -it -m 300M ubuntu:22.04 /bin/bash
```

④ 同时设置内存限制和交换空间内存限制。

下面的示例意味着容器进程能使用 300MB 的内存和 700MB 的交换空间。

```
docker run -it -m 300M --memory-swap 1G ubuntu:22.04 /bin/bash
```

（2）内核内存限制

与用户内存不同，内核内存无法被交换到磁盘中。这是因为内核内存不能利用交换空间，如果容器占用过多的内核内存，可能会导致系统服务阻塞。通过限制内核内存，当其使用量过高时，系统将阻止新进程的创建。需要明确的是，尽管内核内存并不会完全独立于用户内存，但通常会在限制用户内存的基础上进一步限制内核内存。下面的示例设置了用户内存和内核内存，容器进程可以使用共 500MB 的内存，在 500MB 的内存中，可以使用最高 50MB 的内核内存。

```
docker run -it -m 500M --kernel-memory 50M ubuntu:22.04 /bin/bash
```

再来看一个示例。

```
docker run -it --kernel-memory 50M ubuntu:22.04 /bin/bash
```

此例只设置了内核内存限制，所以容器进程可以使用尽可能多的内存，不过只可以使用 50MB 的内核内存。

（3）设置内存预留实现软限制

使用--memory-reservation 选项设置内存预留。它是一种内存软限制，允许更多的内存共享。正常情况下，容器可以根据需要使用尽可能多的内存，且所用内存空间只能被由-m（--memory）选项所设置的硬限制所约束。设置内存预留后，Docker 将检测内存争用或内存不足的情况，并强制容器将其内存消耗限制为预留值（软限制）。

内存软限制应当始终低于硬限制，否则硬限制会优先触发。将内存软限制设置为 0 表示不作限制。默认情况下没有设置内存预留。

作为一个软限制功能，内存预留并不能保证不会超过限制。它的主要目的是确保当内存争用严重时，内存能够按预留设置进行分配。

以下示例限制内存为 500MB，内存软限制为 200MB。

```
docker run -it -m 500M --memory-reservation 200M ubuntu:22.04 /bin/bash
```

按照此配置，当容器消耗内存大于 200MB、小于 500MB 时，下一次系统内存回收将尝试将容器内存缩减到 200MB 以下。

下面的示例设置内存软限制为 1GB，没有设置内存硬限制。

```
docker run -it --memory-reservation 1G ubuntu:22.04 /bin/bash
```

内存软限制设置只是用于确保容器不会长时间消耗过多内存，因为每次内存回收会将容器内存消耗缩减到软限制。

2. 容器的 CPU 限制

安装时默认设置所有容器可以平等地使用主机 CPU 资源并且不受限制。可以通过相应的选项设置来限制容器使用主机的 CPU。

（1）CPU 份额限制

CPU 份额关注的是进程在 CPU 资源分配中的相对权重。默认情况下，所有的容器在 CPU 资源分配上被视为平等，可以通过更改容器的 CPU 份额，来设置该容器相对于所有其他运行容器的权重。

使用-c（--cpu-shares）选项将 CPU 份额权重设置为指定的值。默认值为 1024，如果将该值设置为 0，系统将忽略该值并使用默认值 1024。

只有在运行 CPU 密集型进程时才会应用 CPU 份额权重。当一个容器的任务空闲时，其他容器可使用其剩余 CPU 时间。实际的 CPU 时间总数会根据系统中运行的容器数量而变化。例如，有 3 个容器，一个容器的 CPU 份额权重为 1024，另外两个容器的为 512。当 3 个容器中的所有进程尝试使用 100%的 CPU 时间时，第 1 个容器将得到 50%的 CPU 时间。如果添加第 4 个容器并将其 CPU 份额权重设置为 1024，则第 1 个容器就只能得到约 33%的 CPU 时间，其他 3 个容器分别得到约 16.5%、16.5%和 33%的 CPU 时间。

在多核系统上，CPU 时间的份额分布在所有 CPU 核心上。即使一个容器的 CPU 时间限制在 100%以内，它也能使用每个单独 CPU 核心的 100%时间。例如，在一个超过 3 核的系统中，如果使用-c=512 选项启动一个容器 C0 并运行 1 个进程，使用-c=1024 选项启动另一个容器 C1 并运行 2 个进程，就会导致 CPU 份额分配如下。

PID	容器	CPU	CPU 份额
100	{C0}	0	100% of CPU0
101	{C1}	1	100% of CPU1
102	{C1}	2	100% of CPU2

（2）CPU 周期限制

CPU 周期关注的是 CPU 执行指令的基本时间单位。CPU 份额是一种相对的度量，定义进程之间在 CPU 资源分配上的相对关系，而 CPU 周期是一种绝对的度量，直接关系到 CPU 的物理工作。具有更高 CPU 份额的进程可能会获得更多的 CPU 周期，从而在 CPU 资源上享有更高的优先级。使用--cpu-period 选项（以 μs 为单位）设置 CPU 周期以限制容器 CPU 资源的使用。默认的 CPU 完全公平调度器（Completely Fair Scheduler，CFS）周期为 100ms（100000μs）。通常将--cpu-period 与--cpu-quota 这两个选项配合使用。这里给出一个示例。

```
docker run -it --cpu-period=50000 --cpu-quota=25000 ubuntu:22.04 /bin/bash
```

此例表明，如果只有 1 个 CPU，则容器可以每 50ms（50000μs）获得 50%（25000/50000）的 CPU 时间。

除了组合使用--cpu-period 与--cpu-quota 选项设置 CPU 周期限制，还可以使用--cpus 选项指定容器的可用 CPU 资源来达到同样的目的。--cpus 选项值是一个浮点数，默认值为 0.000，表示 CPU 周期不受限制。改用以下命令实现上例，结果是一样的。

```
docker run -it --cpus=0.5 ubuntu:22.04 /bin/bash
```

注意，--cpu-period 和--cpu-quota 选项都是以 1 个 CPU 为基准的。

（3）CPU 放置限制

可以通过--cpuset-cpus 选项限制容器进程在指定的 CPU 上执行。下面的示例表示容器中的进程可以在 cpu 1 和 cpu 3 上执行。

```
docker run -it --cpuset-cpus="1,3" ubuntu:22.04 /bin/bash
```

再来看一个示例，它表示容器中的进程可以在 cpu 0、cpu 1 和 cpu 2 上执行。

```
docker run -it --cpuset-cpus="0-2" ubuntu:22.04 /bin/bash
```

（4）CPU 配额限制

使用--cpu-quota 选项限制容器的 CPU 配额，默认值为 0 表示容器占用 100%的 CPU 资源（1 个 CPU）。CFS 用于处理进程执行的资源分配，是由内核使用的默认 Linux 调度程序。将此值设置为 50000 意味着限制容器至多使用 50%的 CPU 资源。对于多个 CPU 而言，调整--cpu-quota 选项是必要的。

3. 动态更改容器的资源限制

电子活页 0401

电子活页 0402

验证分析容器资源限制的实现机制

容器的块 IO 带宽限制

使用 docker run 或 docker create 命令创建的容器一旦生成，就不能直接修改。间接修改的常用办法是，先将容器提交为新的镜像，再基于该镜像启动一个新的容器，在启动这个新的容器时重新对它进行配置。Docker 提供 docker update 命令动态地更新容器配置，主要目的是防止容器在 Docker 主机上使用太多的资源，即该命令修改的是容器的运行时资源限制。该命令的语法如下。

```
docker update [选项] 容器 [容器...]
```

其中，选项包括--blkio-weight、--cpu-period、--cpu-quota、--cpu-rt-period（以 µs 为单位限制 CPU 实时周期）、--cpu-rt-runtime（以 µs 为单位限制 CPU 实时运行时间）、--cpu-shares、--cpuset-cpus、--cpuset-mems、--kernel-memory、--memory、-m、--memory-reservation、--memory-swap 和--restart。

这些选项大部分同前面资源限制的选项相同，--restart 选项用于容器重启策略也介绍过。除了--kernel-memory 选项，其他的选项都可以应用于正在运行的或已经停止的容器并可以立即生效，--kernel-memory 选项只可以应用于已经停止的容器。当使用 docker update 命令操作已停止的容器时，更新的配置将在下一次启动容器时生效。执行 docker update 命令通过--restart 选项动态更改重启策略之后，新的重启策略将立即生效。

例如，先启动一个资源受到限制的容器，再修改其资源限制，如下所示。

```
[root@host1 ~]# docker run --rm -d -p 8080:80 -m 300M --cpu-shares=512 httpd
586eb564eda5974905c0dba669199232b3d7a808dd24193661755e432336b484
[root@host1 ~]# docker update -m 500M --cpu-shares=1024 586e
586e
```

4.1.2 容器的自动重启

Docker 提供重启策略选项控制容器退出时或 Docker 重启时是否自动启动该容器。重启策略能够确保关联的多个容器按照正确的顺序启动。Docker 建议使用重启策略，并避免使用进程管理器启动容器。运行容器时可以使用--restart 选项指定重启策略。容器的重启都是由 Docker 守护进程完成的，因此它与守护进程息息相关。使用重启策略时应注意以下几点。

• 重启策略只在容器成功启动后才会生效。成功启动是指容器至少运行 10s，并且 Docker 守护进程已经开始监控它，这样可以防止那些根本没有成功启动的容器进入重启循环。

• 如果手动停止一个容器，则其重启策略会被忽略，直到 Docker 守护进程重启或容器被手动重启。这是防止重启循环的另一种措施。

• 这里所讲的重启策略只适用于容器。

• 重启策略不同于 dockerd 命令的--live-restore 选项。如果使用--live-restore 选项，则在 Docker 升级过程中，即使网络和用户输入都中断了，容器仍然可以保持运行。

如果重启策略无法满足需求（如当 Docker 外部的进程依赖容器时），那么可以改用像 upstart、

systemd 或 Supervisor 这样的进程管理器来解决。要注意，不要尝试组合使用 Docker 重启策略与主机级进程管理器，因为这会导致冲突。

可以在容器内使用进程管理器检查进程是否正在运行，如果进程没有运行，则启动或重启进程。这种方法只是在容器内监控操作系统进程，Docker 是无法监控它们的。因为这种方法依赖于操作系统，甚至会因 Linux 发行版的不同而有所不同，所以 Docker 并不推荐使用这种方法。

4.1.3 在容器中运行多个服务

容器的主运行进程由 Dockerfile 末尾的 ENTRYPOINT 和 CMD 指令定义，最佳做法是每个容器使用一个服务来实现应用程序的某一功能。该服务可能会分成多个进程，如 Apache 服务器会启动多个工作进程。虽然一个容器可以有多个进程，但是为了高效利用 Docker，不要让一个容器负责整个应用程序的多个功能。用户可以通过自定义网络和共享卷将多个容器组合起来。

容器的主进程负责管理它启动的所有进程。在某些情形下，主进程没有经过设计，在容器退出时无法优雅地处理 "reaping"（回收）子进程。如果遇到这种情形，则可以在运行容器时使用--init选项。--init 选项可以将一个精简的初始化进程作为主进程插入容器，并在容器退出时回收所有进程。使用这种方式处理此类进程优于使用成熟的初始化进程（如 sysvinit 或 systemd）处理容器中的进程生命周期。

要在一个容器中运行多个服务，可以使用以下几种实现方式。

- 将所有命令放入包装器（Wrapper）脚本中，并提供测试和调试信息，使用 CMD 指令运行包装器脚本。
- 如果有一个主进程需要首先启动并保持运行，但是临时需要运行一些其他进程（可能与主进程交互），可以使用 Bash 脚本的作业控制实现。
- 在容器中使用 Supervisor 等进程管理工具。

4.1.4 容器健康检查机制

对于容器而言，最简单的健康检查是进程级的健康检查，即检验进程是否正在运行。Docker 守护进程会自动监控容器中的第 1 个进程（PID 为 1），如果为容器指定了重启策略，则可以根据该策略自动重启已停止的容器。在实际应用中，仅使用这种进程级健康检查机制是不够的。例如，容器进程虽然在运行中，但是其应用程序（比如 Web 服务器）死锁，无法继续响应应用用户的请求，这样的问题无法通过进程级监控发现。为此，Docker 提供了容器健康检查机制，该机制可以通过 Dockerfile 在镜像中注入，也可以在启动容器时通过相应选项实现。

1. 在 Dockerfile 中使用 HEALTHCHECK 指令

可以在 Dockerfile 中使用 HEALTHCHECK 指令声明健康检查配置，该配置用于判断容器主进程的服务状态是否正常，反映容器的实际健康状态。基于这样的 Dockerfile 构建镜像，再基于该镜像启动的容器就具备健康状态检查能力，能够自动进行健康检查。

HEALTHCHECK 指令包括以下两种格式。

```
HEALTHCHECK [选项] CMD <命令>
HEALTHCHECK NONE
```

第 1 种格式表示设置检查容器健康状况的命令；第 2 种格式表示禁止从基础镜像继承 HEALTHCHECK 指令的设置。这里重点介绍第 1 种格式，其中，CMD 指令前面可用的选项如下。

--interval：设置容器运行之后开始健康检查的时间间隔，默认为 30s。

--timeout：设置允许健康检查命令运行的最长时间，默认为 30s。如果超时，本次健康检查就被视为失败。

--start-period：设置需要启动的容器的初始化时间，启动过程中的健康检查失败时间不会被计入，默认为 0s。

--retries：设置允许连续重试的次数，默认为 3 次。当健康检查连续失败指定的次数后，则将容器状态视为不健康状态。

CMD 指令后面的命令参数指定执行健康检查的具体命令，与 ENTRYPOINT 指令一样，可使用 Shell 格式或 Exec 格式。该命令执行完毕返回下列值，它们表示容器的运行状况。

- 0：成功。容器是健康且可用的。
- 1：失败。容器是不健康的，不能正常工作。
- 2：保留值。暂时不要使用。

在 Dockerfile 中，HEALTHCHECK 指令只可以出现一次，如果出现多次，则只有最后一次出现的指令生效。

一旦有一次健康检查成功，Docker 就会确认容器是健康的。当容器的健康状态发生变化时，Docker 会触发一个 health_status 事件。

下面的示例表示每 5min 执行一次健康检查，通过访问 Web 服务器首页进行检查，每次检查执行时间限制在 3s 以内。

```
HEALTHCHECK --interval=5m --timeout=3s  CMD curl -f http://localhost/ || exit 1
```

2. 启动容器时通过相应选项实现健康检查

可以在执行 docker run 命令启动容器时，或者在执行 docker create 命令创建容器时通过相应选项指定容器的健康检查策略，其中，--health-cmd 选项用于指定健康检查命令，对应于 Dockerfile 中 HEALTHCHECK 指令的命令参数；--health-interval、--health-retries、--health-timeout 和 --health-start-period 分别对应于 Dockerfile 中 HEALTHCHECK 指令的--interval、--retries、--timeout 和--start-period 选项。

--no-healthcheck 选项用于禁用容器的任何 HEALTHCHECK 指令。

4.1.5 运行时选项覆盖 Dockerfile 指令

Dockerfile 中的语句相当于程序编译阶段的设置项。用户在基于 Dockerfile 构建镜像时，可以通过指令设置一些默认参数，这些参数在镜像作为容器启动时生效；而在运行镜像时，可以使用 docker run 命令的选项覆盖这些默认参数，这些选项可看作运行时选项。下面介绍覆盖 Dockerfile 指令的常用运行时选项。

1. 默认的命令或选项

docker run 的命令语法支持选择性地为容器的入口点指定命令和参数，如下所示。

```
docker run [选项] 镜像 [命令] [参数...]
```

因为镜像的创建者可能已经使用 Dockerfile 的 CMD 指令提供了一个默认的命令，所以这里的命令是可选的。基于该镜像运行容器时，只需指定一个新的命令，就可以覆盖该 CMD 指令的设置。

如果镜像的 Dockerfile 还声明了 ENTRYPOINT 指令，则 Dockerfile 的 CMD 指令或容器运行

时指定的命令均将作为参数附加到 ENTRYPOINT 指令中。

2. 默认的入口点

入口点指的是运行容器时调用的默认可执行文件。容器的入口点是使用 Dockerfile 的 ENTRYPOINT 指令定义的。入口点类似于默认命令，但不同的是，需要显式指定一个选项来覆盖入口点，不过可以使用位置参数覆盖默认命令。ENTRYPOINT 指令为容器指定默认的行为，基于声明该指令的镜像可以直接运行容器（这与执行二进制文件一样），也可以实现默认的选项，还可以通过命令传入更多的选项。如果还要在容器中运行其他命令，则可以在 docker run 命令中使用--entrypoint 选项重新定义默认入口点来覆盖镜像默认的 ENTRYPOINT 指令设置。

--entrypoint 选项需要使用字符串来表示容器启动时要调用的二进制文件的名称或路径。以下示例展示如何在已设置为自动运行其他二进制文件（如/usr/bin/redis-server）的容器中运行 Shell 命令。

```
docker run -it --entrypoint /bin/bash example/redis
```

以下两个示例示范如何使用位置命令参数将其他参数传递到自定义入口点。

```
docker run -it --entrypoint /bin/bash example/redis -c ls -l
docker run -it --entrypoint /usr/bin/redis-cli example/redis --help
```

还可以通过传递一个空字符串重置容器的入口点定义，如下所示。

```
docker run -it --entrypoint="" mysql bash
```

注意，运行时使用--entrypoint 选项将清除镜像的任何默认命令集（包括 Dockerfile 的任何 CMD 指令）。

3. 公开的端口

默认情况下，在运行容器时，容器的任何端口都不会对主机公开。这意味着用户将无法访问容器可能正在监听的任何端口。如果要使容器的端口可从主机访问，则需要发布端口。启动容器时用户可以使用-P（或--publish-all）或-p（或--publish）选项指定要公开的端口。

-P 选项可用于将所有公开的端口发布到主机，每个公开的端口会被绑定到主机上的一个随机端口。只有使用 Dockerfile 的 EXPOSE 指令或 docker run 命令的--exposure 选项设置的公开端口，才能使用-P 选项发布端口。docker run 命令的--exposure 选项可用于补充 Dockerfile 的 EXPOSE 指令所定义的端口。

-p 选项可用于将容器中的单个端口或一个端口范围显式地映射到主机。

容器内部（服务监听的位置）的端口号不需要与容器外部（客户端连接的位置）发布的端口号相匹配。例如，在容器内部，HTTP 服务可能正在监听端口 80；而在运行时，端口可能绑定到主机上的端口 42800。docker port 命令可用于查找主机上的端口和容器公开的端口之间的映射。

4. 环境变量

在创建 Linux 容器时，Docker 自动设置以下环境变量。

- HOME（用户主目录）：根据 USER 值设置。
- HOSTNAME（主机名）：默认为容器名称。
- PATH（执行文件的默认路径）：包括常用目录，如/usr/local/sbin:/usr/local/bin:/usr/sbin:/usr/bin:/sbin:/bin。
- TERM（终端）：如果容器被分配了伪终端，则该变量的值为 xterm。

另外，用户可以通过若干个-e 选项设置任何环境变量，还可以覆盖上述默认环境变量或在 Dockerfile 中使用 ENV 指令设置环境变量。

如果-e 选项设置只提供环境变量名,未提供环境变量值,那么主机中该环境变量的值将被传播到容器的环境中。下面给出一个测试容器环境变量的示例。

```
[root@host1 ~]# export today=Sunday          # 主机中临时增加一个环境变量
[root@host1 ~]# docker run -t -e "deep=green" -e today --rm alpine env
PATH=/usr/local/sbin:/usr/local/bin:/usr/sbin:/usr/bin:/sbin:/bin
                                             # PATH（自动设置的环境变量）
HOSTNAME=dbbddf1b3a91                         # 主机名（自动设置的环境变量）
TERM=xterm                                   # 终端（自动设置的环境变量）
deep=green                                   # -e 选项指定的环境变量
today=Sunday                                 # -e 选项未提供环境变量值
HOME=/root                                   # 用户主目录（自动设置的环境变量）
```

注意,Docker 在创建 Windows 容器时不设置任何环境变量。

5. 健康检查

运行时健康检查相关选项会覆盖 Dockerfile 中的 HEALTHCHECK 指令设置。

6. 用户

容器中的默认用户是 root（UID=0）。用户可以在镜像中通过 Dockerfile 的 USER 指令设置一个默认用户来运行第 1 个进程。启动容器时,可以通过-u（--user）选项设置用户以覆盖镜像中的 USER 指令设置。该选项可以使用用户名、组名、UID 或 GID 作为参数,如下所示。

```
--user=[ 用户名 | 用户名:组名 | UID | UID:GID | 用户名:GID | UID:组名 ]
```

其中,用户名必须存在于容器中,UID 必须在 0～2147483647 的范围内。

7. 工作目录

在容器中运行二进制文件的默认工作目录是根目录（/）,但是用户可以在 Dockerfile 中使用 WORKDIR 指令自定义工作目录,还可以使用 docker run 命令的-w（-workdir）选项的设置来覆盖镜像中所设置的默认工作目录。例如:

```
[root@host1 ~]# docker run --rm -w /my/workdir alpine pwd
/my/workdir
```

任务实现

任务 4.1.1 配置容器的自动重启策略

容器默认是不支持自动重启的。要为容器配置重启策略,可以在执行 docker run 或 docker create 命令启动或创建容器时使用--restart 选项。

1. 了解--restart 选项的可用值

--restart 选项的可用值如表 4-1 所示。

表4-1　--restart选项的可用值

选项的可用值	功能
no	容器退出时不自动重启容器。这是默认设置
on-failure[:max-retries]	只在容器以非 0 状态码退出时重启容器。这种策略还可以使用 max-retries 参数指定 Docker 守护进程尝试重启容器的次数

选项的可用值	功能
always	不管容器的退出状态是什么都始终重启容器，Docker 守护进程将无限次地重启容器。容器也会在 Docker 守护进程启动时尝试重启，不管容器当时的状态如何
unless-stopped	不管容器的退出状态是什么都始终重启容器，只是当 Docker 守护进程启动时，如果容器之前已经为停止状态，则不会尝试启动容器

容器的退出状态可用状态码表示。来自 docker run 命令的退出状态码会给出容器运行失败或者退出的原因。非 0 退出状态码采用 chroot 标准，表示异常退出。退出状态码列举如下。

- 0：表示正常退出。
- 125：表示 Docker 守护进程本身存在错误。
- 126：表示容器启动后，要执行的默认命令无法调用。
- 127：表示容器启动后，要执行的默认命令不存在。
- 其他：表示容器启动后正常执行命令，退出命令时该命令的返回状态码作为容器的退出状态码。

2. 测试容器的自动重启策略

（1）执行以下命令运行一个始终重启的 Redis 容器，该容器退出时 Docker 将重启它。

```
[root@host1 ~]# docker run -d --name testredis --restart=always redis
a5a855570c355b997342b1fe0d86ec90011949ad18c86c5692dc6db1f1a47a57
```

（2）当容器启用重启策略时，查看当前运行的容器列表，输出结果中会显示 Up 或 Restarting 状态，如下所示。

```
[root@host1 ~]# docker container ls
CONTAINER ID IMAGE  COMMAND                  CREATED      STATUS       PORTS     NAMES
a5a855570c35 redis  "docker-entrypoint.s..." 37 seconds ago  Up 35 seconds 6379/tcp testredis
```

（3）测试该容器是否自动重启，先停止 Docker 并查看当前是否有容器正在运行。

执行以下命令停止 Docker。

```
[root@host1 ~]# systemctl stop docker
Warning: Stopping docker.service, but it can still be activated by:
  docker.socket
```

在 Docker 服务的启动管理中，除了 docker.service 单元文件，还有一个 docker.socket 单元文件，它用来激活套接字。因此，Docker 默认开启自动唤醒机制，即在关闭状态下 Docker 被访问就会被自动唤醒。也就是说，即使 Docker 服务没有运行，只要 Docker 套接字被尝试连接，systemd 就会自动启动 Docker 服务。

根据上述提示，执行以下命令停止 docker.socket 以停用 Docker 自动唤醒机制。

```
[root@host1 ~]# systemctl stop docker.socket
```

接着查看当前是否有容器正在运行。此时 Docker 守护进程未运行，因此没有任何容器正在运行。

```
[root@host1 ~]# docker container ls
Cannot connect to the Docker daemon at unix:///var/run/docker.sock. Is the docker
daemon running?
```

（4）启动 Docker 并查看当前是否有容器正在运行，如下所示。

```
[root@host1 ~]# systemctl start docker
[root@host1 ~]# docker container ls
```

```
CONTAINER ID  IMAGE  COMMAND            CREATED      STATUS        PORTS      NAMES
a5a855570c35  redis  "docker-entrypoint.s..." 7 minutes ago  Up 2 seconds  6379/tcp   testredis
```

可以发现 Redis 容器随着 Docker 启动而自动重启。

（5）使用 on-failure 策略指定 Docker 尝试重启容器的最大次数。对于已经创建或运行的容器，可以通过 docker update 命令来更改其重启策略。

```
[root@host1 ~]# docker update --restart=on-failure:3 testredis
testredis
```

此命令将该容器的设置更改为失败后重启、最大重启次数为 3。如果 Redis 容器以非 0 状态连续退出超过 3 次，那么 Docker 将中断并尝试重启这个容器。on-failure 策略支持设置最大重启次数，如果不设置最大重启次数，则将无限次重启容器。

电子活页 0403

重启前台容器

（6）停止该容器并删除该容器。

在前台运行容器时，无论容器的重启策略如何，停止容器都会导致所连接的命令行接口退出。

任务 4.1.2　在容器中使用 supervisord 管理 PHP 和 Nginx 服务

Supervisor 是 Linux/UNIX 系统下的一个进程管理工具，其守护进程名为 supervisord，使用该工具可以很方便地监听、启动、停止、重启一个或多个进程。如果使用该工具管理的进程意外地被"杀死"，那么 supervisord 监听到之后会自动将它重启。该工具有实现进程自动恢复的功能，不需要编写 Shell 脚本来进行控制。在容器中使用该工具，需要将 supervisord 及其配置打包到镜像中（或基于一个包含 supervisord 的镜像），与它所管理的不同应用程序放在一起。下面示范如何使用 supervisord 在一个容器中同时运行 PHP 和 Nginx 服务。

微课 0402

在容器中使用 supervisord 管理 PHP 和 Nginx 服务

（1）创建项目目录，mkdir –p ch04/这里将其命名为 php-nginx-supervisord。

（2）在该目录下创建 nginx 子目录，准备 nginx 服务的配置文件，这里包括 nginx.conf 和 conf.d/site.conf，具体内容请参见配套参考源代码。

（3）在该目录下创建 supervisor 子目录，再创建一个下级目录 conf.d，在其中准备 supervisord 的配置文件 supervisord.conf，其内容如下。

```
[supervisord]
# 设置是否在前台启动（默认为 false，表示以守护进程方式启动）
nodaemon=true
#定义被管理的进程
[program:nginx]
command=/usr/sbin/nginx
[program:php7-fpm]
command=/usr/local/sbin/php-fpm
```

这里 supervisord 管理两个进程。

（4）在项目目录下编写 Dockerfile，其内容如下。

```
FROM php:7.3-fpm
RUN  apt-get -y update && apt-get -y install nginx supervisor
RUN  mkdir -p /var/log/supervisor
COPY nginx /etc/ngnix
COPY supervisor /etc/supervisor
WORKDIR /var/www
RUN usermod -u 1000 www-data
```

```
EXPOSE 80
CMD ["/usr/bin/supervisord", "-c", "/etc/supervisor/conf.d/supervisord.conf"]
```
这里以 php:7.3-fpm 为父镜像，安装 Nginx 和 Supervisor，并复制相应的配置文件。

（5）在项目目录下执行以下命令，基于 Dockerfile 构建镜像。

```
[root@host1 php-nginx-supervisord]# docker build -t php-nginx-supervisord .
...
=> => naming to docker.io/library/php-nginx-supervisord          0.0s
```

（6）在项目目录下执行以下命令，基于构建的镜像启动容器。

```
[root@host1 php-nginx-supervisord]# docker run -itd  --rm -p 8080:80  php-
nginx-supervisord
```

（7）执行以下命令实际测试 Web 服务。

```
[root@host1 php-nginx-supervisord]# curl 127.0.0.1:8080
...
<title>Welcome to nginx!</title>
...
```

这表明服务正常运行。该容器停止运行后会被自动删除，恢复实验环境。

这个示例比较简单，读者可根据此例进一步完善 PHP 和 Nginx 服务设置，还可加上 MySQL 数据库。

任务 4.1.3   测试容器健康检查功能

微课 0403

测试容器健康检查功能

当容器指定了健康检查时，容器除了具有正常状态，还具有健康状态（此状态最初处于启动状态）。只要健康检查通过，容器就会变得健康（无论以前处于何种状态）。在发生一定数量的连续故障之后，容器会变得不健康。管理员为容器设置健康检查之后，除了能获取容器的正常状态信息，还会获取其健康状态信息。首次达到健康检查时间间隔后，Docker 守护进程会开始执行健康检查命令，并周期性执行该命令。如果返回 0 值，则说明容器处于健康状态；如果返回非 0 值，或者健康检查命令执行超时，则本次检查被认为失败。如果健康检查连续失败并超过了允许的重试次数，则认为容器状态不健康。下面基于 busybox 镜像创建一个容器来测试容器健康检查功能。

（1）为便于快速启动镜像以检测初始状态，先下载 busybox 镜像，如下所示。

```
[root@host1 ~]# docker pull busybox
```

（2）一次执行以下两条命令。

```
[root@host1 ~]# docker run --rm --name test-health -d --health-cmd 'stat /etc/
passwd || exit 1'    --health-interval 20s --health-retries 1 busybox sleep 1d ;
docker inspect --format '{{.State.Health.Status}}' test-health
447977d7e903b6e68075ea723e8645a239922a7cd1acd6ad313d9c6bed29b766
starting
```

两条命令使用分号分隔。其中，第 1 条命令基于 busybox 镜像创建名为 test-health 的容器，并为该容器设置健康检查选项，健康检查时间间隔为 20s，失败则重试 1 次；检查命令 stat /etc/passwd || exit 1 的含义是执行 Shell 命令，输出/etc/passwd 文件的详细信息，如果找不到该文件则退出当前 Shell 并返回状态码 1；该容器启动后执行 Shell 命令 sleep 1d，休眠 1 天。

第 2 条命令用于获取该容器的健康状态信息，结果表明容器启动后的健康状态为 starting。

（3）一次执行以下两条命令。

```
[root@host1 ~]# sleep 20s; docker inspect --format '{{.State.Health.Status}}'
test-health
    healthy
```

其中，第 1 条命令休眠 20s，超过健康检查时间间隔，让 Docker 为该容器执行健康检查命令。第 2 条命令用于获取该容器的健康状态，结果为 healthy，说明容器处于健康状态。

（4）执行以下命令。首先在该容器中删除/etc/passwd 文件以模拟产生健康问题，然后再次让容器运行休眠 20s，让 Docker 为该容器执行健康检查命令，会发现结果为 unhealthy，说明容器处于不健康状态。

```
[root@host1 ~]# docker exec test-health rm /etc/passwd
[root@host1 ~]# sleep 20s; docker inspect --format '{{.State.Health.Status}}'
test-health
    unhealthy
```

（5）执行以下命令以 JSON 格式进一步显示容器健康的详细日志信息。

```
[root@host1 ~]# docker inspect --format '{{json .State.Health}}' test-health
{"Status":"unhealthy","FailingStreak":7,"Log":[{"Start":"2024-01-24T16:32:
00.229392682+08:00","End":"2024-01-24T16:32:00.26110227+08:00","ExitCode":1,"O
utput":"stat: can't stat '/etc/passwd': No such file or directory\n"}]...
```

这里的详细日志信息包括导致容器不健康的具体问题，本例中容器不健康的原因是"没有这样的文件或目录"（No such file or directory），正好是前面模拟产生的健康问题。

（6）执行以下命令查看该容器的当前信息，也可以发现它处于不健康状态。

```
[root@host1 ~]# docker ps
CONTAINER IDIMAGE    COMMAND    CREATED       STATUS              NAMES
447977d7e903  busybox "sleep 1d" 9 minutes ago Up 9 minutes (unhealthy) test-health
```

（7）停止运行该容器，该容器会被自动删除。

任务 4.2 容器监控与日志管理

任务说明

在生产环境中往往会有大量的业务软件在容器中运行，因此，对容器的监控越来越重要。监控的指标主要是容器本身和容器所在主机的资源使用情况和性能，具体涉及 CPU、内存、网络和磁盘等。日志管理对于保持系统持续稳定地运行以及排查问题至关重要。容器具有数量多、变化快的特性，它的生命周期往往短暂且不固定，因此记录日志显得非常必要，尤其是在生产环境中，日志是容器不可或缺的组成部分。本任务的具体要求如下。

- 熟悉容器监控工具及其使用方法。
- 熟悉容器日志工具及其使用方法。

知识引入

4.2.1 容器监控工具

实现监控容器的最简单的方法是使用 Docker 自带的监控命令，如 docker ps、docker top 和

docker stats 等命令，其运行方便，很适用于快速了解容器运行状态，只是输出的数据比较有限。

要高效率地进行监控，需要使用第三方工具。谷歌公司提供的 cAdvisor 可以用于分析正在运行的容器的资源占用情况和性能指标，cAdvisor 是具有图形界面、最易于入门的容器监控工具之一，其以守护进程方式运行，负责收集、聚合、处理和输出运行中容器的数据，可以监测资源隔离参数、历史资源使用情况和网络统计数据。

Weave Scope 是一款开源的故障诊断与监控工具，除了可以用于 Docker，还可以用于 Kubernetes 集群。Weave Scope 会自动生成容器之间的关系图，便于管理员直观地以可视化的方式监控容器化和微服务化应用。Weave Scope 能够进行跨主机监控，并且消耗的资源非常少。

4.2.2　容器日志工具

容器的日志是容器内的服务产生的日志。我们可以使用 Docker 自己的容器日志工具查看日志，也可以使用第三方容器日志工具查看日志。

1. 容器日志工具 docker logs

对于一个运行中的容器，Docker 会将日志发送到容器的标准输出和错误流上，可以将标准输出和错误流视为容器的控制台终端。如果容器以前台模式运行，则日志会直接输出到当前的终端窗口中；如果容器以分离模式运行，则不能直接看到输出的日志。对于这种情形，可以使用 docker attach 命令连接到后台容器的控制台终端，查看容器的日志。不过这种方法仅用于查看容器的日志就大材小用了，因为 Docker 自带的 docker logs 命令专门用于查看容器的日志，该命令的基本语法如下。

```
docker logs [选项] 容器
```

其选项说明如下。

--details：显示更为详细的日志信息。

--follow（-f）：跟踪日志输出。

--since：显示自某个时间开始的所有日志。

--tail：仅列出最新 N 条容器日志。

--timestamps（-t）：显示时间戳。

--until：显示到某个截止时间的所有日志。

默认输出自容器启动以来完整的日志，加上-f 选项可以继续显示新产生的日志，效果与执行 Linux 的 tail -f 命令的一样，例如：

```
[root@host1 ~]# docker logs -f redis
1:C 24 Jan 2024 09:46:16.196 # oO0OoO0OoO0Oo Redis is starting oO0OoO0OoO0Oo
1:C 24 Jan 2024 09:46:16.196 # Redis version=6.2.6, bits=64, commit=00000000,
modified=0, pid=1, just started
...
```

对于已经停止运行（未被删除）的容器，也可以使用 docker logs 命令查看其日志。

2. 第三方容器日志工具

docker logs 命令输出的日志可用于简单的开发。但是，想在更复杂的环境下使用 Docker，或者想查看更多传统架构的 UNIX 后台程序的日志，就需要考虑使用第三方容器日志工具。比较常用的是由 3 个开源的组件 Elasticsearch、Logstash 和 Kibana 组成的 ELK 日志系统。其中，Elasticsearch 是分布式搜索引擎；Logstash 可以对日志进行收集和分析，并将其存储下来供以后使用；Kibana 可以为 Logstash 和 Elasticsearch 提供日志分析 Web 界面，用来汇总、分析和搜索重要的日志数据。

在 ELK 日志系统中，Logstash 获取 Docker 中的日志，然后将日志转发给 Elasticsearch 进行索引，Kibana 实现日志的分析和可视化。

部署 ELK 日志系统之后，还要考虑如何获取容器的日志数据。通常将日志数据传输到中间层，然后由 Logstash 从中获取。Beats 可以用来采集数据并将数据发布到 Logstash 中；Filebeat 以轻量级代理的形式安装，可将来自若干机器的数据发送到 Logstash 或 Elasticsearch 中；Logspout 自动将所有容器的全部日志发布到 Logstash 中。个别容器的日志可以直接通过 syslog 日志系统进行发布，例如：

```
docker run --log-driver=syslog --log-opt syslog-address=tcp://:5000
```

Logspout 将来自某个主机上的所有容器的所有日志汇集到所需的任何目标中。它是一个无状态的容器化程序，并不是用来管理日志文件或查看日志的，它主要用于将所在主机上容器的日志转发到其他地方。目前它只捕获容器中的程序发送到标准输出和错误流的日志。

4.2.3　日志驱动

将容器日志发送到标准输出和错误流是 Docker 的默认日志行为。实际上，Docker 提供了多种日志机制帮助用户从运行的容器中提取日志信息。这些日志机制被称为日志驱动（Logging Driver）。日志驱动指的是 Docker 用来处理容器日志的后台进程或服务。每个容器都可以配置一个日志驱动，用于决定如何处理和存储容器日志数据。

1. Docker 的日志驱动

Docker 提供了多种内置的日志驱动，也支持通过插件来使用第三方日志驱动。在启动容器时，可以通过--log-driver 选项配置日志驱动。常用的 Docker 日志驱动选项值如表 4-2 所示。

表4-2　常用的Docker日志驱动选项值

选项值	说明
none	禁用容器日志，使用它时 docker logs 命令不会输出任何日志信息
json-file	Docker 默认的日志驱动。该驱动将日志保存在 JSON 文件中，Docker 负责格式化其内容并输出到标准输出和错误流
syslog	将日志信息写入 syslog 日志系统，syslog 守护进程必须在主机上运行
journald	将日志信息写入 journald 日志系统，journald 守护进程必须在主机上运行
gelf	将日志信息写入像 Graylog 或 Logstash 这样的 GELF（Graylog Extended Log Format）终端
fluentd	将日志信息写入 Fluentd，fluentd 守护进程必须在主机上运行
splunk	将日志信息写入使用 HTTP 事件搜集器的 Splunk

2. 配置日志驱动

每个 Docker 守护进程都有一个默认的日志驱动，适用于所有容器，属于全局日志驱动。如果没有为容器配置其他日志驱动，则容器会使用这个默认的日志驱动。

（1）配置默认的日志驱动。

要配置 Docker 守护进程默认使用指定的日志驱动，需要将 daemon.json 文件（在 Linux 主机中该文件一般位于/etc/docker 目录中，在 Windows 主机中该文件一般位于 C:\ProgramData\docker\config 目录中）中的 log-driver 值设置为日志驱动名称。默认的日志驱动是 json-file，下面的示例将其设置为 syslog。

```
{
  "log-driver": "syslog"
}
```

如果日志驱动有可配置的选项，则可以在 daemon.json 文件的关键字 log-opts 中以 JSON 格式设置。下面的示例为 json-file 日志驱动设置了两个可配置选项。

```
{
  "log-driver": "json-file",
  "log-opts": {
    "labels": "production_status",
    "env": "os,customer"
  }
}
```

如果没有指定日志驱动，则默认的日志驱动是 json-file。因此，使用 docker inspect 之类命令的默认输出就是 JSON 格式的内容。

要获知当前 Docker 守护进程的默认的日志驱动，执行 docker info 命令并在输出结果中查找 "Logging Driver" 部分即可。例如：

```
[root@host1 ~]# docker info | grep 'Logging Driver'
 Logging Driver: json-file
```

（2）配置容器的日志驱动。

在运行容器时可以为单个容器指定日志驱动，便于为不同的容器使用不同的日志策略，通过 --log-driver 选项将容器配置成与 Docker 守护进程使用不同的日志驱动。如果日志驱动有可配置选项，则可通过一个或多个选项（--log-opt <名称>=<值>）进行设置。即使容器使用的是默认的日志驱动，也可以使用不同的配置选项。

下面的示例启动了一个使用 none 日志驱动的 Redis 容器。

```
[root@host1 ~]# docker run --rm -d --log-driver none --name redis redis
```

可以通过 docker inspect 命令找出某容器当前使用的日志驱动，例如：

```
[root@host1 ~]# docker inspect -f '{{.HostConfig.LogConfig.Type}}' redis
none
```

任务实现

任务 4.2.1　熟悉 Docker 监控命令的使用

1. 查看容器中正在运行的进程的信息

可以使用 docker top 命令查看容器中正在运行的进程的信息，该命令的基本语法如下。

```
docker top 容器 [ps 选项]
```

容器运行时不一定提供/bin/bash 终端来交互执行 top 命令，容器本身可能没有 top 命令，但使用 docker top 命令就可以查看容器中正在运行的进程的信息，例如：

```
[root@host1 ~]# docker run --rm -d --name redis redis
9f7fa564a26dc336585bb8702ec7a888b67ffb7205ba244f40ae359b92445fc1
[root@host1 ~]# docker top redis
UID         PID        PPID     C    STIME     TTY     TIME        CMD
systemd+    45219      45194    0    17:36     ?       00:00:00    redis-server *:6379
```

docker top 命令后面的 ps 选项是指 Linux 操作系统 ps 命令的选项，可用于显示特定的信息，例如：

```
docker top redis aux
```

可以运行以下命令行脚本来查看所有正在运行的容器中的进程的信息。

```
for i in `docker ps |grep Up|awk '{print $1}'`;do echo \ &&docker top $i; done
```

2. 查看容器的资源使用情况

及时掌握容器的资源使用情况，无论是对开发工作还是对运维工作而言都是非常有益的。可以使用 docker stats 命令实时查看容器的资源使用情况，该命令的基本语法如下。

```
docker stats [选项] [容器...]
```

主要选项说明如下。

--all（-a）：显示所有的容器，包括未运行的。默认仅显示正在运行的容器。

--format：根据指定格式显示内容。

--no-stream：仅显示第 1 条记录（只输出当前的状态）。

--no-trunc：不截断输出，显示完整的信息。

例如，执行 docker stats 命令查看正在运行的容器的资源使用情况，结果如下。

```
CONTAINER ID  NAME   CPU%   MEM USAGE / LIMIT  MEM %  NET IO    BLOCK IO   PIDS
820dca7cf322  myweb  0.00%  8.438MiB/3.683GiB  0.22%  1.06kB/0B 11.8MB/0B  82
9f7fa564a26d  redis  0.22%  8.375MiB/3.683GiB  0.22%  3.12kB/0B 31.9MB/0B  4
```

docker stats 命令实时流式传输容器运行时的计量信息，包括 CPU、内存使用情况、内存限制和网络 I/O 指标。默认情况下，该命令会每隔 1s 刷新 1 次输出的内容，直到按 Ctrl+C 组合键退出。显示的 8 列数据依次为容器 ID、容器名称、CPU 使用百分比、使用的内存与最大可用内存、内存使用百分比、网络 I/O 数据、磁盘 I/O 数据和 PID。

如果不想持续监控容器的资源使用情况，可以通过--no-stream 选项只输出当前的状态。

可以提供容器名称或容器 ID 参数查看指定容器的资源使用情况。

可以通过--format 选项自定义输出的内容和格式，如下面的命令仅显示容器名称（.Name）、CPU 使用百分比和内存使用百分比。

```
docker stats --format "table {{.Name}}\t{{.CPUPerc}}\t{{.MemUsage}}"
```

任务 4.2.2 使用 cAdvisor 监控容器

cAdvisor 是一个开源软件，可从 GitHub 网站上获取。cAdvisor 可以在主机上以原生程序的方式安装，也可以作为容器运行，这里以后一种方式为例进行讲解。

（1）启动两个容器用于测试。

```
[root@host1 ~]# docker run --rm -d --name redis redis;docker run --rm -d -p 80:80 --name myweb httpd
```

（2）创建并启动 cAdvisor 容器。使用以下命令在 Docker 主机上创建并启动 cAdvisor 容器。

```
[root@host1~]# docker run --privileged -d --volume=/:/rootfs:ro --volume=/var/run:/var/run:ro --volume=/sys:/sys:ro --volume=/var/lib/docker/:/var/lib/docker:ro --volume=/dev/disk/:/dev/disk:ro --publish=8080:8080  --detach  --name=cadvisor lagoudocker/cadvisor:v0.37.0
```

> 💬
> **提示**　编者尝试直接使用官方最新版本的 google/cadvisor:latest 镜像启动 cAdvisor 容器，报出"Failed to create a Container Manager: mountpoint for cpu not found"这样的错误，改用 lagoudocker/cadvisor:v0.37.0 镜像就能解决这个问题。

微课 0404

使用 cAdvisor
监控容器

上述命令中的 5 个--volume 选项所定义的绑定挂载都不能缺少，否则会无法连接到 Docker 守护进程；--publish=8080:8080 选项表示对外公开端口 8080 以提供服务；--detach 选项表示容器创建以后以分离模式在后台运行，让其自动完成监视功能。对于运行 CentOS 或 RHEL 操作系统的主机来说，应当加上--privileged 选项。只有这样，容器中的 root 账户才会拥有真正的 root 权限，才可以监测主机上的设备，并且可以执行挂载操作，否则容器内的 root 账户只具备容器外部的一个普通用户的权限。

（3）访问 cAdvisor 监控服务。cAdvisor 容器成功运行后，即可通过网址 http://[主机 IP 或域名]:8080 的方式访问 cAdvisor 监控服务。

cAdvisor 的首页显示当前的主机监控信息，包括 CPU、内存（Memory）、网络（Network）、文件系统（Filesystem）和进程（Processes）等。图 4-1 显示了其中部分主机监控信息。

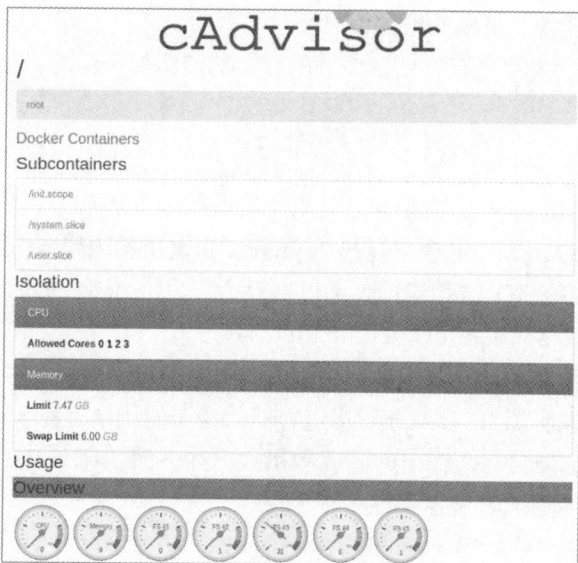

图4-1　主机监控信息（部分）

单击"Docker Containers"进入"Docker Containers"界面，该界面显示容器列表和 Docker 信息（相当于 docker info 命令的输出），如图 4-2 所示。

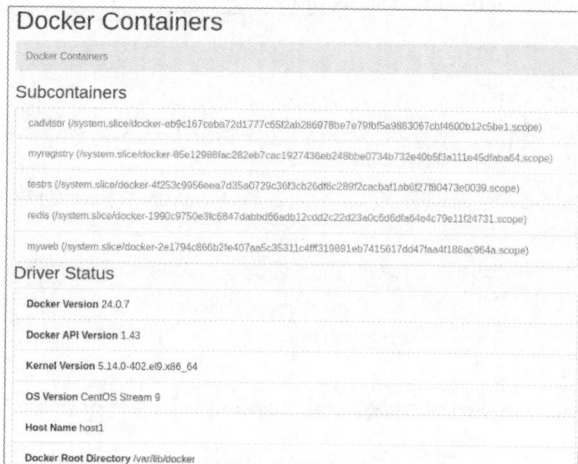

图4-2　"Docker Containers"界面（部分）

其中，"Subcontainers"显示当前正在运行的容器列表。单击某个容器，进入该容器的监控界面，如图 4-3 所示，该界面显示的是容器的 CPU、进程、内存等资源使用情况。

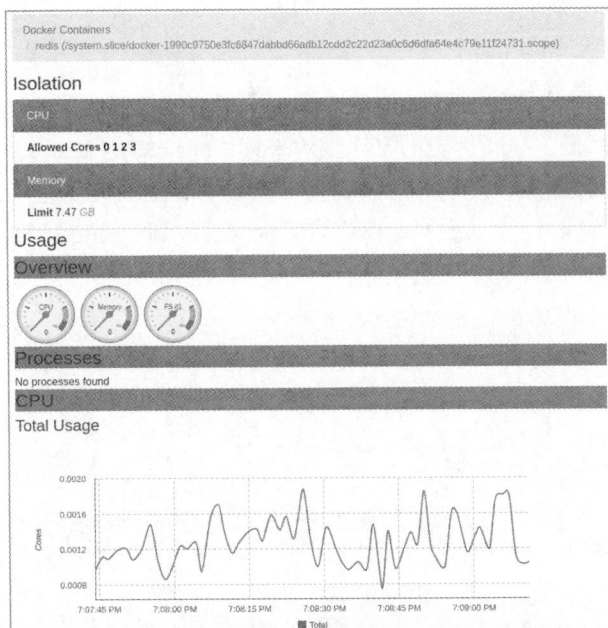

图4-3　某容器的监控界面（部分）

图 4-1～图 4-3 展示的是主机和容器两个层次的实时监控数据以及历史变化数据。

（4）cAdvisor 配置。cAdvisor 还提供一些运行时选项供用户配置使用，下面列举部分选项。

--storage_duration：设置历史数据保存时间，默认为 2min，即只保存最近 2min 的数据。

--allow_dynamic_housekeeping：控制 cAdvisor 如何和何时执行周期性的容器状态收集工作。

--global_housekeeping_interval：设置检测是否有新容器的时间周期。

--housekeeping_interval：统计每个容器数据的时间周期，默认每 1s 读取一次数据，选取统计到的最近 60 个数据。

电子活页 0404

使用 Weave Scope 监控容器

cAdvisor 的数据可以直接导出到本地文件中，存储驱动可以设置为 stdout，将容器运行于前台，将输出导入指定文件，并将历史数据保存时间设置为 5min，如下所示。

```
docker run --volume /:/rootfs:ro \
    --volume /var/run/:/var/run:rw --volume /sys/:/sys:ro \
    --volume /var/lib/docker/:/var/lib/docker:ro --volume=/dev/disk/:/dev/disk:ro \
    --publish 8080:8080 --detach false --name cadvisor-stdout lagoudocker/
cadvisor:v0.37.0 \
    -storage_duration duration 5m0s --storage_driver stdout >> data
```

当然 cAdvisor 的数据还可以导出到数据库，这需要设置相应的存储驱动以及配置参数。cAdvisor 只能监控一个主机，且它的数据展示功能有限，但是它可以作为容器监控数据收集器，并将收集到的监控数据导出到第三方工具。如果要进行跨主机监控容器，则可以考虑使用 Weave Scope 工具。实验完毕，记得恢复实验环境。

任务 4.2.3　将容器的日志记录到 Linux 日志系统

在运行 Linux 操作系统的 Docker 主机上，可以通过配置日志驱动将容器的日志记录到 Linux 日志系统。

1. 将容器的日志记录到 syslog

一直以来，syslog 都是 Linux 标配的日志记录工具，rsyslog 是 syslog 的多线程增强版，也是主流 Linux 发行版默认的日志系统。syslog 主要用来收集系统产生的各种日志，日志文件默认放在 /var/log 目录下。选择 syslog 作为日志驱动可将日志定向输出到 syslog 日志系统中，前提是 syslog 守护进程必须在容器所在的 Docker 主机上运行。在 CentOS Stream 9 主机上，syslog 记录的日志文件是/var/log/messages。下面给出一个示例。

打开一个终端窗口，使用 tail 工具实时监控系统日志文件/var/log/messages。

```
[root@host1 ~]# tail -f /var/log/messages
```

打开另一个终端窗口，执行以下操作，将 Redis 容器的日志记录到 syslog 日志系统。

```
[root@host1 ~]# docker run --rm -d --log-driver syslog --name redis redis
2c033b236ec80c583b479413e66109411a7e2cb7d37dad4d125146db91a23afb
```

回到 tail 工具监控窗口，会发现该窗口显示了该容器输出的日志信息，如下所示。

```
Jan 24 21:47:39 host1 2c033b236ec8[1463]: 1:C 24 Jan 2024 13:47:39.504 #
oO0OoO00oO00o Redis is starting oO0OoO00oO00o
 Jan 24 21:47:39 host1 2c033b236ec8[1463]: 1:C 24 Jan 2024 13:47:39.504 # Redis
version=6.2.6, bits=64, commit=00000000, modified=0, pid=1, just started
 Jan 24 21:47:39 host1 2c033b236ec8[1463]: 1:C 24 Jan 2024 13:47:39.504 # Warning:
no config file specified, using the default config. In order to specify a config
file use redis-server /path/to/redis.conf
 Jan 24 21:47:39 host1 2c033b236ec8[1463]: 1:M 24 Jan 2024 13:47:39.504 * monotonic
clock: POSIX clock_gettime
 Jan 24 21:47:39 host1 2c033b236ec8[1463]: 1:M 24 Jan 2024 13:47:39.504 * Running
mode=standalone, port=6379.
 Jan 24 21:47:39 host1 2c033b236ec8[1463]: 1:M 24 Jan 2024 13:47:39.504 # Server
initialized
 Jan 24 21:47:39 host1 2c033b236ec8[1463]: 1:M 24 Jan 2024 13:47:39.504 # WARNING
overcommit_memory is set to 0! Background save may fail under low memory condition.
To fix this issue add 'vm.overcommit_memory = 1' to /etc/sysctl.conf and then reboot
or run the command 'sysctl vm.overcommit_memory=1' for this to take effect.
 Jan 24 21:47:39 host1 2c033b236ec8[1463]: 1:M 24 Jan 2024 13:47:39.504 * Ready
to accept connections
```

默认情况下，系统在日志数据中使用容器 ID 的前 12 个字符来标识容器。本例中的容器 ID 为 2c033b236ec8。

实验完毕，退出该容器。

2. 将容器的日志记录到 journald

journald 是一个收集并存储日志数据的 systemd 日志系统，它将日志数据存储在带有索引的结构化二进制文件中，便于集中查看和管理，可以使用 journalctl 命令查看该文件。

选择 journald 作为日志驱动可将日志定向输出到 systemd 日志系统中，例如：

```
[root@host1 ~]# docker run --rm -d --log-driver journald --name redis redis
988a6d4e0175e9cecfc2d759fcb9d1653919866f0b76a476a09530c19db80d34
```

使用 journalctl 命令查看该容器的日志信息（通过 CONTAINER_NAME 指定容器名称）：

```
[root@host1 ~]# journalctl CONTAINER_NAME=redis
1 月 24 21:53:47 host1 988a6d4e0175[1463]: 1:C 24 Jan 2024 13:53:47.351 #
oO0OoO0OoO0Oo Redis is starting oO0OoO0OoO0Oo
...
1 月 24 21:53:47 host1 988a6d4e0175[1463]: 1:M 24 Jan 2024 13:53:47.352 * Ready
to accept connections
```

还可以通过其他选项控制容器日志的显示。比如使用-b 选项表示自上次启动以来的所有日志消息；使用-o 选项指定日志消息格式，-o json 表示以 JSON 格式返回日志消息；使用-f 选项实时捕获日志输出信息。

任务 4.2.4　使用 Logspout 收集所有容器的日志

Logspout 本身是基于 Alpine 系统构建的容器。Docker 主机启动一个容器运行 Logspout 服务，Logspout 负责将同一主机上其他容器的日志根据路由设置转发给不同的日志接收端。在实际应用中，Logspout 通常将所有容器的全部日志发布到 Logstash。下面通过实验进行示范，首先以转发到简单的 rsyslog 服务器中为例。

微课 0405

使用 Logspout 收集
所有容器的日志

1. 将所有容器的输出路由到远程 rsyslog 服务器

使用 Logspout 最简单的方式是将所有日志转发到远程 rsyslog 服务器，只需将 rsyslog 的 URI（Uniform Resource Identifier，统一资源标识符。若有多个则用逗号分隔）作为命令即可。为简化实验，这里将 Docker 主机上的 rsyslog 服务器当作远程 rsyslog 服务器。本例运行的系统是 CentOS Stream 9，日志服务器是 rsyslog，默认已开机启动，但是不能接收外部信息。

（1）修改 rsyslog 配置文件/etc/rsyslog.conf，从中找到 "# Provides UDP syslog reception" 语句，并将该处的以下两行配置代码行首的 "#" 字符删除（取消注释）。

```
module(load="imudp") # needs to be done just once
input(type="imudp" port="514")
```

这样就允许 rsyslog 服务器在 UDP 的 514 端口上接收日志信息了。

（2）保存该配置文件，执行 systemctl restart rsyslog 命令重启 rsyslog，然后检查 514 端口是否已开启，如下所示。

```
[root@host1 ~]# netstat -antup | grep 514
udp      0      0 0.0.0.0:514          0.0.0.0:*      50322/rsyslogd
udp6     0      0 :::514               :::*           50322/rsyslogd
```

（3）启动 Logspout 容器，将日志转发到 Docker 主机上的 syslog 日志系统中，如下所示。

```
[root@host1~]#docker run--rm--name="logspout" --volume=/var/run/docker.sock:
/var/run/docker.sock gliderlabs/logspout syslog+udp://192.168.10.51:514
...
2024/04/10 06:24:50 # logspout v3.2.14 by gliderlabs
2024/04/10 06:24:50 # adapters: tcp tls udp multiline raw syslog
2024/04/10 06:24:50 # options :
2024/04/10 06:24:50 persist:/mnt/routes
#  ADAPTER ADDRESS            CONTAINERS  SOURCES OPTIONS
#  syslog+udp  192.168.10.51:514           map[]
```

由于 Logspout 容器要访问 Docker 守护进程来获取日志信息，因此需要将 Docker 主机上的

UNIX 套接字（/var/run/docker.sock）挂载到 Logspout 容器内部。

Logspout 容器将收集其他没有使用-t 选项启动的容器，并将这些容器的日志驱动配置为 journald 和 json-file（可通过 docker logs 命令查看）。注意，使用-t 选项启动的容器会以前台模式运行，其日志会直接输出到当前的终端窗口中，无法通过 docker logs 命令查看。

默认情况下，Logspout 会将它所在主机上所有满足条件的容器的日志都进行路由，如果需要排除某个容器，可以在启动容器时设置环境变量-e 'LOGSPOUT=ignore'，这样该容器的日志便会被 Logspout 忽略。

接下来进行实际测试。

（4）打开另一个终端窗口（或者标签页，下同），执行 tail -f /var/log/messages 命令使用 tail 工具实时监控系统日志文件/var/log/messages。

（5）再打开另一个终端窗口，执行以下命令启动一个 Redis 容器。

```
[root@host1 ~]# docker run --rm -d --name redis redis
9979d0305524ccf0836af8f5557484267912c1582ce9481758fca59081e65fb3
```

（6）回到 tail 工具监控窗口，会发现该窗口显示了该容器输出的日志信息，如下所示。

```
[root@host1 ~]# tail -f /var/log/messages
...
 Apr 10 06:25:31 9979d0305524 redis[53381] 1:C 10 Apr 2024 06:25:31.968 #
oO0OoO00oO00o Redis is starting oO0OoO00oO00o
 Apr 10 06:25:31 9979d0305524 redis[53381] 1:C 10 Apr 2024 06:25:31.968 # Redis
version=6.2.6, bits=64, commit=00000000, modified=0, pid=1, just started
 Apr 10 06:25:31 9979d0305524 redis[53381] 1:C 10 Apr 2024 06:25:31.968 # Warning:
no config file specified, using the default config. In order to specify a config
file use redis-server /path/to/redis.conf
 ...
 Apr 10 06:25:31 9979d0305524 redis[53381] 1:M 10 Apr 2024 06:25:31.968 * Ready
to accept connections
```

（7）切换到另一个终端窗口，使用 docker logs 命令获取 Redis 容器的日志信息，会发现获取的日志信息与 Logspout 容器收集到的完全一致，如下所示。

```
[root@host1 ~]# docker logs redis
1:C 10 Apr 2024 06:25:31.968 # oO0OoO00oO00o Redis is starting oO0OoO00oO00o
1:C 10 Apr 2024 06:25:31.968 # Redis version=6.2.6, bits=64, commit=00000000,
modified=0, pid=1, just started
...
1:M 10 Apr 2024 06:25:31.968 * Ready to accept connections
```

（8）实验完毕，停止 Redis 容器和 Logspout 容器（切换该容器运行的终端窗口，按 Ctrl+C 组合键），它们会被自动删除。

2. 通过 HTTP 查看 Logspout 收集的日志

只需读取 HTTP 数据流，即可实时查看生成的聚合日志。可以使用 Logspout 的 HTTP 流模块，实时查看由它聚合的本地日志，而不用提供日志路由的 URI，如执行以下操作：

```
[root@host1 ~]# docker run --rm -d --name="logspout" --volume =/var/run/
docker.sock:/var/run/docker.sock --publish=127.0.0.1:8000:80 gliderlabs/logspout
5c1762af552c958ab20c22f97dac7b083bc82b4572d604858e09027eb426b59a
```

使用 curl 观察容器的日志流。

```
[root@host1 ~]# curl http://127.0.0.1:8000/logs
```
打开另一个终端窗口，执行容器操作。这里启动 Redis 容器，切回前面的终端窗口，会发现关于 Redis 容器启动的日志流，如下所示。

```
[root@host1 ~]# curl http://127.0.0.1:8000/logs
thirsty_villani|Exiting...
        redis|1:C 10 Apr 2024 06:50:15.503 # oO0OoO00oO00o Redis is starting
oO0OoO00oO00o
...
        redis|1:M 10 Apr 2024 06:50:15.503 * Ready to accept connections
```
如果收集到多个容器的日志，则将以不同颜色显示不同容器的日志。

实验完毕，停止 Redis 容器和 Logspout 容器，它们会被自动删除。

> **提示**
>
> 容器的日志文件会占据大量的磁盘空间。在 Linux 系统中容器日志一般存放在/var/lib/docker/containers/container_id 目录下以 json.log 结尾的文件中。如果容器正在运行，则无法直接使用 Linux 系统的文件删除命令来清理日志，这是因为日志文件是被打开的（有进程正在使用该日志文件）。正确的日志清理方法是将日志文件清空，可以通过 Shell 脚本进行。

电子活页 0405

清理容器日志

119

任务 4.3　配置和管理 Docker 守护进程

任务说明

Docker 守护进程是 Docker 中的后台应用程序，名称为 dockerd，可以直接使用 dockerd 命令对它进行配置管理。在 Docker 的运行过程中，可能需要进行自定义配置，手动启动守护进程，发生问题时还需要排查故障和调试守护进程。本任务完成 Docker 守护进程本身的配置和管理，具体要求如下。

- 了解 Docker 守护进程的启动方式。
- 了解 Docker 守护进程的配置方式。
- 开启 Docker 守护进程的远程访问。
- 了解 Docker 的实时恢复功能，能够让容器持续运行。

知识引入

4.3.1　Docker 守护进程的启动

采用典型的 Docker 安装，Docker 守护进程由系统工具启动，而不由用户手动启动，这就使得重启系统时自动启动 Docker 变得很容易。启动 Docker 的命令取决于操作系统，目前大多数 Linux

发行版使用 systemd 管理开机启动的服务。Docker 安装之后需执行以下命令启动 Docker。

```
systemctl start docker
```

启动 Docker 之后，可以重启或停止 Docker，如下所示。

```
systemctl restart docker
systemctl stop docker
```

在 Debian 或 Ubuntu 主机上，Docker 服务默认设置开机自动启动，而在 CentOS 或 RHEL 主机上，Docker 服务默认没有设置开机自动启动。可以使用 systemctl 命令控制 Docker 和 containerd 的开机自动启动。启用 Docker 和 containerd 开机自动启动的命令如下。

```
systemctl enable docker.service
systemctl enable containerd.service
```

禁用 Docker 和 containerd 开机自动启动的命令如下。

```
systemctl disable docker.service
systemctl disable containerd.service
```

如果不想使用系统工具管理 Docker 守护进程，或者只是要进行测试，则可以使用 dockerd 命令手动启动守护进程（可能还需要使用 sudo 命令，这取决于操作系统的配置）。通过 dockerd 命令手动启动 Docker 时，Docker 会在前台运行并将日志直接发送到终端窗口，如下所示。

```
[root@host1 ~]# dockerd
INFO[2024-04-10T15:01:54.976012602+08:00] Starting up
INFO[2024-04-10T15:01:55.000434470+08:00] [graphdriver] using prior storage
driver: overlay2
INFO[2024-04-10T15:01:55.014876251+08:00] Loading containers: start.
INFO[2024-04-10T15:01:55.262023646+08:00] there are running containers,
updated network configuration will not take affect
INFO[2024-04-10T15:01:55.466310037+08:00] Loading containers: done.
INFO[2024-04-10T15:01:55.472636479+08:00] Docker daemon commit=311b9ff
graphdriver=overlay2 version=26.0.0
INFO[2024-04-10T15:01:55.472716530+08:00] Daemon has completed initialization
INFO[2024-04-10T15:01:55.519192952+08:00] API listen on /var/run/docker.sock
...
```

在终端窗口使用 Ctrl+C 组合键停止手动启动的 Docker。

要检查 Docker 是否在运行，与操作系统无关的一种方式是直接使用 docker info 命令。

当然也可以使用操作系统提供的工具，如 systemctl is-active docker、systemctl status docker 或 service docker status；还可以使用 ps 或 top 之类的 Linux 命令在进程列表中检查 Docker 守护进程。

电子活页 0406

解决 daemon.json
文件和启动脚本
之间的冲突

4.3.2 Docker 守护进程的配置

在成功安装并启动 Docker 后，Docker 守护进程就会使用默认配置运行。用户可以根据需要进一步配置 Docker 守护进程。

1. Docker 守护进程的配置方式

Docker 守护进程主要有以下两种配置方式。

（1）使用 JSON 配置文件。

这种方式是首选方式，因为所有配置都保存在同一个位置，且独立于操作系统平台。Docker 守护进程的 JSON 配置文件在 Linux 系统上是/etc/docker/daemon.json（以无 root 特权的用户身份运行 Docker 时则是~/.config/docker/daemon.json），在 Windows 系统上是 C:\ProgramData\docker\

config\daemon.json。下面是一个 JSON 配置文件示例。

```
{
  "debug": true,
  "tls": true,
  "tlscert": "/var/docker/server.pem",
  "tlskey": "/var/docker/serverkey.pem",
  "hosts": ["tcp://192.168.10.51:2376"]
}
```

采用这个配置，Docker 守护进程将以调试模式运行，其使用 TLS 机制，在 2376 端口监听路由到 IP 地址 192.168.10.51 的流量。

（2）使用选项手动启动 Docker 守护进程。

这种方式对于排查问题更有用。可以使用选项手动启动 Docker 守护进程来与使用 JSON 配置文件达到相同的配置目的，执行下面命令的结果同上。

```
dockerd --debug \
  --tls=true \
  --tlscert=/var/docker/server.pem \
  --tlskey=/var/docker/serverkey.pem \
  --host tcp://192.168.10.51:2376
```

只要不用这两种方式同时定义同一选项，就可以同时使用这两种方式。如果用它们同时定义同一选项，那么 Docker 守护进程不能启动，还会输出错误信息。

2. 配置 Docker 守护进程目录

Docker 守护进程将所有数据保存在一个目录中，以跟踪与 Docker 有关的一切对象，包括容器、镜像、卷、服务定义和机密数据。默认情况下，在 Linux 系统上该目录是/var/lib/docker，在 Windows 系统上该目录是 C:\ProgramData\docker。可以使用 data-root 配置选项为 Docker 守护进程配置不同的目录，例如：

```
{
  "data-root": "/mnt/docker-data"
}
```

Docker 守护进程的状态保存在该目录中。确保为每个守护进程使用专用的目录，因为该目录是运行时目录，如果两个守护进程共享同一目录[如 NFS（Network File System，网络文件系统）共享]，一旦出现问题将很难排除。

3. 开启 Docker 守护进程的调试模式

开启 Docker 守护进程的调试模式的方法有两种。推荐的方法是在 daemon.json 文件中将 debug 键值设置为 true，这种方法适用于各种 Docker 平台。

（1）编辑 daemon.json 文件（通常位于/etc/docker 目录中），如果该文件不存在，则需要创建该文件。在 macOS 或 Windows 上，不需要直接编辑该文件，而是通过 Docker Desktop 设置来编辑该文件。

（2）如果该文件中没有内容，则直接加入以下内容。

```
{
  "debug": true
}
```

如果该文件已经包含 JSON 数据，则需要在该 JSON 数据中添加 debug 键值对，并注意用逗号将它们分隔；还需要检查 log-level 关键字是否已设置，它可以设置为 info 或 debug，其中 info 是默认设置，可选的值还包括 warn、error、fatal。

（3）发送 HUP 信号到守护进程，使其重新加载配置。Linux 主机上的命令如下。

```
kill -SIGHUP $(pidof dockerd)
```

在 Windows 主机上重启 Docker 即可。

也可以不采用上述步骤，直接停止 Docker 守护进程，并使用-D 调试选项手动重启它。但是，这可能会导致 Docker 在不同于主机启动脚本创建的环境中重启，从而使调试更加困难。

4.3.3 Docker 的实时恢复功能

默认情况下，当 Docker 守护进程终止时，正在运行的容器会关闭。管理员可以配置 Docker 守护进程，使容器在 Docker 守护进程不可用时保持运行，这个功能被称为实时恢复（Live Restore）。使用此功能有助于减少因 Docker 守护进程崩溃、计划停机或升级导致的容器停机时间。需要注意的是，Windows 容器不支持此功能，但对于 Docker Desktop for Windows 运行的 Linux 容器，该功能是可用的。

1. 启用实时恢复功能

有两种方式可以启用实时恢复功能，使容器在守护进程不可用时保持运行。一种方式是在 Docker 守护进程配置文件（在 Linux 系统上默认是/etc/docker/daemon.json）中进行设置，即加入以下选项。

```
{
  "live-restore": true
}
```

重启 Docker 守护进程。

在 Linux 主机上可以通过重新加载 Docker 守护进程来避免重启 Docker（同时避免容器停止）。如果使用 systemd，则使用 systemctl reload docker 命令即可；否则，需要向 dockerd 守护进程发送 SIGHUP 信号，具体方法是执行以下命令。

```
kill -SIGHUP dockerd
```

另一种方式是在手动启动 dockerd 守护进程时指定--live-restore 选项。这里不建议使用此方法，因为它不会在启动 Docker 进程时设置 systemd 或其他进程管理器所使用的环境，这可能会导致意外行为的发生。

实时恢复功能支持 Docker 守护进程在升级过程中保持容器的运行。不过，这仅支持 Docker 补丁版本的升级，而不支持 Docker 主要版本和次要版本的升级。

如果在升级过程中跳过版本，则 Docker 守护进程可能无法恢复其与容器的连接。如果守护进程无法恢复连接，则无法管理正在运行的容器，管理员必须手动停止这些容器。

2. 重启时的实时恢复

只有在 Docker 守护进程选项（如网桥 IP 地址和图形驱动程序）未发生更改时，实时恢复功能才可以用于恢复容器。如果这些守护进程的配置选项中有任意一个已更改，则实时恢复可能会不起作用，管理员可能需要手动停止容器。

3. 实时恢复功能对正在运行的容器的影响

在 Docker 中，FIFO（First In First Out，先进先出）日志是一种机制，用于将容器的标准输出流和错误流实时传递给 Docker 日志驱动。如果 Docker 守护进程停止很长时间，则正在运行的容器可能会填满守护进程通常读取的 FIFO 日志，FIFO 日志填满后会阻止容器记录更多的日志数据。默认的日志缓冲区大小为 64kB，如果缓冲区已被填满，则必须重启 Docker 守护进程来刷新它们。

任务实现

任务 4.3.1　从 Docker 守护进程获取实时事件

可以使用 docker events 命令获取 Docker 服务器端的各种事件，包括容器、镜像、插件、卷、网络事件，以及 Docker 守护进程事件。不同的对象具有不同的事件，以方便调试使用。docker events 命令的语法如下。

```
docker events [选项]
```

-f 选项表示根据条件过滤事件；--since 选项表示显示自某个时间戳开始的所有事件；--until 选项表示显示截至指定时间的所有事件。如果没有提供--since 选项，则该命令只返回新的事件或实时事件。

下面演示如何获取实时事件，需要打开两个终端窗口（或标签页）。

（1）在一个终端窗口中执行以下命令监听事件。

```
[root@host1 ~]# docker events
```

（2）打开另一个终端窗口，执行以下命令，先启动容器然后停止该容器。

```
[root@host1 ~]# docker create --name test alpine:latest top
24b0fc03b833a36b7166dc67667b40d401002a14a4214444a9680c6697d4239e
[root@host1 ~]# docker start test
test
[root@host1 ~]# docker stop test
test
```

（3）切换到前面的终端窗口，会发现该窗口显示了上述操作的详细事件。

```
[root@host1 ~]# docker events
 2024-01-25T18:37:07.799711060+08:00 container create 23021351c64b3c70c607d8
cc6a7396e63ab14f960304ce783e4bf25b28eaf877 (image=alpine:latest, name=test)
 2024-01-25T18:37:19.473283560+08:00 network connect 314ca8cc84b7f87f2cfefa
ced82c8d62bfa9553f60ee1acea5a59c9f6693cd93 (container=5d706787562ae3d962e3b8f7
bc0e76b76cb2e895e842511c40835a08bd4b4622, name=bridge, type=bridge)
 2024-01-25T18:37:19.688601696+08:00 container start 5d706787562ae3d962e3b8f7
bc0e76b76cb2e895e842511c40835a08bd4b4622 (image=startstop, name=thirsty_villani)
 ...
 2024-01-25T18:37:34.144038770+08:00 container stop 23021351c64b3c70c607d8cc
6a7396e63ab14f960304ce783e4bf25b28eaf877 (image=alpine:latest, name=test)
 2024-01-25T18:37:34.145449878+08:00 container die 23021351c64b3c70c607d8cc6
a7396e63ab14f960304ce783e4bf25b28eaf877 (execDuration=12, exitCode=143, image=
alpine:latest, name=test)
 ...
```

（4）按 Ctrl+C 组合键退出 docker events 命令。

任务 4.3.2　查看 Docker 守护进程日志

查看 Docker 守护进程本身的日志（不是容器的日志）有助于诊断问题。操作系统配置和所用的日志记录子系统决定了日志的保存位置。

在使用 systemctl 的 Linux 系统上执行 journalctl -u docker.service 命令，查看 Docker 守护进程日志，如下所示。

```
[root@host1 ~]# journalctl -u docker.service
1月 25 15:12:17 host1 systemd[1]: Starting Docker Application Container Engine...
1月 25 15:12:15 host1 dockerd[1352]: time="2024-01-25T15:12:15.595749580+08:00"
level=info msg=">
...
1月 25 15:12:27 host1 systemd[1]: Started Docker Application Container Engine.
...
1月 25 15:14:21 host1 systemd[1]: Stopping Docker Application Container Engine...
```

在其他操作系统上可以查看相应的日志文件，比如 Linux 的日志文件为/var/log/messages，macOS 的日志文件为~/Library/Containers/com.docker.docker/Data/log/vm/dockerd.log，Windows（WSL 2）的日志文件为%LOCALAPPDATA%\Docker\log\vm\dockerd.log。如果 Docker 守护进程没有响应，则可以通过向守护进程发送一个 SIGUSR1 信号强制将堆栈跟踪记入日志。Linux 主机上的命令如下。

```
kill -SIGUSR1 $(pidof dockerd)
```

这种做法会强制记录堆栈跟踪，但不会停止守护进程。守护进程日志显示堆栈跟踪或包含堆栈跟踪的文件的路径（如果它已记录到文件中）。守护进程在处理完 SIGUSR1 信号并将堆栈跟踪转储到日志后继续运行。堆栈跟踪可用于确定守护进程内所有 Goroutine（Go 中的协程）和线程的状态。

任务 4.3.3　测试 Docker 的实时恢复功能

本任务通过重新加载 Docker 守护进程和结束 Docker 守护进程来测试 Docker 的实时恢复功能。

（1）编辑 Docker 守护进程配置文件/etc/docker/daemon.json，启用实时恢复功能。在该文件中添加以下内容。

```
"live-restore": true
```

（2）重启 Docker 守护进程，如下所示。

```
[root@host1 ~]# systemctl restart docker
```

执行 docker info 命令进行验证，出现以下配置表明已启用实时恢复功能。

```
Live Restore Enabled: true
```

接下来开始测试。

（3）基于 httpd 镜像创建一个运行 Apache 服务容器，然后查看正在运行的容器，如下所示。

```
[root@host1 ~]# docker run --rm -d --name web1 -p 8080:80 httpd
e9b4ab683e81b3862b080a85ccd0b3a93b4080979a409178916bbcc1edbcb890
[root@host1 ~]# docker ps
CONTAINER ID  IMAGE   COMMAND             CREATED       STATUS        PORTS    NAMES
e9b4ab683e81  httpd   "httpd-foreground"  3 seconds ago Up 3 seconds  ...
:::8080->80/tcp  web1
```

（4）重新加载 Docker 守护进程，然后查看正在运行的容器，如下所示。

```
[root@host1 ~]# systemctl reload docker
[root@host1 ~]# docker ps
CONTAINER ID  IMAGE   COMMAND             CREATED        STATUS         PORTS    NAMES
e9b4ab683e81  httpd   "httpd-foreground"  54 seconds ago Up 54 seconds  ...:::
```

```
8080->80/tcp  web1
```

可以发现该容器并没有停止，依然在运行。

（5）使用 kill 命令结束 dockerd 守护进程，然后查看正在运行的容器，如下所示。

```
[root@host1 ~]# kill -SIGHUP $(pidof dockerd)
[root@host1 ~]# docker ps
CONTAINER ID IMAGE   COMMAND    CREATED     STATUS     PORTS     NAMES
e9b4ab683e81 httpd "httpd-foreground" 3 minutes ago Up 3 minutes ...:::
8080->80/tcp  web1
```

可以发现该容器还在运行。

（6）访问该容器提供的 Apache 服务，结果表示该服务正常，如下所示。

```
[root@host1 ~]# curl 127.0.0.1:8080
<html><body><h1>It works!</h1></body></html>
```

（7）实验完毕，停止该容器后其自动被删除，恢复实验环境。

任务 4.3.4 开启 Docker 守护进程的远程访问

默认情况下，Docker 守护进程监听 UNIX 套接字上的连接，它只允许进行本地进程通信，而不会监听任何端口。因此只能使用 Docker 命令行接口或 Docker API 访问本地的 Docker 守护进程。如果要在其他主机上操作 Docker 主机实现远程访问，则可以在配置 Docker UNIX 套接字连接的同时，监听一个 IP 地址及端口上的连接。对于使用 systemd 的 Linux 发行版，可以使用 systemd 单元文件 docker.service 来实现此功能，下面进行示范。

微课 0407

开启 Docker 守护进程的远程访问

（1）执行 systemctl edit docker.service 命令打开 docker.service 单元文件的 override 文件（位于 /etc/systemd/system/docker.service.d 目录下），添加以下内容（如果已有相关内容则对其进行相应修改）。

```
[Service]
ExecStart=
ExecStart=/usr/bin/dockerd -H unix:///var/run/docker.sock -H tcp://0.0.0.0:2375
```

（2）保存该文件。

（3）执行以下命令重新加载 systemctl 配置。

```
systemctl daemon-reload
```

（4）执行以下命令重启 Docker。

```
systemctl restart docker.service
```

（5）执行以下命令检查 Docker 守护进程是否在所配置的端口上监听。

```
[root@host1 ~]# netstat -lntp | grep dockerd
tcp6      0      0 :::2375        :::*          LISTEN      12835/dockerd
```

可以在 Docker 客户端命令中通过-H 选项指定要连接的远程主机（如果远程主机启用了防火墙，则应开放 TCP 2375 端口），例如：

```
[root@host1 ~]# docker -H tcp://192.168.10.51:2375 info
...
Server:
 Containers: 24
  Running: 3
...
```

客户端每次运行 Docker 客户端命令时都需要通过-H 选项指定要连接的远程主机，这样做比较麻烦，可以通过使用 export 命令设置该远程主机的环境变量来解决此问题，例如：

```
[root@host1 ~]# export DOCKER_HOST="tcp://192.168.10.51:2375"
```

然后在直接执行 docker 命令时就会自动连接到该远程主机并进行操作了。

值得注意的是，开启 Docker 远程访问存在安全隐患。如果没有采取安全连接，则远程非 root 用户有可能获取 Docker 主机上的 root 访问权限。实际应用中应当采用 TLS 证书来建立安全连接，保护 Docker 守护进程的通信。

电子活页 0407

为 Docker 守护
进程配置 HTTP
和 HTTPS 代理

如果 Linux 发行版不使用 systemd，可以改用 daemon.json 文件来开启 Docker 守护进程的远程访问。具体方法是，在/etc/docker/daemon.json 文件中添加以下定义：

```
"hosts":["unix:///var/run/docker.sock","tcp://0.0.0.0:2375"]
```

然后重启 Docker 即可。

任务 4.4　管理 Docker 对象

▶ 任务说明

使用 Docker 的主要工作是创建和使用各类对象，如镜像、容器、网络、卷、插件等。本任务实现 Docker 对象的通用配置，具体要求如下。

- 了解 Docker 对象的标记。
- 学会删除所有不用的 Docker 对象。

🔧 知识引入

标记（Label）是一种将元数据应用于 Docker 对象的机制，这些对象包括镜像、容器、本地守护进程、卷、网络、Swarm 节点和 Swarm 服务等。可以使用标记组织镜像，记录许可信息，注释容器、卷和网络之间的关系，或者执行任何对业务或应用程序有意义的操作。

标记的形式是键值对，以字符串的形式存储。可以为一个对象指定多个标记，但是同一个对象中的每个键值对必须是唯一的。如果同一个键指定了多个值，则后面的值会覆盖前面的值。

标记的键是键值对左边的元素。键是可以包含句点、短横线、字母和数字的字符串。

标记的值包含能表示为字符串的任何类型（包括但不限于 JSON、XML、CSV 或 YAML）的数据，唯一的要求是必须使用针对特定结构类型的机制将值序列转化为字符串。例如，要将 JSON 序列转化为字符串，可以使用 JavaScript 的 JSON.stringify()方法。

Docker 并未反序列化标记的值，因此在按标记的值查询或过滤时，不能将 JSON 或 XML 文档视为嵌套结构，除非将此功能构建到第三方工具中。

🔑 任务实现

任务 4.4.1　使用 Docker 对象的标记

支持标记的每种类型的 Docker 对象都具有添加和使用标记的机制，这种机制与特定对象类型相关。镜像、容器、本地守护进程、卷和网络上的标记在对象的生命周期内是静态的，必须重新创建对象才能改变这些标记，而 Swarm 节点和 Swarm 服务上的标记则可以动态更新。

这里给出一个简单的示例。首先为容器添加标记：

```
[root@host1 ~]# docker run --rm -d --label test-redis  --name redis redis
4e1c216dcdc34dcf7ce477230a6185e85c89a4d210e37e7ef1adb3d168b1990c
```

然后按标记过滤容器列表：

```
[root@host1 ~]# docker ps --filter label=test-redis
CONTAINER ID IMAGE  COMMAND                       CREATED      STATUS      PORTS      NAMES
4e1c216dcdc3  redis "docker-entrypoint.s..." 2 minutesago Up 2 minutes 6379/tcp redis
```

测试完毕停止该容器，该容器会被自动删除。

任务 4.4.2　删除未使用的 Docker 对象

Docker 采用保守的方法清理未使用的对象（如镜像、容器、卷和网络），这通常被称为"垃圾回收"。这些对象实际上不会被删除，除非明确要求 Docker 将它们删除，但这样做可能导致 Docker 占用额外磁盘空间。对于每种对象类型，Docker 都提供了一条 prune 命令来删除对象。另外，可以使用 docker system prune 命令一次性清理多种类型的对象。

docker system prune 命令是删除镜像、容器和网络的捷径，例如：

```
[root@host1 ~]# docker system prune
WARNING! This will remove:
        - all stopped containers                         # 所有停止的容器
        - all networks not used by at least one container # 未被任何容器使用的网络
        - all dangling images                            # 所有虚悬的镜像
        - all build cache                                # 所有构建缓存
Are you sure you want to continue? [y/N] y               # 输入"y"确认执行这一系列操作
```

在 Docker 17.06.0 及之前的版本中，该命令默认还会删除不用的卷。在 Docker 17.06.1 及之后的版本中，必须为 docker system prune 命令明确指定--volumes 选项才会删除卷，如下所示。

```
docker system prune --volumes
```

使用-f（--force）选项表示强制删除，不会给出提示。

项目实训

项目实训 1　容器的高级配置

实训目的

* 掌握容器的高级配置。
* 对容器进行资源限制。

实训内容

* 配置容器的自动重启策略。
* 在容器中使用 supervisord 管理 PHP 和 Nginx 服务。
* 限制容器的内存使用。

- 限制容器的 CPU 使用。
- 使用 docker update 命令动态更改容器的资源限制。

项目实训 2 实施容器监控

实训目的

使用工具监控容器的运行状态。

实训内容

- 使用 docker top 命令查看容器中正在运行的进程的信息。
- 使用 docker stats 命令实时查看容器的资源使用情况。
- 安装并使用 cAdvisor 监控容器。

项目实训 3 管理容器日志

实训目的

使用工具管理容器的日志。

实训内容

- 使用 docker logs 命令查看容器的日志。
- 配置默认的日志驱动。
- 将容器的日志记录到 journald。
- 使用 Logspout 收集所有容器的日志。

项目实训 4 配置和管理 Docker 守护进程

实训目的

- 了解 Docker 守护进程的配置方式。
- 配置和管理 Docker 守护进程。

实训内容

- 使用 docker events 命令获取 Docker 事件信息。
- 查看 Docker 守护进程日志。
- 启用 Docker 守护进程的调试模式。
- 测试 Docker 的实时恢复功能。

项目总结

通过本项目的实施，读者应当掌握容器与 Docker 守护进程本身运维的基本方法。在实际的生产环境中，这些工作都很重要。除了本项目介绍的运维工具，还可以使用第三方工具 Prometheus 来收集 Docker 的度量数据，对 Docker 本身进行监控。Prometheus 是一个开源的系统监控和警报工具包。项目 5 将转向对多容器应用程序的定义，使用 Docker Compose 工具在单主机上编排和部署具有多个容器的复杂应用程序。

项目5

05

定义和运行多容器应用程序

学习目标

- 了解 Compose 工具，掌握多容器应用程序的基本管理方法；
- 熟悉 Compose 文件格式和语法，学会编写 Compose 文件；
- 了解 docker compose 命令，学会使用 Compose 部署和管理应用程序。

项目描述

Docker 本身提供了命令行接口，用于管理基于容器的应用程序，不过这些命令行接口适用于少量容器的简单管理和单一任务的实现。要管理复杂一点的应用程序，如一个 Web 网站，需要首先启动数据库服务器容器，再启动 Web 服务器容器，就需要分别执行多条 docker 命令，操作比较烦琐，而且不便于统一管理。为此，Docker 引入了定义和运行多容器应用程序的工具 Docker Compose（以下简称为 Compose）。该工具简化整个应用程序堆栈的控制，通过 YAML 配置文件轻松管理包括服务、网络和卷等元素的多容器，只需使用单个命令就可以创建并启动所有服务。Compose 适用于所有环境，包括生产、预发布、开发和测试，以及持续集成工作流程，能够显著提升软件开发效率，服务于数字政务和数字经济建设。本项目主要示范使用 Compose 实现单主机环境下的复杂应用程序的容器化。

任务 5.1 Compose 入门

任务说明

在单个 Docker 主机中运行应用程序主要有两种方式：一种是使用 Dockerfile 构建镜像并启动容器，这种方式适用于单个应用程序和单个容器；另一种是使用 Compose 基于配置文件自动构建和编排一组容器，这种方式适用于多个应用程序和多个容器。在进行大量容器资源的管理和复杂应用程序的部署时，需要使用 Compose 来提高效率和灵活性。本任务的具体要求如下。

- 了解 Compose 的背景知识。
- 理解 Compose 的项目概念。
- 理解 Compose 的工作机制。

- 了解 Compose 的特点和应用场景。
- 熟悉使用 Compose 的基本步骤。

知识引入

5.1.1 为什么要使用 Compose

许多应用程序通过多个模块化的服务互相协同来构成一个完整可用的项目，如一个订单应用程序可能包括 Web 前端、订单处理程序和后台数据库等多个服务，这相当于一个简单的微服务架构。这种架构很适合使用容器实现，每个服务由一个容器承载，一台计算机同时运行多个容器就能部署整个应用程序。

如果仅使用 docker 命令部署和管理这类多容器应用程序往往需要编写若干个脚本文件，使用的命令可能会变得冗长，包括大量的选项和参数，配置过程也可能会变得比较复杂，而且容易发生差错。使用 Compose 就可以解决这个问题。

Compose 并不是通过脚本和各种 docker 命令将多个容器组织起来的，而是通过一个声明式的 YAML 格式的配置文件描述整个应用程序，从而让用户使用一条命令即可完成对整个应用程序的部署。Compose 将逻辑关联的多个容器编排为一个整体进行统一管理，提高应用程序的部署效率。

使用 Compose 能够简化容器化应用程序的开发、部署和管理，是因为它具有以下优势。

- 简化控制：Compose 通过单个配置文件定义和管理多容器应用程序。这简化了编排和协调各种服务的复杂任务，使管理和复制应用程序环境变得更容易。
- 高效协作：Compose 配置文件易于共享，便于开发人员、运维团队和其他用户之间的协作。这种协作可使工作流程更顺畅、问题解决更快捷，并提高整体效率。
- 快速应用程序开发：Compose 让开发团队可以更加专注于应用程序的开发，而不是基础设施的配置和管理。这大大提高了开发效率，缩短了从开发到部署的周期。
- 跨环境的可移植性：Compose 可以在不同的机器和环境中使用相同的配置来部署应用程序，确保应用程序在开发、测试和生产环境之间的一致性和可移植性。
- 广泛的社区和支持：社区驱动的生态系统有助于 Compose 的持续改进，让 Compose 能够更有效地解决用户的问题。

5.1.2 Compose 的工作机制

Compose 依赖于 YAML 格式配置文件，该文件被称为 Compose 文件，通常被命名为 compose.yaml。compose.yaml 文件遵循 Compose 规范提供的规则来定义多容器应用程序。在准备好 Compose 文件之后，用户可以通过 Compose 命令行接口与 Compose 应用程序进行交互，比如 docker compose up 命令用于启动应用程序，而 docker compose down 命令则用于停止并删除容器。

1. Compose 的应用程序模型

Compose 以项目为单位管理应用程序的部署，可以将其所管理的对象从上到下依次分为以下 3 个层次。

- 项目。项目又称工程，表示需要实现和部署的一个应用程序。项目涵盖该应用程序所需的所有资源，是由一组关联的容器组成的一个完整业务单元。Compose 文件定义一个项目要完成的

Docker容器技术 配置、部署与应用（第2版）（微课版）

所有容器管理与部署操作。一个项目拥有特定的名称，可包含一个或多个服务。Compose 实际上是面向项目进行管理的，它通过命令对项目中的一组容器实现生命周期管理。项目具体由项目目录下的所有文件（包括配置文件）和子目录组成。

- 服务。服务是一个比较抽象的概念，表示需要实现的一个子应用程序，专业地讲就是应用程序的计算组件。服务具体是在平台（Compose 中的平台相当于 Docker 中的主机）上通过一次或多次运行同一个镜像和配置来实现的。一个服务运行一个镜像，服务决定了镜像的运行方式。服务具体定义容器运行的镜像、参数和依赖关系。服务也可以看作分布式应用程序或微服务的不同组件。服务通过网络相互通信。在 Compose 规范中，网络是一种平台能力抽象，它在连接到一起的服务中的容器之间建立 IP 路由。服务还将持久化数据存储并共享到卷中，持久化数据将作为具有全局选项的高级文件系统挂载。用户还可以根据需要为服务提供特定的配置数据和保密数据。

- 容器。这里的容器指的是服务的副本。每个服务可以以多个容器实例的形式运行，可以通过更改容器实例的数量来更改服务的数量，从而为进程中的服务分配更多的计算资源。例如，Web 应用程序为保证高可用性和负载均衡，通常会在服务器上运行多个服务。即使在单主机环境下，Compose 也支持一个服务多个副本，每个副本都是服务的一个容器。

2. Compose 文件

默认的 Compose 文件是工作目录中的 compose.yaml 或 compose.yml。为兼容早期版本，Compose 还支持文件 docker-compose.yaml 和 docker-compose.yml。如果这两类文件都存在，Compose 优先选择更规范的 compose.yaml。

用户可以使用 fragments（片段）键和 extensions（扩展名）键来保持 Compose 文件的高效性和易维护性。多个 Compose 文件可以合并在一起以定义应用程序模型。

如果要重用其他 Compose 文件，或将应用程序模型的部分分解为单独的 Compose 文件，也可以使用 include（包含）键。如果 Compose 应用程序依赖于另一个由不同团队管理的应用程序，或者需要与他人共享，这一点将非常有用。

3. Compose 的工作机制示例

下面通过一个示例来进一步解释以上 Compose 概念，该示例仅用于解释 Compose 的工作机制，不能正式使用。如图 5-1 所示，该示例将应用程序拆分为前端服务和后端服务。

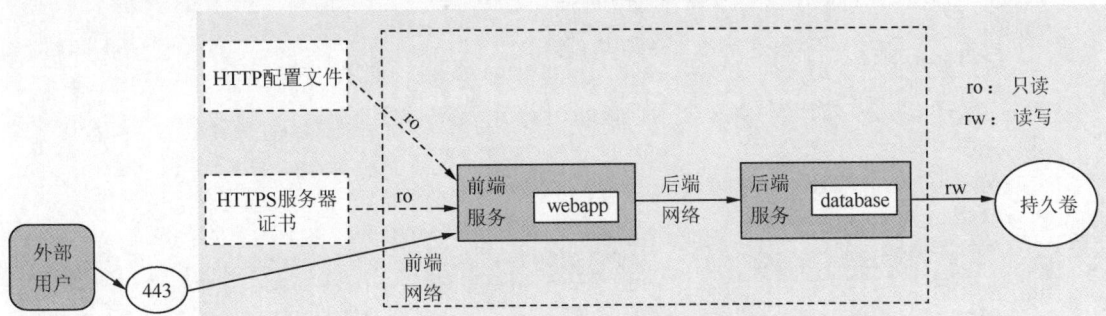

图5-1 Compose的工作机制示例

前端服务在运行时配置有由基础设施管理的 HTTP 配置文件和由基础设施提供的 HTTPS 服务器证书（在网络安全和数据传输中扮演着至关重要的角色）。后端服务将数据存储在持久卷中。前端服务和后端服务在隔离的后端网络上相互通信，而前端连接到前端网络，并公开端口 443 供外部用户使用。

该示例应用程序包括以下组成部分。

- 2 个服务，由镜像 webapp 和 database 支持。
- 1 个保密数据（HTTPS 服务器证书），注入前端服务。
- 1 个配置数据（HTTP 配置文件），注入前端服务。
- 1 个持久卷，连接到后端服务。
- 2 个网络。

该示例的 Compose 文件的内容如下。

```
services:                             # 服务定义
  frontend:
    image: example/webapp
    ports:
      - "443:8043"
    networks:
      - front-tier
      - back-tier
    configs:
      - httpd-config
    secrets:
      - server-certificate

  backend:
    image: example/database
    volumes:
      - db-data:/etc/data
    networks:
      - back-tier

volumes:                              # 卷定义
  db-data:
    driver: flocker
    driver_opts:
      size: "10GiB"

configs:                              # 配置数据定义
  httpd-config:
    external: true

secrets:                              # 保密数据定义
  server-certificate:
    external: true

networks:                             # 网络定义
  front-tier: {}
  back-tier: {}
```

5.1.3　Compose 的特点

Compose 能够帮助用户轻松、高效地管理容器，它具有以下几个特点。

- 在单主机上建立多个隔离环境。
- 创建容器时保留卷数据。Compose 会保留服务所使用的所有卷，确保在卷中创建的任何数据都不会丢失。
- 仅重新创建已更改的容器。Compose 可以缓存用于创建容器的配置。当重启未更改的服务时，会重用现有容器，仅重新创建已更改的容器，这样可以快速更改环境。
- 为不同环境定制容器编排。Compose 支持在 Compose 文件中使用变量，可以使用这些变量为不同的环境或不同的用户定制容器编排。

5.1.4　Compose 的应用场景

Compose 适合单主机环境，其主要应用场景如下。

1. 软件开发环境

在开发软件时，Compose 命令行工具可用于创建隔离的环境，可以在该环境中运行应用程序并与之进行交互。Compose 文件提供了记录和配置所有应用程序的服务依赖关系（数据库、队列、缓存和 Web 服务 API 等）的方法。用户使用 Compose 命令行工具，可以通过单个命令（docker compose up）为每个项目创建和启动一个或多个容器。

2. 自动化测试环境

自动化测试套件是持续部署或持续集成过程的一个重要部分。自动化的端到端测试需要一个运行测试的环境。Compose 可以便捷地创建和销毁用于测试套件的隔离测试环境。在 Compose 文件中定义完整的自动化测试环境后，用户仅使用几条命令就可创建和销毁这些环境，例如：

```
docker compose up -d          # 启动容器
./run_tests                   # 运行测试
docker compose down           # 停止容器并删除相关的资源
```

3. 单主机部署

Compose 默认是为单主机部署设计的，所有的容器和服务都是运行在同一台主机上的。单主机部署在研发和测试环境中非常常见，Compose 一直专注于开发和测试工作流，但在每个发行版中都会增加更多面向生产的功能。

5.1.5　Compose 的版本演变

Compose 的前身是 Orchard 公司推出的多容器部署管理工具 Fig。

Compose 命令行二进制文件的第 1 版即 Compose V1，于 2014 年首次发布，它是用 Python 编写的，并使用 docker compose 命令调用。

Compose V1 默认的 Compose 文件名为 docker-compose.yml。Compose 文件格式有 3 个系列——1、2.x 和 3.x，它们分别于 2014 年、2016 年和 2017 年推出。格式 1 中没有 version 顶级键指定版本，也没有 services 顶级键，早已被弃用。格式 2.x 和 3.x 非常相似，但后者引入了许多针对 Swarm 部署的选项，它的最后一个子版本是 3.8。

Compose 命令行二进制文件的第 2 版即 Compose V2，于 2020 年发布，它是使用 Go 语言编写的，并使用 docker compose 命令进行调用。

为解决有关 Compose 命令行接口版本控制、Compose 文件格式版本控制，以及是否使用 Swarm

模式的问题，Compose V2 将 Compose 文件格式的版本 2.x 和 3.x 合并到 Compose 规范中。Compose V2 使用 Compose 规范进行项目定义，默认的 Compose 文件名为 compose.yaml。与以前的文件格式不同，Compose 规范不断发展，并将 version 顶级键作为可选元素。Compose V2 还使用一系列可选规范，如 Compose 部署规范、Compose 开发规范和 Compose 构建规范。

电子活页 0501

迁移到
Compose V2

为简化迁移，Compose V2 对某些在 Compose 文件格式 2.x/3.x 和 Compose 规范之间已弃用或更改的元素提供向后兼容性支持。Compose V1 与 Compose V2 的比较如图 5-2 所示。

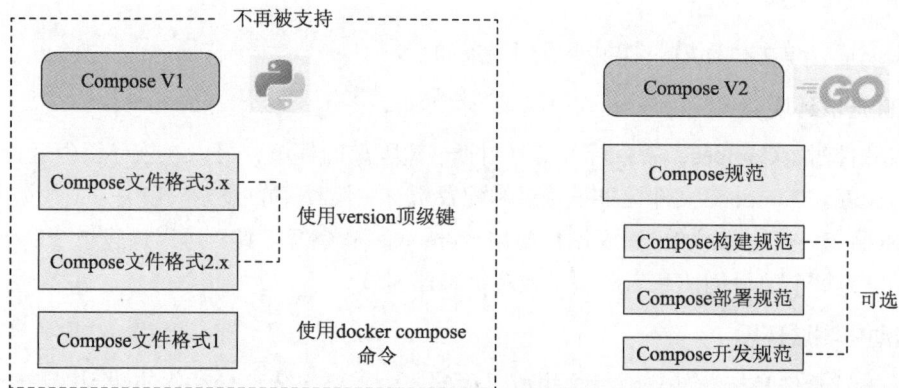

图5-2　Compose V1与Compose V2的比较

> **提示**　自 2023 年 7 月起，Compose V1 停止更新，不再出现在新的 Docker Desktop 版本中。正在使用 Compose V1 的用户应尽早迁移到 Compose V2。本项目以 Compose V2 为例进行讲解。

5.1.6　使用 Compose 的基本步骤

使用 Compose 定义和运行多容器应用程序的基本步骤如下。

（1）使用 Dockerfile 定义应用程序的环境，以便可以在任何地方分发应用程序。通过 Compose 部署的主要是多容器的复杂应用程序，这些容器的创建和运行需要相应的镜像，而镜像则要基于 Dockerfile 构建。

（2）使用 Compose 文件定义组成应用程序的服务。该文件主要声明应用程序的启动配置，可以定义一个包含多个相互关联的容器的应用程序。

（3）执行 docker compose up 命令启动整个应用程序。使用这条简单的命令即可启动配置文件中的所有容器，不再需要使用任何 Shell 脚本。

任务实现

使用 Compose 部署 WordPress

个人博客系统 WordPress 是使用 PHP 和 MySQL 数据库开发的，用户可以在支持 PHP 和 MySQL

数据库的服务器上通过 WordPress 架设属于自己的博客网站或内容管理网站。这里以部署 WordPress 为例示范 Compose 使用的完整过程，让读者对 Compose 有一个感性的认识。在运行这个示例之前，应当确认当前系统上已经安装了 Compose。本例在安装 Docker Engine 时同时安装了 docker-compose-plugin 组件，可执行以下命令查看其版本进行验证：

```
[root@host1 ~]# docker compose version
Docker Compose version v2.21.0
```

1. 定义 Compose 项目

（1）执行以下命令创建一个空的项目目录。

```
[root@host1 ch05]# mkdir mywordpress
```

该项目目录可根据自己的需要进行命名，这个名称将作为 Compose 项目名称。该项目目录是应用程序镜像的上下文，应当仅包含用于构建镜像的资源。项目目录包括一个名为 compose.yaml 的 Compose 文件，该文件用来定义项目。

（2）将当前工作目录切换到该项目目录。本例中执行以下命令。

```
[root@host1 ch05]# cd mywordpress
```

（3）在该项目目录下创建并编辑 compose.yaml 文件，在该文件中加入以下内容。

```
services:
  db:
    # 使用同时支持 AMD64 和 ARM64 架构的 Mariadb 镜像
    image: mariadb:10.6.4-focal
    command: '--default-authentication-plugin=mysql_native_password'
    volumes:
      - db_data:/var/lib/mysql
    restart: always
    environment:
      - MYSQL_ROOT_PASSWORD=somewordpress
      - MYSQL_DATABASE=wordpress
      - MYSQL_USER=wordpress
      - MYSQL_PASSWORD=wordpress
    expose:
      - 3306
      - 33060
  wordpress:
    image: wordpress:latest
    volumes:
      - wp_data:/var/www/html
    ports:
      - 80:80
    restart: always
    environment:
      - WORDPRESS_DB_HOST=db
      - WORDPRESS_DB_USER=wordpress
      - WORDPRESS_DB_PASSWORD=wordpress
      - WORDPRESS_DB_NAME=wordpress
volumes:
  db_data:
  wp_data:
```

这个 Compose 文件定义了两个服务 db 和 wordpress。db 服务用于配置独立的 Mariadb 服务器（用于持久存储数据，也可以改用 MySQL 服务器，修改镜像名称即可，例如将镜像名称修改为 mysql:8.0.27）。33060 是 MySQL X Plugin 的默认端口，用于支持文档存储等高级功能。wordpress 服务用于配置 WordPress 个人博客系统。该 Compose 文件还定义了两个用于持久保存数据的卷 db_data 和 wp_data，其中 db_data 用于保存由 WordPress 提交到数据库的任何数据，wp_data 用于保存 WordPress 网站的文件。

2. 启动 Compose 应用程序

（1）在项目目录中执行 docker compose up -d 命令，拉取所需的镜像，以分离模式在后台启动 WordPress 和数据库容器，如下所示。

```
[root@host1 mywordpress]# docker compose up -d
[+] Running 33/33
 ✔ wordpress 21 layers [█████████████████████████]  0B/0B   Pulled   29.3s
...
 ✔ db 10 layers [██████████████]                     0B/0B   Pulled   28.5s
...
[+] Running 5/5
 ✔ Network mywordpress_default                        Created         0.0s
 ✔ Volume "mywordpress_db_data"                       Created         0.0s
 ✔ Volume "mywordpress_wp_data"                       Created         0.0s
 ✔ Container mywordpress-wordpress-1                  Started         0.6s
 ✔ Container mywordpress-db-1                         Started         0.6s
```

（2）执行以下命令查看正在运行的容器。

```
[root@host1 mywordpress]# docker ps
 CONTAINER ID   IMAGE            COMMAND                 CREATED
STATUS          PORTS                                   NAMES
 600600718ad4   wordpress:latest    "docker-entrypoint.s..."   5 minutes ago
Up 5 minutes    0.0.0.0:80->80/tcp, :::80->80/tcp       mywordpress-wordpress-1
 a408538af988   mariadb:10.6.4-focal "docker-entrypoint.s..."   5 minutes ago
Up 5 minutes    3306/tcp, 33060/tcp                     mywordpress-db-1
```

可以发现，上述 docker compose up -d 命令启动了两个容器。这两个容器分别被命名为 mywordpress-wordpress-1 和 mywordpress-db-1。

每个容器都是服务的一个副本，其名称的格式为"项目名称-服务名称-序号"。序号从 1 开始，不同的序号表示依次分配的副本。默认只为服务分配一个副本，其序号为 1。

（3）执行以下命令查看当前容器网络。

```
[root@host1 mywordpress]# docker network ls
NETWORK ID      NAME                    DRIVER      SCOPE
...
eba53388292e    mywordpress_default     bridge      local
```

可以发现，自动创建了一个名为 mywordpress_default 的桥接网络，该网络名称的格式为"项目名称_网络名称"，本例的网络名称为 default。

（4）执行以下命令查看当前卷。

```
[root@host1 mywordpress]# docker volume ls
```

```
DRIVER     VOLUME NAME
...
local      mywordpress_db_data
local      mywordpress_wp_data
```

可以发现，自动创建了两个相应的卷，卷名称的格式为"项目名称_卷名称"。

3. 在 Web 浏览器中访问 WordPress 应用程序

此时，WordPress 应当在 Docker 主机的 80 端口上运行，用户使用浏览器访问该站点，可以作为 WordPress 管理员快速完成 WordPress 的安装。注意，由于容器可能仍在进行初始化，因此 WordPress 站点不能立刻访问，首次加载可能需要好几分钟。

安装 WordPress 时首先要选择安装语言，这里选择"简体中文"，单击"继续"按钮，出现图 5-3 所示的界面，填写 WordPress 的配置信息。

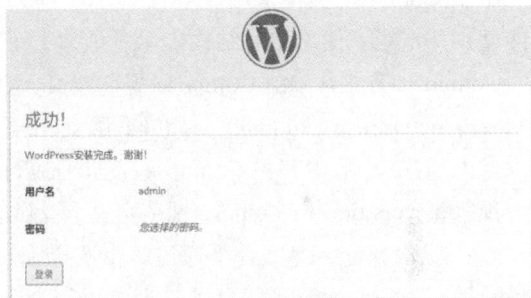

单击"安装 WordPress"按钮开始安装，安装完成之后出现图 5-4 所示的对话框。

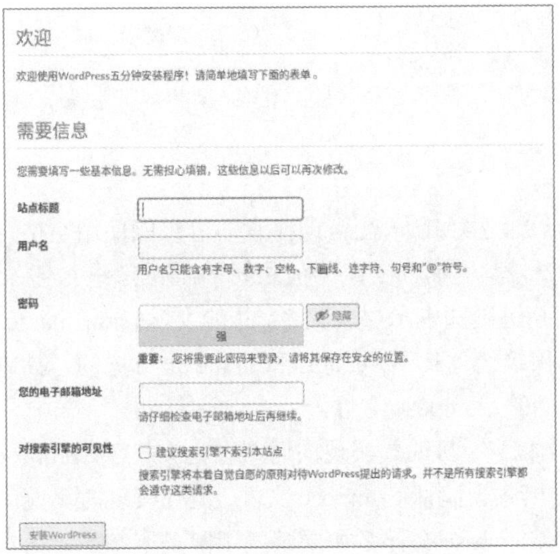

图5-3　填写WordPress的配置信息

图5-4　WordPress安装完成

在该对话框的"密码"文本框中输入所设置的密码，单击"登录"按钮，即可进入 WordPress 管理界面。至此就可以正常使用 WordPress 了。

4. 停止和清理 Compose 应用程序

执行 docker compose down 命令可以删除容器和默认网络，但是会保留存储 WordPress 数据的卷。如果要同时删除卷，应执行以下命令。

```
[root@host1 mywordpress]# docker compose down --volumes
[+] Running 5/2
 ✔ Container mywordpress-db-1          Removed      0.3s
 ✔ Container mywordpress-wordpress-1   Removed      1.1s
 ✔ Volume mywordpress_wp_data         Removed      0.1s
 ✔ Volume mywordpress_db_data         Removed      0.1s
 ✔ Network mywordpress_default        Removed      0.1s
```

只要 Compose 项目目录及其配置文件还存在，以后可以根据需要随时启动 Compose 应用程序。

任务 5.2　编写 Compose 文件

任务说明

Compose 文件是 Compose 项目的配置文件，又称 Compose 模板文件。它用于定义整个应用程序，包括服务、网络和卷。Compose 文件是采用 YAML 格式的文本文件，可以使用.yml 或.yaml 扩展名，默认的文件名为 compose.yaml。编写 Compose 文件是使用 Compose 的关键环节，本任务的具体要求如下。

- 了解 Compose 文件的结构。
- 了解服务、网络和卷定义的基本语法。
- 掌握 Compose 文件的编写方法。

知识引入

5.2.1　Compose 文件结构

由于 Compose 文件采用 YAML 格式，读者应掌握 YAML 语法，即注意缩进只能使用空格，不能使用 Tab 键；使用冒号结构表示键值对，每个冒号与它后面所跟的值之间都需要有一个空格。

Compose 文件具体由 Compose 规范定义，使用缩进结构表示层次关系，共涉及 version、name、services、networks、volumes、configs 和 secrets 等顶级键，其中 version 和 name 是可选的，具体可以参见 5.1.2 小节中有关 Compose 工作机制的示例的 Compose 文件。

顶级键 version 由 Compose 规范定义，提供版本信息，目的是实现向后兼容性（兼容 Compose V1 的文件）。Compose V2 并不通过版本选择确切的模式来验证 Compose 文件，但在实现时更偏向于最新模式。Compose 应该验证是否可以完全解析 Compose 文件。如果某些字段是未知的，通常是因为 Compose 文件使用较新版本的规范定义的字段编写，用户将收到一条警告消息。

顶级键 name 为 Compose 项目显式地指定名称。如果没有明确指定 name，则 Compose 会将项目目录名称作为项目名称。无论是否显式指定项目名称，项目名称都可以在 Compose 文件中通过 COMPOSE_PROJECT_NAME 环境变量引用。

顶级键 version 和 name 都没有任何下级键。

顶级键 services、networks、volumes、configs 和 secrets 分别定义服务、网络、卷（存储）、配置数据和保密数据的资源配置，这些配置都由相应的下级键具体定义。要配置资源，首先要在顶级键下定义资源名称，然后在这些资源名称下采用缩进结构"<键>: <选项>: <值>"定义其具体配置，这里的键也被称为字段、元素或属性。

服务定义与将命令行参数传递给 docker container create 命令类似。同样，网络和卷定义类似于将命令行参数传递给 docker network create 和 docker volume create 命令。

与卷一样，顶级键 configs 定义的配置数据作为文件挂载到服务的容器的文件系统中。这样就可以将数据与服务进行解耦（分离），无须重新创建镜像，

电子活页 0502

YAML 格式

服务就可以调整其行为。如果不想将配置文件、环境变量一类的数据存储在镜像或源代码中，而服务的容器运行时又需要这些数据，则可以通过顶级键 configs 定义配置数据，然后在顶级键 services 所定义的服务中通过其下级键 configs 访问该配置数据。

顶级键 secrets 与 configs 类似，只不过它定义的是不适合公开的保密数据，如用户名和密码、证书和密钥等。如果不想将任何保密数据存储在镜像或源代码中，而服务的容器运行时又需要这些数据，则可以通过顶级键 secrets 定义保密数据，然后在顶级键 services 所定义的服务中通过其下级键 secrets 访问该保密数据。

5.2.2 服务定义

在 Compose 项目中，服务由一组容器支持，由平台根据副本要求和放置约束运行，所以服务是由一个镜像与一组运行时选项和参数定义的。服务中的所有容器也都是通过这些选项和参数创建的。

在 Compose 文件中，必须将顶级键 services 声明为映射类型（相当于数组），该映射的键是字符串表示的服务名称，其值是服务定义。服务定义包含应用于每个服务的容器的配置。在服务名称下面使用键进行具体定义，下面介绍部分常用的键及其设置。

每个服务必须指定 image 或 build 键提供镜像，其他键是可选的。就像使用 docker container create 命令一样，Dockerfile 中的指令（如 CMD、EXPOSE 等）不必在 Compose 文件中定义。

Compose 支持使用服务定义构建镜像。构建支持是 Compose 规范的一个可选部分，在 Compose 构建规范文档中有详细介绍。如果构建支持未实现，则会忽略 build 键，并且 Compose 文件仍被视为有效。

每个服务都定义了运行其容器的运行时限制和要求。deploy 键将这些限制分组，并允许平台调整部署策略，以使容器的需求与可用资源达到最佳匹配。部署支持是 Compose 规范的一个可选部分，在 Compose 部署规范文档中有详细描述。如果部署支持未实现，则会忽略 deploy 键，并且 Compose 文件仍被视为有效。

1. 直接指定镜像

image 键用于指定启动容器的镜像，镜像必须遵循开放容器规范的可寻址格式：

```
[<注册中心>/][<项目>/]<镜像>[:<标记>|@<摘要值>]
```

请看下面的几个示例：

```
image: redis
image: redis:5
image: redis@sha256:0ed5d5928d4737458944eb604cc8509e245...8bc4b991aac7
image: library/redis
image: docker.io/library/redis
image: my_private.registry:5000/redis
```

如果平台上不存在指定的镜像，Compose 会尝试根据 pull_policy 键指定的策略拉取镜像。pull_policy 键可用的值及其含义如下。

- always：始终从注册中心拉取镜像。

- never：不从注册中心拉取镜像，而是依赖于平台缓存的镜像。如果没有平台缓存的镜像，则会报告故障。

- missing：仅在平台缓存不可用的情况下拉取镜像。这是默认设置。

- build：如果镜像已经存在，Compose 将重新构建镜像。

2. 定义镜像的构建

build 键用于配置从源代码创建镜像，具体由 Compose 构建规范定义。服务只要声明了 build 键，就可以省略 image 键定义。如果指定了 build 键，则将基于 Dockerfile 构建一个镜像。如果同时指定了 image 和 build 两个键，那么 Compose 会构建镜像并且将镜像命名为 image 键所定义的名称。

build 键的值可以是定义上下文路径的单个字符串。整个路径被用作 Docker 上下文来执行镜像构建，在目录的根目录中寻找规范的 Dockerfile。路径可以是绝对路径，也可以是相对路径。相对路径相对于 Compose 文件的父目录。

build 键的值也可以是更为详细的构建定义，其中包括各种下级键定义的构建参数，如备用 Dockerfile 位置。路径可以是绝对路径，也可以是相对路径。下面通过一个简单的示例来进一步解释构建规范。

```yaml
services:
  frontend:
    image: example/webapp
    build: ./webapp

  backend:
    image: example/database
    build:
      context: backend
      dockerfile: ../backend.Dockerfile

  custom:
    build: ~/custom
```

本例中 Compose 从源代码构建 3 个镜像。第 1 个镜像使用 Compose 文件的父目录中的 webapp 子目录作为 Docker 构建上下文进行构建。第 2 个镜像使用 Compose 文件父目录中的 backend 子目录进行构建，其中 backend.Dockerfile 用于定义构建步骤，该文件使用相对于上下文的相对路径，这意味着 ".." 会被解析为 Compose 文件的父目录，因此 backend.Dockerfile 是一个同级文件。第 3 个镜像使用自定义目录进行构建，用户主目录作为 Docker 上下文。在推送构建的镜像时，前两个镜像都被推送到默认注册中心。由于未设置 image 键的属性，custom 服务的镜像被跳过，Compose 将显示有关属性丢失的警告。

build 键具有丰富的下级键，这里列出部分常用的下级键。

- context：定义构建上下文路径，可以是包含 Dockerfile 的目录，或访问代码仓库的 URL。如果不定义 context 键，则上下文路径默认为项目目录。
- dockerfile：指定 Dockerfile，使用相对路径时路径相对于上下文路径。
- args：指定构建参数，也就是 Dockerfile 中的 ARG 指令值。
- tags：定义必须与所构建镜像关联的标记映射列表。此列表在服务定义的 image 键之外提供。

3. 定义服务之间的依赖

depends_on 键定义服务之间的启动和关闭依赖关系，也就是控制服务启动和关闭的顺序。该键的语法可以采用短格式，也可以采用长格式。

短格式语法的变量仅指定依赖项的服务名称，下面给出一个短格式语法的示例。

```
services:
  web:
    build: .
    depends_on:
      - db
      - redis
  redis:
    image: redis
  db:
    image: postgres
```

本例中定义的服务依赖关系会导致以下行为。

● Compose 按依赖关系顺序创建服务。例中 db 服务和 redis 服务先于 web 服务创建。

● Compose 按依赖关系顺序删除服务。例中 web 服务先于 db 服务和 redis 服务被删除。

● Compose 保证在启动需要依赖的服务之前已启动依赖（被依赖的服务），也就是说，Compose 在启动需要依赖的服务之前等待被依赖的服务已"就绪"。例中启动 web 服务之前会创建并启动 db 服务和 redis 服务。

长格式语法可以配置无法用短格式语法表示的其他选项，具体列举如下。

● restart：当其值设置为 true 时，Compose 会在更新需要依赖的服务后重启此服务。

● condition：设置满足依赖关系的条件，值 service_started 表示已启动的服务；值 service_healthy 表示所依赖的服务应为"健康"状态；值 service_completed_successfully 表示被依赖的服务完成成功运行。服务启动时，Compose 只会等到容器运行，并不会等到容器就绪。例如，如果一个关系数据库系统在能够处理传入连接之前，需要启动自己的服务，这就可能会导致问题。通过 condition 设置条件就可以解决检测服务就绪状态的问题。

● required：当其值设置为 false 时，Compose 仅在需要依赖的服务未启动或不可用时发出警告。如果未定义，则 required 的默认值为 true。

下面给出一个长格式语法的示例。

```
services:
  web:
    build: .
    depends_on:
      db:
        condition: service_healthy
        restart: true
      redis:
        condition: service_started
  redis:
    image: redis
  db:
    image: postgres
```

本例中定义的服务依赖关系会导致的行为基本与上述短格式语法示例中的相同，不同的主要是 Compose 等待 condition 标记为 service_healthy 的被依赖服务的健康检查结果。例中在创建 web 服务之前，db 服务应该是"健康的"。Compose 保证在启动需要依赖的服务之前，设置为 service_healthy 的被依赖服务是"健康的"。

除了 dependents_on，links、volumes_from 等键的设置也会影响服务启动和关闭的顺序。

4．定义服务的容器的网络

默认情况下，Compose 会为应用程序自动创建名为 "[项目名称]_default" 的默认网络。服务的所有容器都会加入默认网络，该网络上的其他容器都可以访问服务容器，并且可以通过与容器名称相同的主机来发现它们。服务的所有容器都可以使用 networks 键指定要连接的网络（此处的网络名称引用顶级键 networks 中所定义的名称）。下面给出一个简单示例。

```
services:
  some-service:
    networks:
     - some-network
     - other-network
```

networks 键有一个特别的 aliases 下级键，用来设置服务在该网络上的别名（备用的主机名称）。同一网络的其他容器可以使用服务名称或服务的别名来连接到该服务的一个容器。同一服务可以在不同的网络上有不同的别名。

在以下示例中，frontend 服务能够通过 back-tier 网络上的服务名称 backend 或别名 database 访问 backend 服务；monitoring 服务可以通过 admin 网络上的服务名称 backend 或别名 mysql 访问 backend 服务。

```
services:
  frontend:
    image: example/webapp
    networks:
     - front-tier
     - back-tier

  monitoring:
    image: example/monitoring
    networks:
     - admin

  backend:
    image: example/backend
    networks:
      back-tier:
        aliases:
         - database
      admin:
        aliases:
         - mysql

networks:
  front-tier:
  back-tier:
  admin:
```

还可以使用 ipv4_address 或 ipv6_address 键为加入网络的容器指定静态 IP 地址，这个地址必须在顶级键 networks 指定的子网中。

Docker容器技术 配置、部署与应用（第2版）（微课版）

5．定义服务的容器的存储

与顶级键 volumes 专门定义卷存储不同，此处的 volumes 作为 services 的下级键，用于定义要挂载的主机路径或命名卷。用户可以使用 volumes 键来定义多种类型的挂载，包括卷挂载（ volume ）、绑定挂载（ bind ）、tmpfs 或命名管道（ npipe ）。

如果挂载的是主机路径并且该路径仅由单个服务使用，则可以将其声明为服务定义的一部分。要在多个服务中重用卷，必须在顶级键 volumes 中声明命名卷，然后在服务定义中用 volumes 键引用卷。

以下示例展示了 backend 服务正在使用的命名卷 db-data（"- type: volume"部分定义）和一个为单个服务定义的绑定挂载（"- type: bind"部分定义）。

```
services:
  backend:
    image: example/backend
    volumes:
      - type: volume
        source: db-data
        target: /data
        volume:
          nocopy: true
      - type: bind
        source: /var/run/postgres/postgres.sock
        target: /var/run/postgres/postgres.sock

volumes:
  db-data:
```

volumes 键的定义有短格式和长格式两种语法。短格式语法使用带有冒号分隔的单个字符串来指定卷挂载（卷:容器路径）或访问模式（卷:容器路径:访问模式）。访问模式可以是用逗号分隔的选项列表，如 rw（读写）、ro（只读）、z 或 Z（SELinux 选项）。短格式语法与使用 docker run 命令运行容器时的-v 选项的语法类似。

长格式语法可以配置无法用短格式语法表示的其他字段，它与使用 docker run 命令运行容器时的--mount 选项的语法类似，上述示例中使用的就是这种格式。在长格式语法中，type 字段指定挂载类型，source 字段指定挂载源，target 字段指定挂载目标，read_only 字段指定只读模式，bind 字段配置绑定选项。

6．其他常用键

服务定义还有许多其他常用键，如表 5-1 所示。

表5-1　服务定义的其他常用键

键	说明
command	用于覆盖容器启动后默认执行的命令
entrypoint	用于覆盖容器的默认入口设置，将覆盖使用 Dockerfile 的 ENTRYPOINT 指令在服务镜像上设置的任何默认入口，并清除镜像上的任何默认命令。这意味着如果 Dockerfile 中有 CMD 指令也将被忽略
env_file	设置从外部文件中添加的环境变量
environment	用于添加环境变量
expose	用于公开没有发布到主机的端口，只允许被连接的服务访问。仅可以指定内部端口

键	说明
external_links	用于连接未在 Compose 文件中定义，甚至是非 Compose 管理的容器，尤其是那些提供共享或通用服务的容器
ports	指定要公开的端口
restart	定义容器重启策略

另外，Compose 中有很多键可以限制服务的容器对 CPU、内存等资源的使用，如 cpu_shares、mem_limit 等，这些键基本上与项目 4 中有关资源限制的 Docker 命令行选项和参数是对应的。

5.2.3 网络定义

服务的容器通过网络通信。Compose 除了使用默认的网络，还可以自定义网络，这样可以创建更复杂的拓扑，并设置自定义网络驱动和选项，以及将服务连接到不受 Compose 管理的外部网络中。顶级键 networks 用于自定义网络，被定义的网络供服务定义中的 networks 键引用。通过它，用户能够配置可在多个服务之间重用的命名网络。网络定义提供额外的语法来实现更高的细粒度控制。

1. 定义网络属性

driver 键用于定义该网络的网络驱动，默认驱动和可用的驱动取决于平台，但在大多数情况下，在单主机上使用 bridge 驱动，而在 Swarm 中使用 overlay 驱动。

Compose 支持 none 和 host 驱动，但是使用此类内置网络的语法与 bridge 驱动的语法是不同的，必须定义一个外部网络（其名称为 host 或 none），并定义 Compose 可以使用的别名（如 hostnet 和 nonet），然后使用其别名授予服务对该网络的访问权限。例如：

```
networks:
  hostnet:
    external: true
    name: host
```

driver_opts 键指定一个选项列表作为要传递给驱动程序的键值对。

enable_ipv6 属性用于启用 IPv6 网络。

2. 定义外部网络

external 键用于设置网络是否在应用程序生命周期之外创建和维持。如果其值设置为 true，则 Compose 不会尝试创建该网络，如果该网络不存在，则会引发错误。这样的外部网络只能定义 name 属性，定义其他属性是无效的。

在下面的示例中，proxy 是到外部网络的网关。Compose 不尝试创建网络，而是在平台上查询名为 outside 的现有网络，并将 proxy 服务的容器连接到该网络。

```
services:
  proxy:
    image: example/proxy
    networks:
      - outside
      - default
  app:
    image: example/app
```

```
    networks:
      - default

  networks:
    outside:
      external: true
```

默认情况下，Compose 提供到网络的外部连接。如果将 internal 键的值设置为 true，则可以创建一个与外部隔离的网络。

3. 定义网络的标签和名称

labels 键用于将元数据添加到容器中，可以使用数组或字典格式。建议用户使用反向 DNS 表示法，以防止标签与其他软件使用的标签发生冲突。下面给出简单的示例：

```
networks:
  mynet1:
    labels:
      com.example.description: "Financial transaction network"
      com.example.department: "Finance"
```

name 键为网络设置自定义名称，可用于引用包含特殊字符的网络。该名称不受项目名称的影响。

5.2.4 卷定义

卷是由容器引擎实现的持久数据存储。不同于上述服务定义中的 volumes 键，这里的顶级键 volumes 会单独创建命名卷，这些卷能在多个服务之间重用。

下面是一个设置两个服务的示例，其中一个数据库的数据目录作为一个卷（命名为 db-data）与其他服务共享，以便定期备份。

```
services:
  backend:
    image: example/database
    volumes:
      - db-data:/etc/data

  backup:
    image: backup-service
    volumes:
      - db-data:/var/lib/backup/data

volumes:
  db-data:
```

db-data 卷分别挂载在 backup 服务和 backend 服务的/var/lib/backup/data 和/etc/data 容器路径上。如果卷不存在，则执行 docker compose up 命令时将创建该卷。如果卷存在，则使用现有卷，但是在 Compose 之外手动删除现有卷，则会重新创建该卷。

顶级键 volumes 中定义的卷可以只需一个名称，不用进行其他具体配置，默认会使用容器引擎的默认配置来创建卷，当然，用户也可以使用下级键进行具体配置。

driver 键用于定义卷驱动，它的默认值和可用值取决于平台。如果驱动不可用，则 Compose 会返回错误并且不会部署应用刚需。

driver_opts 键通过一个键值对形式的列表为该卷的驱动提供配置选项。这些选项取决于卷驱动。

external 键用于设置是否在 Compose 外部创建卷。如果其值设置为 true，则 Compose 不会尝试创建该卷，如果该卷不存在，则会引发错误。这样的外部卷只能定义 name 属性，定义其他属性是无效的。

与网络定义一样，卷定义也支持使用 labels 和 name 键定义标签和名称。

任务实现

任务 5.2.1　编写定义单个服务的 Compose 文件

对于单个服务的部署，可以使用 docker 命令轻松实现，但是如果涉及的选项和参数比较多，则采用 Compose 文件定义更为方便。下面编写一个 compose.yaml 文件，并使用 Compose 部署 MySQL 8.0 服务器，该文件的内容如下。

```
services:
  mysql:
    image: mysql:8
    container_name: mysql8
    ports:
    - 3306:3306
    command:
      --default-authentication-plugin=mysql_native_password
      --character-set-server=utf8mb4
      --collation-server=utf8mb4_general_ci
      --explicit_defaults_for_timestamp=true
      --lower_case_table_names=1
    environment:
    - MYSQL_ROOT_PASSWORD=root
    volumes:
    - /etc/localtime:/etc/localtime:ro
    - volumes.mysql8-data:/var/lib/mysql
volumes:
  volumes.mysql8-data: null
```

在此 Compose 文件中，仅基于已有镜像定义了一个 MySQL 服务，其中通过 command 键定义了 MySQL 的一些设置，并将 MySQL 数据文件保存在卷中，使用主机的/etc/localtime 文件设置 MySQL 容器的时间。

编写好 Compose 文件之后，可以执行 docker compose config 命令解析该配置文件，并将其并以更规范的形式呈现出来，本例执行结果如下。

```
[root@host1 mysql8]# docker compose config
name: mysql8
services:
  mysql:
    command:
    - --default-authentication-plugin=mysql_native_password
    - --character-set-server=utf8mb4
    - --collation-server=utf8mb4_general_ci
    - --explicit_defaults_for_timestamp=true
```

```
        - --lower_case_table_names=1
    container_name: mysql8
    environment:
      MYSQL_ROOT_PASSWORD: root
    image: mysql:8
    networks:
      default: null
    ports:
    - mode: ingress
      target: 3306
      published: "3306"
      protocol: tcp
    volumes:
    - type: bind
      source: /etc/localtime
      target: /etc/localtime
      read_only: true
      bind:
        create_host_path: true
    - type: volume
      source: volumes.mysql8-data
      target: /var/lib/mysql
      volume: {}
networks:
  default:
    name: mysql8_default
volumes:
  volumes.mysql8-data:
    name: mysql8_volumes.mysql8-data
```

执行以下命令启动该服务。

```
[root@host1 mysql8]# docker compose up -d
[+] Running 13/13
 ✔ mysql 12 layers [■■■■■■■■■■■■]      0B/0B      Pulled      26.2s
...
[+] Running 3/3
 ✔ Network mysql8_default                Create...      0.0s    #创建网络
 ✔ Volume "mysql8_volumes.mysql8-data"   Created        0.0s    #创建卷
 ✔ Container mysql8                       Started        1.1s    #启动容器
```

可以执行 docker compose ps 命令查看正在运行的服务，验证该服务正常运行。

实验完毕，执行以下操作停止并清理服务。

```
[root@host1 mysql8]# docker compose down --volumes
[+] Running 3/3
 ✔ Container mysql8                       Removed        1.1s
 ✔ Volume mysql8_volumes.mysql8-data     Removed        0.0s
 ✔ Network mysql8_default                 Removed        0.1s
```

任务 5.2.2　编写定义多个服务的 Compose 文件

Compose 主要用于编排与管理多个服务，在编排与管理服务时要重点考虑各服务的依赖关系和相互通信。这里给出一个部署 Django 框架（开放源代码的 Web 应用框架，由 Python 编写而成）

的示例,示范如何使用 Compose 定义并运行一个简单的 Django/PostgreSQL 应用程序。

1. 定义项目组件

在这个项目中,需要创建一个 Dockerfile、一个 Python 依赖文件和一个名为 compose.yaml 的 Compose 文件。

(1)创建一个空的 Compose 项目目录。

这个目录是应用程序镜像的上下文,应当包括构建该镜像的资源。执行以下命令创建一个名为 django-pg 的项目目录,并将当前工作目录切换到该项目目录。

```
[root@host1 ch05]# mkdir django-pg  && cd django-pg
```

(2)在该项目目录下创建并编辑 Dockerfile,输入以下内容并保存。

```
# syntax=docker/dockerfile:1
# 从 Python 3.10 父镜像开始构建
FROM python:3.10
ENV PYTHONDONTWRITEBYTECODE=1
ENV PYTHONUNBUFFERED=1
# 在镜像中指定工作目录
WORKDIR /code
COPY requirements.txt /code/
# 在镜像中安装由 requirements.txt 文件指定的 Python 依赖
RUN pip install -r requirements.txt
COPY . /code/
```

Dockerfile 通过若干配置镜像的构建指令定义一个镜像的内容,一旦完成该镜像的构建,就可以在容器中运行该镜像。该 Dockerfile 通过添加新的 code 目录来修改父镜像,通过安装 requirements.txt 文件中定义的 Python 依赖,可以进一步修改父镜像。

(3)在该项目目录下创建并编辑 requirements.txt 文件,输入以下内容并保存。

```
Django>=3.0,<4.0
psycopg2>=2.8
```

Python 项目中包含一个 requirements.txt 文件,该文件用于记录所有依赖包及其精确的版本号,以便进行部署。

(4)在该项目目录下创建并编辑 compose.yaml 文件,输入以下内容并保存。

```
services:
  db:
    image: postgres
    volumes:
      - ./data/db:/var/lib/postgresql/data
    environment:
      - POSTGRES_DB=postgres
      - POSTGRES_USER=postgres
      - POSTGRES_PASSWORD=postgres
  web:
    build: .
    command: python manage.py runserver 0.0.0.0:8000
    volumes:
      - .:/code
    ports:
```

```
      - "8000:8000"
    environment:
      - POSTGRES_NAME=postgres
      - POSTGRES_USER=postgres
      - POSTGRES_PASSWORD=postgres
    depends_on:
      - db
```

该文件描述了组成应用程序的服务，其中定义了两个服务：一个是名为 db 的 PostgreSQL 数据库，另一个是名为 web 的 Django 应用程序。该文件还定义了服务所用的镜像、服务的连接方式，以及需要挂载到容器中的卷，还设置了这些服务要对外公开的端口。

2. 创建 Django 项目

通过上一步定义的构建上下文、构建镜像来创建一个 Django 初始项目。

（1）将当前目录切换到项目目录的根目录。

（2）通过执行 docker compose run 命令创建 Django 项目，如下所示。

```
[root@host1 django-pg]# docker compose run web django-admin startproject myexample .
[+] Running 14/14
 ✔ db 13 layers [▨▨▨▨▨▨▨▨▨▨▨▨▨]      0B/0B       Pulled     27.0s
...
[+] Creating 2/2
 ✔ Network django-pg_default            Created     0.1s
 ✔ Container django-pg-db-1             Created     5.7s
[+] Running 1/1
 ✔ Container django-pg-db-1             Started     1.0s
[+] Building 288.0s (12/12) FINISHEDdocker:default
...
=> => naming to docker.io/library/django-pg-web
```

这个命令让 Compose 使用 web 服务指定的镜像和配置在容器中执行 django-admin startproject 命令。因为 web 服务指定的镜像不存在，所以 Compose 按照 compose.yaml 文件中的 "build: ." 行的定义，从当前目录构建该镜像。一旦 web 服务指定的镜像构建完毕，Compose 就会在容器中执行 django-admin startproject 命令，该命令引导 Django 创建一组特定的文件和目录来实现一个 Django 项目。

（3）执行完 docker compose 命令之后，可以查看所创建的项目目录的内容，如下所示。

```
[root@host1 django-pg]# ls -l
总用量 16
-rw-r--r-- 1 root root 478  2月  1 20:26 compose.yaml
drwxr-xr-x 3 root root  16  2月  1 20:32 data
-rw-r--r-- 1 root root 334  2月  1 20:25 Dockerfile
-rwxr-xr-x 1 root root 665  2月  1 20:37 manage.py
drwxr-xr-x 2 root root  89  2月  1 20:37 myexample
-rw-r--r-- 1 root root  31  2月  1 20:26 requirements.txt
```

本例是在 Linux 系统中运行 Docker，由 django-admin 所创建的文件的所有者为 root，这是因为容器以 root 身份运行。可以执行以下命令修改这些文件的所有者。

```
chown -R $USER:$USER .
```

3. 为 Django 设置数据库连接

（1）编辑项目目录中的 myexample/settings.py 文件，在文件的开始部分增加以下语句：

```
import os
```

然后将其中的"DATABASES"定义修改如下。

```
DATABASES = {
    'default': {
        'ENGINE': 'django.db.backends.postgresql',
        'NAME': os.environ.get('POSTGRES_NAME'),
        'USER': os.environ.get('POSTGRES_USER'),
        'PASSWORD': os.environ.get('POSTGRES_PASSWORD'),
        'HOST': 'db',
        'PORT': 5432,
    }
}
```

这些设置由 compose.yaml 文件所指定的 PostgreSQL 镜像所决定。保存并关闭该文件。

（2）在项目目录的根目录下执行 docker compose up 命令，如下所示。

```
[root@host1 django-pg]# docker compose up
[+] Running 2/0
 ✔ Container django-pg-db-1    Created    0.0s
 ✔ Container django-pg-web-1   Created    0.0s
Attaching to django-pg-db-1, django-pg-web-1
…
django-pg-web-1  | Django version 3.2.23, using settings 'myexample.settings'
django-pg-web-1  | Starting development server at http://0.0.0.0:8000/
django-pg-web-1  | Quit the server with CONTROL-C.
```

至此，Django/PostgreSQL 应用程序开始在 Docker 主机的 8000 端口上运行。打开浏览器访问 http://localhost: 8000 网址，出现图 5-5 所示的 Django 欢迎界面，说明 Django/PostgreSQL 应用程序已经部署成功。

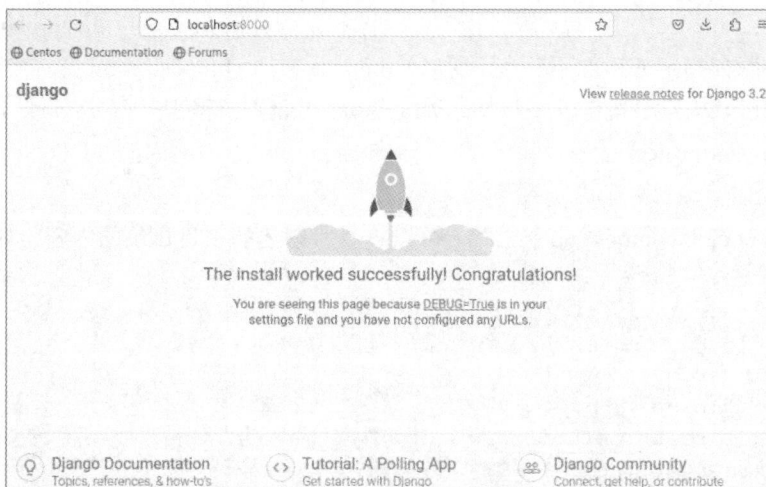

图5-5　Django欢迎界面

（3）停止并清理上述服务。

由于示例中以前台模式启动应用程序，因此可以在当前终端窗口按 Ctrl+C 组合键结束应用程序的运行。要更优雅地结束应用程序，应打开另一个终端，切换到项目目录下，执行 docker compose down 命令。要彻底清理应用程序，可以删除整个项目目录。

任务 5.3 使用 Compose 部署和管理应用程序

任务说明

除了部署应用程序，Compose 还可以管理应用程序，如启动、停止和删除应用程序，以及获取应用程序的状态等，这需要用到 Compose 命令行。本任务的具体要求如下。

- 了解 Compose 的常用命令。
- 了解 Compose 的环境变量。
- 熟悉 Compose 构建、部署和管理应用程序的全过程。
- 了解多个 Compose 文件的组合使用。

知识引入

5.3.1 Compose 命令行语法格式

Compose 提供多种命令用于管理应用程序的整个生命周期的操作，包括启动、停止和重新构建服务，查看正在运行的服务的状态，流式传输正在运行的服务的日志输出，对服务运行一次性命令等。

Compose 命令行的语法格式如下。

```
docker compose [-f <arg>...] [选项] [命令] [参数...]
```

大部分命令操作的对象可以是项目中指定的服务或容器，具体由参数指定。如果没有特别说明，命令的默认对象是整个项目，即应用于项目所有的服务。

Compose 命令行支持多个选项。-f(--file)是一个特殊的选项，它用于指定一个或多个 Compose 文件的名称和路径。如果不定义该选项，则默认将使用项目目录中的 compose.yaml 文件。当使用多个-f 选项提供多个 Compose 文件时，Compose 将它们按提供的顺序组合到一个单一的配置中，后面的 Compose 文件中的定义将覆盖和添加到前面的 Compose 文件中，例如：

```
docker compose -f compose.yaml -f compose.admin.yaml run backup_db
```

默认情况下，Compose 文件位于当前目录下。对不位于当前目录下的 Compose 文件而言，可以使用-f 选项明确指定其路径。例如，假设要运行 Compose Rails 实例，在 sandbox/rails 目录中有一个 compose.yaml 文件，可使用以下命令行为 db 服务获取 PostgreSQL 镜像。

```
docker compose -f ~/sandbox/rails/ compose.yaml pull db
```

其他常用的选项列举如下。

--compatibility：以向后兼容模式运行 docker compose 命令。

--env-file：指定备用的环境变量文件。

-p（--project-name）：指定项目名称，默认使用当前目录名称作为项目名称。

--project-directory：指定项目路径，默认使用 Compose 文件所在路径作为项目路径。

--profile：指定一个或多个活动配置文件。例如，指定 docker compose --profile frontend up 命令将启动具有 frontend 配置文件的服务和那些不具有配置文件的服务。

5.3.2　Compose 的常用命令

docker compose 命令的使用方法与 docker 命令的使用方法非常相似，但是，需要注意的是，大部分的 docker compose 命令都需要在项目目录下才能正常执行。docker compose 命令的子命令比较多，接下来介绍常用命令。可以执行以下命令查看某个具体命令的使用说明。

```
docker compose [子命令] --help
```

1. docker compose build

docker compose build 命令用来构建或重新构建服务，该命令的基本语法如下。

```
docker compose build [选项] [服务...]
```

"服务"参数指定的是服务名称，默认为项目名称后跟服务名称（格式为"项目名称-服务名称"）。例如，项目名称为 composetest，服务名称为 web，则构建的服务名称为 composetest-web。

如果 Compose 文件指定了一个镜像名称，则该镜像将以该名称作为标记，替换之前的任何变量。如果改变了服务的 Dockerfile 或其构建目录的内容，则需要执行 docker compose build 命令重新构建该服务。可以随时在项目目录下运行该命令重新构建服务。

该命令支持的常用选项如下。

--compress：使用 gzip 压缩构建上下文。

--no-cache：指定在构建镜像的过程中不使用缓存，这会延长构建过程。

--pull：总是尝试拉取最新版本的镜像。

--push：推送服务镜像。

--build-arg：以键值对的格式为服务设置构建镜像时的变量。

2. docker compose up

docker compose up 命令最常用且功能强大，该命令用于构建镜像，创建、启动和连接指定的容器。使用该命令，所有连接的服务都会启动，除非它们已经运行。该命令的基本语法如下。

```
docker compose up [选项] [服务...]
```

该命令的主要选项如表 5-2 所示。

表5-2　docker compose up命令的主要选项

选项	说明
-d（--detach）	与使用 docker run 命令创建容器一样，该选项表示分离模式，即在后台运行容器，并且输出新容器的名称。它与--abort-on-container-exit 选项不兼容
--quiet-pull	拉取镜像时不会输出进程信息
--no-deps	不启动所连接的服务
--force-recreate	强制重新创建容器，即使其配置和镜像没有改变
--no-recreate	如果容器已经存在，则不重新创建，它与--force-recreate 选项不兼容
--always-recreate-deps	总是重新创建所依赖的容器，它与--no-recreate 选项不兼容
--no-build	不构建任何镜像
--no-start	在创建服务后不启动它们
--build	在启动容器之前构建镜像
--abort-on-container-exit	只要有容器停止就停止所有的容器。它与-d 选项不兼容
-t（--timeout）	设置停止连接的容器或已经运行的容器所等待的超时时间，单位是秒。默认值为 10，也就是说，对已启动的容器发出停止命令，需要等待 10s 后才能执行该命令

选项	说明
--remove-orphans	删除 Compose 文件中未定义的容器
--exit-code-from	为指定服务的容器返回退出码。它与--abort-on-container-exit 选项不兼容

docker compose up 命令会聚合服务中每个容器的输出，实质上是执行 docker compose logs -f 命令。该命令默认将所有输出重定向到控制台，相当于 docker run 命令的前台模式，这对排查问题很有用。该命令退出后，所有的容器都会停止。当然，如果加上-d 选项，执行 docker compose up 命令时会采用分离模式在后台启动容器并让它们保持运行。

如果服务的容器已经存在，服务的配置或镜像在创建后被改变，则 docker compose up 命令会停止并重新创建容器（保留挂载的卷）。要阻止 Compose 的这种行为，可使用--no-recreate 选项。如果要强制 Compose 停止并重新创建所有的容器，可使用--force-recreate 选项。

如果遇到错误，该命令的退出码是 1。如果使用 SIGINT（按 Ctrl+C 组合键）或 SIGTERM 信号中断进程，则容器会被停止，该命令的退出码是 0。如果在停止阶段发送 SIGINT 或 SIGTERM 信号，正在运行的容器会被强制停止，该命令的退出码是 2。

3. docker compose down

docker compose down 命令用于停止容器并删除由 docker compose up 命令启动的容器、网络、卷和镜像。默认情况下，只有以下对象会被同时删除。

- Compose 文件中定义的服务的容器。
- Compose 文件中 networks 键所定义的网络。
- 所使用的默认网络。

外部定义的网络和卷不会被删除。使用--volumes 选项可以删除容器使用的卷。

使用--remove-orphans 选项可删除未在 Compose 文件中定义的容器。

4. 其他常用的 docker compose 命令

docker compose 命令还有很多，其他常用的 docker compose 命令如表 5-3 所示。

表5-3　其他常用的docker compose命令

命令	说明
docker compose start	启动运行指定服务的已存在的容器
docker compose stop	停止运行指定服务的所有容器。容器停止运行之后，可以使用 docker compose start 命令再次启动这些容器
docker compose pause	暂停指定服务的容器
docker compose unpause	恢复指定服务的已处于暂停状态的容器
docker compose kill	通过发送 SIGKILL 信号强制终止正在运行的容器。也可以发送其他信号，例如 docker compose kill -s SIGINT
docker compose run	为服务执行"一次性"的命令
docker compose ps	查看服务中当前运行的容器
docker compose exec	与 docker exec 命令类似，在运行服务的容器中执行指定的命令。该命令默认分配一个伪终端，可以使用像 docker compose exec web sh 这样的命令获得交互提示信息
docker compose rm	删除所有处于停止状态的容器。建议先执行 docker compose stop 命令停止服务的所有容器。可以使用-f(--force)选项强制删除服务的容器，包括未停止运行的容器。-v(--volumes)选项用于删除容器所挂载的匿名卷

其中，docker compose run 命令的常用语法格式如下。

```
docker compose run [选项] [-v 卷...] [-p 端口...] [-e 键=值...] [-l
键=值...] 服务 [命令] [参数...]
```

例如，要查看哪些环境变量可用于 web 服务，可执行以下命令行操作。

```
docker compose run web env
```

5. docker compose 的 3 个子命令 up、run 和 start

通常使用 docker compose up 命令启动或重启在 Compose 文件中定义的所有服务。在默认的前台模式下，将看到所有容器中的所有日志。在分离模式（由-d 选项指定）中，Compose 在启动容器后退出，但容器继续在后台运行。

docker compose run 命令用于为服务执行"一次性"的命令。它需要指定运行的服务名称，并且仅启动正在运行的服务所依赖的容器。该命令适合运行测试或执行管理任务，例如需要临时进入容器执行数据库迁移、数据备份、清理工作等。run 命令的作用与 docker run –ti 相似，打开容器的交互式终端，并返回与容器中进程的退出状态匹配的退出状态。

docker compose start 命令仅用于启动之前已创建但已停止的容器，并不创建新的容器。

5.3.3　Compose 的环境变量

Compose 可以在不同位置以多种方式在服务的容器中设置环境变量，以满足不同的需求。用户在设置环境变量时既可以使用 Compose 文件，又可以使用命令行。对于不同位置、以不同方式定义的同一环境变量，按照以下优先级规则（优先级从高到低）来确定该环境变量的值。

（1）在命令行中执行 docker compose run 命令使用-e 选项设置。

（2）通过 Shell 环境变量替换。

（3）仅使用 Compose 文件中的 environment 键进行设置。

（4）在命令行中使用--env-file 选项指定环境变量文件。

（5）使用 Compose 文件中的 env_file 键进行设置。

（6）使用项目目录中的.env 文件进行设置。

（7）定义镜像时在 Dockerfile 中使用 ENV 指令设置。只有在 Compose 文件中没有定义 environment 或 env_file 键，或者执行 docker compose run 命令未使用-e 选项的情况下，在 Dockerfile 中设置的 ARG 或 ENV 指令才会起作用。

另外，如果找不到相关的环境变量就认为该环境变量没有被定义。

下面看一个示例，环境变量文件和 Compose 文件设置同一个环境变量。环境变量文件./Docker/api/api.env 中的定义如下。

```
NODE_ENV=test
```

Compose 文件中的定义如下。

```
services:
  api:
    image: 'node:6-alpine'
    env_file:
     - ./Docker/api/api.env
    environment:
```

```
      - NODE_ENV=production
```
运行容器时，会优先使用 Compose 文件中的环境变量，如下所示。
```
docker compose exec api node
> process.env.NODE_ENV
'production'
```

5.3.4　组合使用多个 Compose 文件

使用多个 Compose 文件可以为不同的环境或工作流自定义 Compose 应用程序。实际应用中往往不会只定义一个 Compose 文件，而是先定义一个基础的 Compose 文件，再根据不同的环境（如开发环境、生产环境）进行不同的配置，最后针对不同的环境启动不同配置的服务。Compose 在处理多个 Compose 文件时提供了 3 种方法来管理这种复杂性，用户可以根据项目的需要进行选择。

1. 扩展 Compose 文件

Compose 文件的 extends 键可用于让不同的文件，甚至完全不同的项目共享通用配置。如果有几个服务重用一组通用的配置选项，那么扩展服务将非常有用。使用 extends 键，用户可以在一个地方定义一组通用的服务选项，并从任何地方引用它。用户还可以引用另一个 Compose 文件，选择希望在自己的应用程序中也使用的服务，并能够根据自己的需要覆盖某些选项和属性。

在使用多个 Compose 文件时，必须确保文件中的所有路径都相对于基本 Compose 文件定义。这是必需的，因为扩展文件不必是有效的 Compose 文件。扩展文件可以包含配置的小片段，而跟踪服务的片段相当困难，因此必须相对于基本 Compose 文件定义所有路径。

下面通过示例说明扩展的用法。在 compose.yaml 文件中定义一个服务，可以声明扩展另一个服务。
```
services:
  web:
    extends:
      file: common-services.yaml
      service: webapp
```
以上定义表示 Compose 重用 common-services.yaml 文件中所定义的 webapp 服务的配置。假设 common-services.yaml 文件的内容如下所示：
```
services:
  webapp:
    build: .
    ports:
      - "8000:8000"
    volumes:
      - "/data"
```
这样与直接在 compose.yaml 文件中 web 服务下定义相同 build、ports 和 volumes 键得到的结果完全相同。

可以更进一步在 compose.yaml 中定义或重新定义配置，例如：
```
services:
  web:
    extends:
      file: common-services.yaml
      service: webapp
```

```
    environment:
      - DEBUG=1
    cpu_shares: 5

  important_web:
    extends: web
    cpu_shares: 10
```

还可以定义其他服务，并将 web 服务连接到这些服务，例如：

```
services:
  web:
    extends:
      file: common-services.yaml
      service: webapp
    environment:
      - DEBUG=1
    cpu_shares: 5
    depends_on:
      - db
  db:
    image: postgres
```

2. 合并 Compose 文件

可以将一组 Compose 文件合并在一起以创建一个复合 Compose 文件。默认情况下，Compose 读取两个文件：一个 compose.yaml 和一个可选的 compose.override.yaml 文件（用作覆盖文件）。按照惯例，前者包含基本配置，后者顾名思义包括可以覆盖已有服务或全新服务的配置。如果在两个文件中都定义了服务，Compose 将按照合并规则和 Compose 规范中的规则合并配置。要使用多个或具有不同名称的覆盖文件，可以使用-f 选项指定文件列表。Compose 按照命令行中指定的顺序合并文件。

Compose 将配置从源服务复制到本地服务。如果在源服务和本地服务中都定义了配置选项，则本地值将替换或扩展源值。具体来讲，遵循以下合并规则。

- 对于像 image、command 或 mem_limit 这样的单值键，新值将替换旧值。
- 对于多值键 ports、expose、external_links、dns、dns_search 和 tmpfs，Compose 将两组值连接起来进行合并。
- 对于 environment、labels、volumes 和 devices 键，Compose 优先使用本地定义的值"合并"条目。对于 environment、labels 键，由环境变量和标签名决定使用哪个值。volumes 和 devices 键通过容器中的挂载路径进行合并。

3. 嵌入 Compose 文件

使用顶级键 include，可以在本地 Compose 文件中直接嵌入其他 Compose 文件，这是 Compose 2.20 开始提供的新功能，其作用是解决目前 Compose 文件扩展和合并的相对路径问题。这种方法适合将复杂的应用程序模块化为子 Compose 文件，让应用程序配置变得更简单明了。

顶级键 include 中列出的每个路径都作为一个单独的 Compose 应用程序模型加载，并具有自己的项目目录，以便解析相对路径。在加载嵌入的 Compose 应用程序后，所有资源都会复制到当前 Compose 应用模型中。可以递归应用 include，逐级嵌入若干个 Compose 文件。

微课 0503

从源代码开始
构建、部署和
管理应用程序

任务实现

任务 5.3.1　从源代码开始构建、部署和管理应用程序

下面示范如何使用 Compose 从源代码开始构建、部署和管理应用程序，其实现机制如图 5-6 所示。该应用程序使用 Python 编写并采用了 Flask 框架，还通过 redis 服务维护一个计数器。Python 开发环境和 redis 可以由镜像提供，不必安装。本例程序很简单，并不要求读者熟悉 Python 编程。

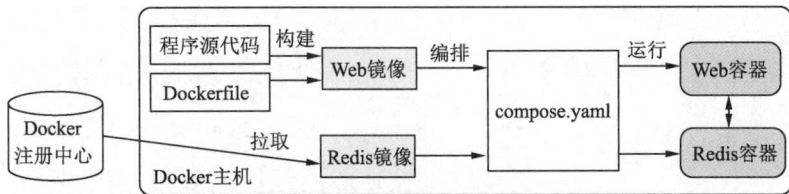

图5-6　构建、部署和管理应用程序的实现机制

1. 创建项目目录并准备应用程序的代码及其依赖

（1）执行以下命令创建项目目录，并将当前目录切换到该目录。

```
[root@host1 ch05]# mkdir python-web && cd python-web
```

（2）在该项目目录中创建 app.py 文件并添加以下代码。

```python
import time

import redis
from flask import Flask

app = Flask(__name__)
cache = redis.Redis(host='redis', port=6379)

def get_hit_count():
    retries = 5
    while True:
        try:
            return cache.incr('hits')
        except redis.exceptions.ConnectionError as exc:
            if retries == 0:
                raise exc
            retries -= 1
            time.sleep(0.5)

@app.route('/')
def hello():
    count = get_hit_count()
    return '你好！已访问 {} 次。\n'.format(count)
```

在这个示例中，redis 是应用程序网络上的 Redis 容器的主机名，这里使用 redis 服务的默认端口 6379。

（3）在项目目录中创建另一个文本文件 requirements.txt，向该文件添加以下内容。

```
flask
redis
```

2. 创建 Dockerfile

编写用于构建镜像的 Dockerfile，该镜像包含 Python 应用程序的所有依赖（包括 Python 自身在内）。在项目目录中创建一个名为 Dockerfile 的文件并添加以下内容（其中添加了中文注释）。

```
# syntax=docker/dockerfile:1
# 基于 python:3.7-alpine 镜像构建此镜像
FROM python:3.7-alpine
# 将工作目录设置为/code
WORKDIR /code
# 设置 flask 命令使用的环境变量
ENV FLASK_APP=app.py
ENV FLASK_RUN_HOST=0.0.0.0
# 安装 GCC 和其他依赖
RUN apk add --no-cache gcc musl-dev linux-headers
# 复制 requirements.txt 文件，然后据此安装 Python 依赖
COPY requirements.txt requirements.txt
RUN pip install -r requirements.txt
# 向镜像中添加元数据以描述容器正在监听端口 5000
EXPOSE 5000
# 将项目中的当前目录复制到镜像中的工作目录
COPY . .
# 将容器启动的默认命令设置为 flask run
CMD ["flask", "run"]
```

3. 创建 Compose 文件以定义服务

在项目目录中创建一个名为 compose.yaml 的文件，向该文件添加以下内容。

```
services:
  web:
    build: .
    ports:
      - "8000:5000"
  redis:
    image: "redis:alpine"
```

这个 Compose 文件定义了 web 和 redis 这两个服务。web 服务使用从当前目录的 Dockerfile 构建的镜像，将容器上的 5000 端口（Flask Web 服务器的默认端口）映射到主机上的 8000 端口。redis 服务直接从 Docker Hub 拉取公共 Redis 镜像。

4. 通过 Compose 构建并运行应用程序

（1）在项目目录中执行 docker compose up 命令启动应用程序，如下所示。

```
[root@host1 python-web]# docker compose up
[+] Running 7/7
 ✔ redis 6 layers [▦▦▦▦▦▦▦]        0B/0B      Pulled          17.7s
...
[+] Building 832.4s (13/13)  FINISHED                  docker:default
 => [web internal]      load build definition from Dockerfile   0.0s
...
```

```
[+] Running 3/3
 ✔ Network python-web_default          Created    0.0s
 ✔ Container python-web-web-1          Created    0.0s
 ✔ Container python-web-redis-1        Created    0.0s
Attaching to python-web-redis-1, python-web-web-1
...
python-web-web-1   | * Running on all addresses (0.0.0.0)
python-web-web-1   | * Running on http://127.0.0.1:5000
python-web-web-1   | * Running on http://172.19.0.3:5000
python-web-web-1   | Press CTRL+C to quit
```

Compose 会下载 Redis 镜像，基于 Dockerfile 从准备的程序代码中构建镜像，并启动定义的服务。这个示例中，代码在构建时直接被复制到镜像中。

（2）切换到另一个终端窗口，使用 curl 工具访问 http://127.0.0.1:8000 查看返回的消息，如下所示。也可以通过浏览器访问该网址来进行测试。

```
[root@host1 python-web]# curl http://127.0.0.1:8000
你好！已访问 1 次。
```

（3）再次执行上述命令（或者在浏览器中刷新该页面），会发现访问次数增加。

```
[root@host1 python-web]# curl http://127.0.0.1:8000
你好！已访问 2 次。
```

（4）执行 docker image ls 命令列出本地镜像，下面列出几个相关的镜像。

```
REPOSITORY        TAG      IMAGE ID       CREATED          SIZE
python-web-web    latest   036f24ed1c35   6 minutes ago    185MB
redis             alpine   3900abf41552   2 years ago      32.4MB
```

其中所构建的 Web 镜像名称为服务名称，默认为项目名称后跟服务名称，本例中为 python-web-web。

可以通过 docker inspect 命令来进一步查看相关镜像的详细信息。

（5）将工作目录切换到上述项目目录，执行 docker compose down 命令停止应用程序。也可以切换回启动该应用的原终端窗口，按 Ctrl+C 组合键停止应用程序。

5. 编辑 Compose 文件以添加绑定挂载

编辑项目目录中的 compose.yaml 文件，为其中的 web 服务添加绑定挂载，如下所示。

```
services:
  web:
    build: .
    ports:
      - "8000:5000"
    volumes:
      - .:/code
    environment:
      FLASK_DEBUG: "true"
  redis:
    image: "redis:alpine"
```

新增的 volumes 键将主机上的项目目录（当前目录）挂载到容器中的/code 目录中，让用户在运行应用程序时可以直接修改代码，而无须重新构建镜像。environment 键设置 FLASK_DEBUG 环境变量，该变量要求 flask run 在开发模式下运行，并在更改时重新加载代码。开发模式只能在开发中使用。

6. 使用 Compose 重新构建并运行应用程序

在项目目录中再次执行 docker compose up 命令，基于更新后的 Compose 文件构建并运行应用程序，如下所示。

```
root@host1 python-web]# docker compose up
[+] Running 2/0
 ✔ Container python-web-redis-1        Created      0.0s
 ✔ Container python-web-web-1          Recreated    0.0s
Attaching to python-web-redis-1, python-web-web-1
...
python-web-web-1   | Press CTRL+C to quit
python-web-web-1   | * Restarting with stat
python-web-web-1   | * Debugger is active!
python-web-web-1   | * Debugger PIN: 117-868-376
```

切换到另一个终端窗口，使用 curl 工具访问 http://127.0.0.1:8000 查看返回的消息，发现访问次数还会增加，如下所示。

```
[root@host1 python-web]# curl  http://127.0.0.1:8000
你好! 已访问 3 次。
```

7. 升级应用程序

因为应用程序代码现在使用卷挂载到容器中，所以可以更改代码并立即查看效果，而无须重新构建镜像。

（1）更改 app.py 文件中的问候语并保存。例如，将其中的"你好!"消息改为"欢迎测试 Compose 功能!"，如下所示。

```
return '欢迎测试 Compose 功能! 已访问 {} 次。\n'.format(count)
```

（2）再次使用 curl 工具访问该应用程序（或者在浏览器中刷新页面），会发现问候语会更改，访问次数也会增加，如下所示。

```
[root@host1 python-web]# curl  http://127.0.0.1:8000
欢迎测试 Compose 功能! 已访问 4 次。
```

（3）切换到执行 docker compose up 命令的终端窗口，按 Ctrl+C 组合键停止应用程序。

8. 试用其他 docker compose 命令

（1）在后台运行服务，执行 docker compose up 命令时加上-d 选项，如下所示。

```
[root@host1 python-web]# docker compose up -d
[+] Running 2/2
 ✔ Container python-web-web-1          Started      0.0s
 ✔ Container python-web-redis-1        Started      0.0s
```

（2）执行 docker compose ps 命令查看当前正在运行的服务，如下所示。

```
[root@host1 python-web]# docker compose ps
 NAME                  IMAGE          COMMAND                                SERVICE
CREATED            STATUS          PORTS
  python-web-redis-1  redis:alpine     "docker-entrypoint.sh redis-server"  redis
38 minutes ago   Up About a minute   6379/tcp
  python-web-web-1    python-web-web  "flask run"                            web
11 minutes ago   Up About a minute   0.0.0.0:8000->5000/tcp, :::8000->5000/tcp
```

（3）执行 docker compose run web env 命令查看 web 服务的环境变量，如下所示。

```
[root@host1 python-web]# docker compose run web env
PATH=/usr/local/bin:/usr/local/sbin:/usr/local/bin:/usr/sbin:/usr/bin:/sbin:/bin
HOSTNAME=91b47f706237
TERM=xterm
FLASK_DEBUG=true
LANG=C.UTF-8
GPG_KEY=0D96DF4D4110E5C43FBFB17F2D347EA6AA65421D
PYTHON_VERSION=3.7.12
...
FLASK_APP=app.py
FLASK_RUN_HOST=0.0.0.0
HOME=/root
```

（4）执行以下命令停止应用程序，完全删除容器以及卷。

```
[root@host1 python-web]# docker compose down --volumes
[+] Running 3/3
 ✔ Container python-web-redis-1      Removed      0.1s
 ✔ Container python-web-web-1        Removed      0.2s
 ✔ Network python-web_default        Removed      0.1s
```

至此，完成了构建、部署和管理一个应用程序的全过程示范。

任务 5.3.2 更改 Compose 应用程序以适应不同环境

微课 0504

更改 Compose
应用程序以适应
不同环境

多个 Compose 文件的常见用例是针对生产类环境（可能是生产、预发布或持续集成环境）更改开发环境的 Compose 应用程序。为了区分不同环境的差别，可以将 Compose 文件分成几个不同的文件。下面通过示例进行示范（本例仅为演示 Compose 文件合并功能，实际意义不大）。

（1）创建 Compose 项目目录并将当前目录切换到该目录。

```
[root@host1 ch05]# mkdir multi-test && cd multi-test
```

（2）在项目目录中准备用于镜像构建的 Dockerfile 及其相关文件。Dockerfile 的代码如下。

```
FROM nginx:1.20
COPY ./index.html /usr/share/nginx/html
```

定制的首页文件 index.html 的代码如下。

```
<h1>欢迎访问 Web 站点！</h1>
```

（3）在项目目录中创建一个定义服务的规范配置的基本文件 compose.yaml，其代码如下。

```
services:
  web:
    image: myweb_app:latest
    depends_on:
      - db
      - cache

  db:
    image: postgres:latest
    ports:
```

```
        - 5432:5432

      cache:
        image: redis:latest
        ports:
          - 6379:6379
```

（4）创建一个覆盖文件 compose.override.yaml，针对开发环境对该文件进行配置，向主机公开 Web 端口，绑定挂载，定义环境变量，并构建 Web 镜像，具体代码如下。

```
services:
  web:
    build: .
    volumes:
      - '.:/code'
    ports:
      - 8883:80
    environment:
      DEBUG: 'true'

  db:
    volumes:
      - ./data/db:/var/lib/postgresql/data
    environment:
      - POSTGRES_DB=postgres
      - POSTGRES_USER=postgres
      - POSTGRES_PASSWORD=postgres
```

（5）执行 docker compose up -d 命令运行应用程序，该命令会自动读取覆盖文件，完成 3 个服务的启动之后，再执行以下命令列出服务进行验证。

```
[root@host1 multi-test]# docker compose ps
  NAME                    IMAGE           COMMAND                              SERVICE
CREATED         STATUS              PORTS
  multi-test-cache-1   redis:latest    "docker-entrypoint.sh redis-server"    cache
2 minutes ago   Up About a minute   0.0.0.0:6379->6379/tcp, :::6379->6379/tcp
  multi-test-db-1      postgres:latest "docker-entrypoint.sh postgres"    db
2 minutes ago   Up About a minute   0.0.0.0:5432->5432/tcp, :::5432->5432/tcp
  multi-test-web-1     myweb_app:latest  "nginx -g 'daemon off;'"           web
2 minutes ago   Up About a minute   443/tcp, 0.0.0.0:8883->80/tcp, :::8883->80/tcp
```

访问其中的 web 服务进行进一步验证：

```
[root@host1 multi-test]# curl 127.0.0.1:8883
<h1>欢迎访问 Web 站点！</h1>
```

（6）在生产环境中使用专门的 Compose 文件定义应用程序会更好。针对生产环境创建另一个覆盖文件 compose.prod.yaml，代码如下。

```
services:
  web:
    ports:
      - 80:80
    environment:
      PRODUCTION: 'true'
```

Docker 容器技术 配置、部署与应用（第2版）（微课版）

```
    db:
      volumes:
        - postgres:/data/postgres
      environment:
        POSTGRES_USER: ${POSTGRES_USER:-postgres}
        POSTGRES_PASSWORD: ${POSTGRES_PASSWORD:-changeme}
        PGDATA: /data/postgres

    cache:
      environment:
        TTL: '500'

volumes:
    postgres:
```

以上代码更改公开的 Web 端口、db 服务的卷挂载和环境变量。

（7）使用这个针对生产环境的 Compose 文件进行应用程序部署，可以执行以下命令。

```
[root@host1 multi-test]# docker compose -f compose.yaml  -f compose.prod.yaml
up -d
[+] Running 3/3
  ✔ Container multi-test-db-1       Started      0.0s
  ✔ Container multi-test-cache-1    Started      0.0s
  ✔ Container multi-test-web-1      Started      0.0s
```

结果表明，使用 compose.yaml 和 compose.prod.yaml 中的配置（未使用 compose.override.yaml 中的开发环境配置）部署了所有 3 个服务（web、db 和 cache）。

访问其中的 web 服务进行进一步验证：

```
[root@host1 multi-test]# curl 127.0.0.1
<h1>欢迎访问 Web 站点！</h1>
```

（8）执行 docker compose down --volume 命令停止并清理服务。

项目实训

项目实训 1　使用 Compose 部署 Web 负载均衡应用程序

实训目的

- 掌握定义多个服务的 Compose 文件的编写方法。
- 掌握 Compose 的基本使用方法。

实训内容

使用 HAProxy 作为负载均衡服务器，后端使用两个 Web 服务器（使用常用的 Apache 实现）。

- 创建项目目录结构。例如：

```
项目目录 web-haproxy
    compose.yaml（Compose 文件）
    子目录 haproxy
        haproxy.cfg（HAProxy 负载均衡配置文件）
    子目录 web1（第 1 个 Web 服务器容器的根目录）
        index.html
```

```
子目录 web2（第 2 个 Web 服务器容器的根目录）
    index.html
```

- 在 haproxy 子目录中创建 haproxy.cfg 文件，配置负载均衡的前端和后端。
- 分别在子目录 web1 和 web2 中创建首页文件 index.html，加入测试内容。
- 创建 Compose 文件并在其中定义服务。
- 切换到项目目录，执行 docker compose up -d 命令运行应用程序。
- 访问网站进行测试。
- 查看 HAProxy 负载均衡服务器的状态信息以进行进一步验证。
- 停止并清理服务。

项目实训 2　从源代码开始构建、部署和管理应用程序

实训目的

- 掌握 Compose 从源代码开始构建的方法。
- 掌握 Compose 构建、重新构建和升级应用程序的全过程。

实训内容

- 参照任务 5.3.1 完成本实训任务。
- 创建一个项目目录并准备 Python Web 应用程序的代码。
- 编写用于构建镜像的 Dockerfile。
- 创建 Compose 文件以定义服务。
- 通过 Compose 构建并运行应用程序。
- 使用 Compose 重新构建并运行应用程序。
- 升级应用程序。

项目总结

　　通过本项目的实施，读者应当掌握 Compose 的安装和使用方法，能够在单主机上部署具有多个容器的应用程序。容器化的开发环境会将应用程序所需的所有依赖项封装在镜像中，Compose 非常适用于基于 Docker 的应用程序的开发和测试，它降低了环境配置的复杂性，同时提供了强大的工具来管理多容器应用程序。Compose 是开启精简、高效的开发和部署体验的关键，对于可能使用数十个容器、分布在多个团队中的大型应用程序非常有用。Compose 是一个定义和运行复杂应用程序的 Docker 工具，除了 Docker，使用 Compose 不需要在开发计算机上安装其他软件，因为开发环境的部署仅依赖镜像，这样可以轻松地为不同的技术栈开发应用程序，而无须更改开发计算机上的任何环境。项目 6 专门讲解容器化应用程序的实施方法。

项目6

06

应用程序容器化

学习目标

- 进一步熟悉镜像，掌握开发镜像的方法；
- 熟悉应用程序容器化的基本方法和步骤；
- 掌握 Java 应用程序容器化的方法；
- 掌握 Python 应用程序容器化的方法。

项目描述

Docker 是开发人员和运维人员使用容器开发、部署和运行应用程序的平台。Docker 将常规的应用程序整合到容器并使其在容器运行的过程称为容器化（Containerization）或 Docker 化（Dockerization）。容器能够简化应用程序的构建、部署和运行过程，它并不是新概念，但是容器是现代应用程序部署的理想解决方案。这种方案有助于我们提升软件开发和部署的效率，推动数字强国建设。对应用程序进行容器化的最主要的工作有两项：一是构建应用程序的镜像，这通常由开发人员实施；二是基于应用程序镜像以容器形式部署和运行应用程序，这主要由运维人员实施。应用程序一旦被打包为一个镜像，就能以镜像的形式交付并以容器的形式运行。单一容器应用程序的部署使用 docker 命令即可实现，而复杂的多容器应用程序的部署则需要进行编排与整合。本项目实现应用程序的镜像构建和容器方式部署，并重点示范 Java、Python 等应用程序的容器化实施完整过程。在本项目中，复杂应用程序的容器化都是采用 Compose 实现的。这种方式只适用于在单主机的开发或测试环境中部署，待读者学习项目 8 之后，即可将容器化应用程序快速迁移到 Kubernetes 集群的生产环境中部署。

任务 6.1　构建应用程序镜像

任务说明

自己开发的应用程序要以容器形式部署与运行，一般需要构建自己的镜像，这是应用程序容器化的关键步骤之一。与常规的应用程序打包不一样，镜像是一个包含应用程序运行所需的所有文件的软件包，除了程序和配置文件，还包括运行环境。项目 2 中的任务 2.4 已经初步讲解了如何构建镜像，这里再结合应用程序容器化进行进一步讲解。本任务的具体要求如下。

- 了解编写 Dockerfile 应遵循的准则和建议。
- 确定应用程序镜像包含的内容。
- 进一步熟悉构建镜像并进行测试的操作步骤。
- 掌握多阶段构建镜像的方法。

✕ 知识引入

6.1.1 编写 Dockerfile 应遵循的准则和建议

Dockerfile 可以定义容器内部的环境如何运行。使用 Dockerfile 定义应用程序的镜像，能做到无论在什么样的环境下，应用程序的部署和运行都能够保持一致。编写 Dockerfile 应遵循以下准则和建议。

1. 创建短生命周期的容器

由 Dockerfile 定义的镜像应当创建生命周期尽可能短的容器。也就是说，容器应以无状态方式运行，可以被停止和销毁，可以使用最少的配置进行重新创建和替换。

2. 正确理解构建上下文

在执行镜像构建命令时，当前工作目录被称为构建上下文。默认情况下，Dockerfile 位于构建上下文中，可以使用-f选项为它指定不同的位置。但是，不管 Dockerfile 位于什么位置，当前目录下的所有文件和目录都会作为构建上下文发送给 Docker 守护进程。

3. 使用.dockerignore 文件排除与构建无关的文件

可以使用.dockerignore 文件排除与构建无关的文件，以提高构建镜像的性能。该文件支持类似.gitignore 文件的排除模式。

4. 使用多阶段构建

构建镜像最具挑战性的一项工作是缩减镜像的大小。在 Dockerfile 中，每条指令都会为镜像添加一个层。在执行下一条指令之前，必须清理所有不需要的文件。为了编写高效的 Dockerfile，传统的解决方案通常需要运用 Shell 技巧和其他逻辑，以尽可能地减小层的大小，并确保每一层仅包括来自其上一层的且为本层所必需的文件。而使用多阶段构建方案，则可以在无须减少中间层和文件数量的情况下大幅缩减最终镜像的大小。

可以在 Dockerfile 中使用多个 FROM 语句来实现多阶段构建。每个 FROM 语句都可以使用不同的基础镜像，并且各自开始一个新的构建阶段。可以选择性地将构建的文件从一个阶段复制到另一个阶段，并最终在镜像中排除所有不需要的内容。因为镜像在构建过程的最终阶段进行构建，所以可以充分利用缓存最小化镜像的层。例如，如果构建的镜像包含多个层，则各层可以按照其内容从变化不太频繁到比较频繁进行排序。下面给出建议的层顺序。

（1）安装构建应用程序所需的工具。

（2）安装或更新库依赖。

（3）生成应用程序。

5. 不安装不必要的包

要降低复杂性、减少依赖、缩减文件大小和构建时间，就要避免安装额外的包或不必要的包。例如，在数据库镜像中不要包含文本编辑器。

6. 解耦应用程序

每个容器应当只解决一个问题。将应用程序解耦为多个容器会使得水平扩展和重用容器变得更加容易。例如，一个 Web 应用程序栈可能由 3 个独立的容器组成，每个容器都有其唯一的镜像，它们以解耦的方式管理 Web 应用程序、数据库和内存中的缓存。

将每个容器限定到一个进程是一个很好的经验规则，但并不是一个必须遵守的规则。例如，容器不只是使用 init 进程创建，一些程序可能会自行产生其他进程。

尽量使容器保持干净和模块化。如果容器互相依赖，则可以使用容器网络来确保容器之间的通信。

7. 对多行参数排序

尽可能按字母、数字顺序排列多行参数，以便以后的更改。这有助于避免软件包的重复，并使列表更新更容易。在反斜线（\）之前添加空格也很有用。下面给出一个来自 buildpack-deps 镜像的示例。

```
RUN apt-get update && apt-get install -y \
  bzr \
  cvs \
  git \
  mercurial \
  subversion \
  && rm -rf /var/lib/apt/lists/*
```

8. 构建缓存

在构建镜像时，Docker 逐句读取 Dockerfile 中的指令，按照指定顺序处理每条指令。Docker 在构建过程中会尽可能地利用缓存。如果 Dockerfile 中的某些指令没有变化，Docker 会重用之前的构建层，而不是重新构建，以显著加快构建速度。

如果不想使用缓存，则可以在执行构建命令时使用--no-cache 选项。如果允许 Docker 使用缓存，理解它何时能够及何时不能够找到匹配的镜像就非常重要。关于构建缓存，Docker 需要遵守如下基本规则。

- 从缓存中已存在的父镜像开始，将下一条指令与从该基础镜像派生的所有子镜像进行比较，确认是否使用完全相同的指令构建了其中的一个子镜像，如果没有则缓存失效。

- 大多数情况下，简单地将 Dockerfile 中的指令与子镜像中的一个指令进行比较即可，然而，某些指令需要更多的检查和解释。

- 对于 ADD 和 COPY 指令，镜像中的文件内容都需要被检查，并为每个文件计算校验和，在这些校验和中不考虑文件的最后编辑时间和最后访问时间。在缓存查找过程中，将校验和与已有镜像中的校验和进行比较。如果文件中的内容有任何更改，如内容和元数据被更改，则缓存失效。

- 除了 ADD 和 COPY 指令，执行缓存检查时不会通过查找容器中的文件来决定缓存是否匹配。例如，在处理 RUN apt-get -y update 命令时，不会通过检查容器中更新的文件来决定缓存是否命中。在这种情形下，只使用命令字符串查找匹配的缓存。

一旦缓存失效，所有后续的 Dockerfile 命令都会产生新的镜像，不再使用缓存。

9. 固定基础镜像版本

镜像标记是可变的，这意味着发布者可以更新标记以指向新镜像。发布者在重新构建镜像时，会自动获得新版本。例如，在 Dockerfile 中定义"FROM alpine:3.19"，则意味着 3.19 将被解析为 3.19 的最新补丁版本，开始可能指向 3.19.1 版本，而在一段时间之后，镜像重新构建并升级，则可能指向不同的版本，如 3.19.4 等。

大多数发布者都使用这样的镜像标记策略，但是这样就不能保证每次构建都得到相同的结果，无法对所使用的确切版本的镜像进行跟踪。为解决此类问题，可以将镜像版本固定到特定摘要中，即使发布者用新镜像替换了标记，也可以保证始终使用相同的镜像版本。例如，下面的 Dockerfile 语句通过摘要将 alpine 镜像固定为与前面 3.19 相同的版本。

```
FROM alpine:3.19@sha256:13b7e62e8df80264dbb747995705a986aa530415763a6c58f84
a3ca8af9a5bcd
```

这样做的好处是，即使发布者更新了 3.19 标记，用户的构建仍将使用固定的镜像版本。

> **提示**　镜像分析和策略评估工具 Docker Scout 内置有基础镜像过时策略，该策略用于检查使用的基础镜像版本是否是最新版本。该策略还检查 Dockerfile 中的固定摘要是否对应于正确的版本。如果发布者更新了固定版本的镜像，则策略评估将返回不兼容状态，指示用户应该更新镜像。Docker Scout 还支持自动修复工作流程，能够使用户所使用的基础镜像保持最新。

6.1.2　创建自己的基础镜像

要完全控制镜像内容，可能需要创建基础镜像。如果多个镜像有很多共同点，则可以先将公共部分抽出以创建自己的基础镜像，再基于它创建每个镜像。基础镜像在其 Dockerfile 中没有定义 FROM 指令，或者 FROM 指令的参数为 scratch。

创建镜像通常要从 Linux 发行版（打包为父镜像）开始，而使用像 Debian 的 Debootstrap 这样的工具就不必这样，Debootstrap 可以直接构建 Ubuntu 镜像。使用 Debootstrap 创建一个 Ubuntu 镜像的操作很简单，下面给出一个 Dockerfile 示例。

```
debootstrap xenial xenial > /dev/null
tar -C xenial -c . | docker import - xenial
docker run xenial cat /etc/lsb-release
DISTRIB_ID=Ubuntu
DISTRIB_RELEASE=20.04
DISTRIB_CODENAME=xenial
DISTRIB_DESCRIPTION="Ubuntu 20.04 LTS"
```

在 GitHub 上有很多创建镜像的示例脚本，如创建 BusyBox、Scientific Linux CERN（SLC）、Debian/Ubuntu 等的示例脚本。

6.1.3　确定应用程序镜像包含的内容

对自己开发的应用程序进行容器化，需要确定应用程序镜像包含的内容，具体可以参考以下要点。

（1）选择基础镜像。程序开发技术（如 Java、Python、Node.js 等）几乎都有自己的基础镜像。应用程序部署平台（如 Nginx、Apache 服务器等）也有相应的基础镜像。如果不能直接使用这些镜像，就需要从基础操作系统镜像开始安装所有的依赖。最常见的就是将 Ubuntu 操作系统作为基础操作系统镜像。

（2）安装必要的软件包。如果有必要，则应针对构建、调试和开发环境创建不同的 Dockerfile。这不仅关系到镜像大小，还涉及安全性、可维护性等。现在使用多阶段构建非常方便。

（3）添加自定义文件。

（4）定义容器运行时的用户权限，尽可能避免容器以 root 权限运行。

（5）定义要对外公开的端口。不要为了公开特权端口（端口号小于 1024 的端口，如 80）而以 root 权限运行容器。可以让容器公开一个非特权端口（如 8000），然后在启动时进行端口映射。

（6）定义应用程序的入口点（Entry Point）。比较简单的方式是直接运行可执行文件；专业的方式是创建一个专门的 Shell 脚本（如 entrypoint.sh），通过环境变量配置容器的入口点。

（7）定义配置方式。如果应用程序需要参数，可以使用应用程序特定的配置文件，也可以使用操作系统的环境变量。

（8）持久化应用程序数据。要将由应用程序生成的数据文件和处理结果存储到卷或绑定挂载上，不要将它们打包到镜像中，也就是不要保存到容器自身的文件系统中。

6.1.4　应用程序镜像的构建和管理

在构建镜像时要注意不要依赖自动创建的 latest 标签，而应始终添加有意义的标签，便于标识版本信息、预定的目的（如生产或测试）、稳定性，以及其他在不同环境中发布应用程序时有用的信息。

镜像是打包好的 Docker 应用程序，生成的镜像需要进行后续管理。要使镜像可以被其他用户使用，也就是发布镜像，最简单的办法是使用注册中心。除了 Docker Hub 等，用户还可以运行自己的私有注册中心。

任务实现

任务 6.1.1　基于 scratch 构建简单的镜像

可以使用 Docker 保留的最小镜像 scratch 作为构建镜像的起点。FROM scratch 指令会通知构建进程，让 Dockerfile 中的下一条命令成为镜像中的第一个文件系统层。scratch 会出现在 Docker Hub 中，但是无法拉取、运行它，也不能将任何镜像的标签设置为 scratch，只可以在 Dockerfile 中引用它。下面示范如何使用 scratch 构建一个最小的自定义镜像。

微课 0601

基于 scratch 构建
简单的镜像

1. 准备一个示范用的可执行文件

scratch 是空镜像，不会提供 C/C++ 运行时，因此提供给 scratch 的可执行程序，不能使用常用的动态编译方式，必须使用静态编译方式。将可执行程序与所依赖的运行库文件一起打包，才能在基于 scratch 的容器中运行起来。本任务拟编译一个 C 语言程序作为示范用的可执行文件。

（1）搭建 C 编译环境。

当前 CentOS Stream 9 环境中默认没有安装 GCC 编译工具，可以执行 yum install gcc 命令进行安装。C 程序的静态编译还需要安装 glibc-static 静态库，默认情况通过 yum 安装该库不会成功，原因是安装源中的 CRB 仓库没有开启。修改/etc/yum.repos.d/centos.repo 文件，将其中[crb]节的 enabled 值改为 1。

```
[crb]
name=CentOS Stream $releasever - CRB
...
countme=1
enabled=1
```

保存修改后的文件，然后执行 yum makecache 命令更新安装源元数据缓存，最后执行 yum install glibc-static 命令完成 libc-static 静态库的安装。

（2）建立一个项目目录（将它命名为 scratch-img）用作镜像构建上下文，并切换到该目录。

（3）在该目录中编写一个示例 C 语言程序（文件名为 hello.c），代码如下。

```
#include <stdio.h>
int main(void)
{
    printf("Hello,Docker!\n");
    return 0;
}
```

（4）执行 gcc 命令对该源程序进行编译以生成可执行文件，然后运行测试。

```
[root@host1 scratch-img]# gcc hello.c -static -o hello
[root@host1 scratch-img]# ./hello
Hello,Docker!
```

2. 基于 scratch 构建镜像

（1）创建 Dockerfile 并向该文件添加以下内容。

```
FROM scratch
ADD hello /
CMD ["/hello"]
```

scratch 这个空镜像中没有 sh 或 bash 这样的 Shell 环境，无法执行 Shell 命令，因此需要在镜像外部将文件目录结构建立好，然后通过 ADD 或 COPY 指令将文件目录结构复制到镜像中。

（2）使用 docker build 命令构建镜像，整个构建过程如下。

```
[[root@host1 scratch-img]# docker build --tag hello .
[+] Building 0.2s (5/5) FINISHED                    docker:default
...
=>=>writingimagesha256:22629ebb1f06d035fb3f30...dc66fb4077414688db   0.0s
=> => naming to docker.io/library/hello     0.0s
```

在使用 docker build 命令时不要忘记最后的句点，它用来将当前目录作为构建上下文。

（3）查看新构建的 hello 镜像的基本信息，获知其大小为 865kB。

```
[root@host1 scratch-img]# docker images --filter "reference=hello"
REPOSITORY       TAG              IMAGE ID        CREATED        SIZE
hello            latest           22629ebb1f06    1 hours ago    865kB
```

查看要运行的二进制文件 hello 的大小，获知其大小为 845kB。

```
[root@host1 scratch-img]# ls -lh hello
```

```
-rwxr-xr-x 1 root root 845K  2月 12 22:00 hello
```

通过比较可以发现，基于 scratch 构建的镜像的大小与加入镜像的二进制文件的大小差距很小。这是因为 scratch 镜像的本质是让程序只调用 Docker 主机的 Linux 内核部分的功能，而不依赖容器内的操作环境功能。容器会共享 Docker 主机的 Linux 内核部分，因此 scratch 镜像的大小基本可以忽略。

（4）运行这个新镜像，启动一个容器，显示的结果与二进制文件 hello 的内容相同，如下所示。

```
[root@host1 scratch-img]# docker run --rm hello
Hello,Docker!
```

任务 6.1.2 制作基于 VNC 的 Firefox 镜像

微课 0602

制作基于 VNC 的
Firefox 镜像

Docker 本身的工作模式是命令行，因为其主要的应用场景是运行服务器端应用程序。如果要在容器中运行一些提供图形界面的软件，则可以解决可视化界面的问题。这里以 Linux 系统图形用户界面为例进行讲解。VNC（Virtual Network Computing，虚拟网络计算）是图形用户界面的远程登录和管理软件，它可让用户通过网络远程访问 Linux 系统的图形用户界面。下面示范如何制作基于 VNC 的 Firefox 镜像，运行该镜像启动容器，让用户访问该容器并登录到其图形用户界面。

（1）建立一个目录（将它命名为 fx-vnc）用作构建上下文，并切换到该目录。

（2）在该目录中创建 Dockerfile 并向该文件添加以下内容。

```
FROM ubuntu:20.04
# 安装用于创建图形用户界面的 VNC 和 Xvfb，以及浏览器 Firefox
RUN apt update && apt install -y x11vnc xvfb firefox
RUN mkdir ~/.vnc
# 设置 VNC 登录密码
RUN x11vnc -storepasswd 1234 ~/.vnc/passwd
# 自动启动 Firefox
RUN bash -c 'echo "firefox" >> /.bashrc'
EXPOSE 5900
CMD ["x11vnc", "-forever", "-usepw", "-create"]
```

（3）使用 docker build 命令构建镜像，如下所示。

```
[root@host1 fx-vnc]# docker build --tag fx-vnc .
[+] Building 108.1s (9/9) FINISHED            docker:default
...
=> => naming to docker.io/library/fx-vnc      0.0s
```

（4）运行这个新镜像启动容器，如下所示。

```
[root@host1 fx-vnc]# docker run --rm -p 5900:5900 fx-vnc
13/02/2024 03:53:22 -usepw: found /root/.vnc/passwd
...
The VNC desktop is:    46eb79a32c5c:0
PORT=5900
```

接下来进行实际测试。

（5）如果当前环境中没有安装 VNC 客户端，则执行 yum install tigervnc 命令进行安装。

（6）由于安装了图形用户界面，因此从应用程序列表中选择"TigerVNC 查看器"打开 VNC查看器，单击"Connect"按钮出现图 6-1 所示的"VNC 查看器：连接细节"对话框，设置 VNC

连接参数，重点是设置协议和主机地址及端口。

（7）单击该对话框右下角的"连接"按钮，弹出图 6-2 所示的"VNC 认证"对话框，在"密码"文本框中输入 VNC 认证密码，本例中为 1234（已在 Dockerfile 中设置）。

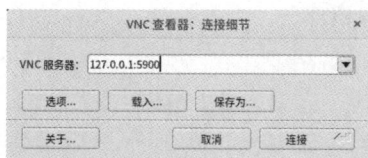

图6-1 "VNC查看器：连接细节"对话框

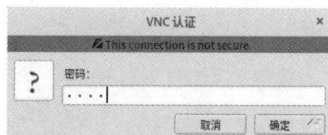

图6-2 "VNC认证"对话框

（8）单击"确定"按钮完成认证，登录远程桌面。

（9）如图 6-3 所示，在命令行中执行 firefox 命令打开 Firefox 浏览器，结果如图 6-4 所示。由此可见，镜像也支持图形用户界面。

（10）实验完毕，在运行该镜像的终端窗口中按 Ctrl+C 组合键停止容器。

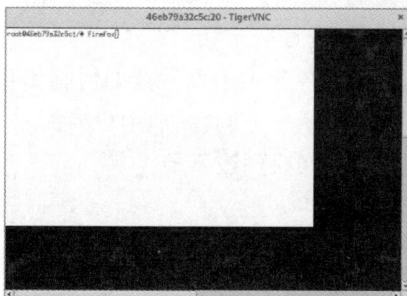

图6-3 在命令行中执行firefox命令

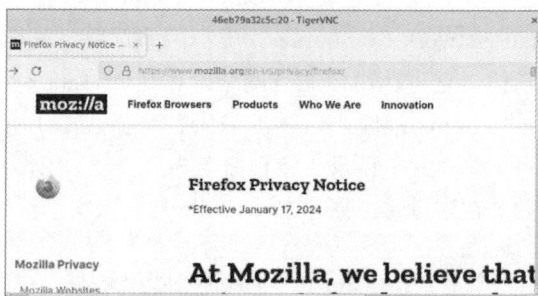

图6-4 打开Firefox浏览器

任务 6.1.3 多阶段构建镜像

微课 0603

多阶段构建镜像

下面以一个简单的示例示范多阶段构建镜像。这个示例将一个 Go 语言程序分两个阶段进行构建，第 1 阶段完成程序的编译，生成二进制可执行文件，第 2 阶段将二进制可执行文件从第 1 阶段复制到本阶段并构建运行时镜像。

（1）建立一个目录（将它命名为 multi-build）用作构建上下文，并切换到该目录。

（2）在该目录中添加一个名为 main.go 的简单程序，其代码如下。

```
package main
import "fmt"
func main() {
    fmt.Println("Hello World!")
}
```

（3）在该目录中创建 Dockerfile 并向该文件添加以下内容。

```
# syntax=docker/dockerfile:1
# 第 1 阶段，将此阶段命名为 build
FROM golang:1.21 as build
WORKDIR /src
COPY main.go ./
RUN go build -o /bin/hello ./main.go
```

```
# 第 2 阶段
FROM scratch
# COPY 指令引用以上构建阶段名称 build
COPY --from=build /bin/hello /bin/hello
CMD ["/bin/hello"]
```

（4）构建镜像，如下所示。

```
[root@host1 ch06]# docker build -t go-hello-world .
[+] Building 159.4s (12/12) FINISHED                              docker:default
=> [internal] load build definition from Dockerfile        0.0s
…
=> [build 1/4] FROM docker.io/library/golang:1.21@sha256:b7bac393...c8bab97a1  76.9s
 => [build 2/4] WORKDIR /src                                 0.2s
 => [build 3/4] COPY main.go ./                              0.0s
 => [build 4/4] RUN go build -o /bin/hello ./main.go         3.6s
# 开始第 2 阶段构建
 => [stage-1 1/1] COPY --from=build /bin/hello /bin/hello    0.0s
 => exporting to image                                       0.0s
 => => exporting layers                                      0.0s
 => => writing image sha256:343a79a747b18cad5476de1be320...ef2ecb7802b   0.0s
 => => naming to docker.io/library/go-hello -world                       0.0s
```

（5）运行这个新镜像启动一个容器，如下所示。

```
[root@host1 ch06]# docker run --rm go-hello -world
Hello World!
```

这里解释一下多阶段构建机制。第 2 个 FROM 指令以 scratch 镜像为基础开始一个新的构建阶段。示例中以 "COPY --from" 开头的行将构建的文件从第 1 阶段复制到本阶段。Go 的 SDK 和任何中间文件都不会保存到最终生成的镜像中。本例最终的结果是一个非常小的镜像，里面只有二进制文件。生成应用程序所需的任何工具都不包括在所生成的镜像中。

默认情况下构建阶段没有名称，可以使用整数引用它们，如使用 0 引用第 1 个 FROM 指令。本例通过为 FROM 指令添加 "as <name>" 参数为每个阶段命名，命名之后就可以在 COPY 指令中使用名称选项（示例中使用--from=build）。这就意味着即使更改 Dockerfile 指令的顺序，执行 COPY --from 指令也不会出问题。

任务 6.2　对应用程序进行容器化

▶ 任务说明

容器化就是将应用程序改变成能以容器形式部署的过程。在进行容器化时，应该了解应用程序自身的特性如何影响它在容器中运行的方式，然后通过构建的镜像进行部署。本任务侧重于介绍应用程序容器化的基本步骤和一般方法，具体要求如下。

- 了解应用程序容器化的基本步骤。
- 了解应用程序容器化的要点。
- 熟悉应用程序容器化的完整过程。

6.2.1　应用程序容器化的基本步骤

应用程序容器化大致分为以下几个步骤。

（1）准备应用程序源代码。对于开发人员来说，可以直接使用自己的源代码。对于运维人员来说，要获取应用程序的源代码。

（2）创建镜像，为应用程序的每个组件创建和测试单个容器。编写 Dockerfile，然后基于 Dockerfile 构建应用程序镜像，生成镜像之后，就能将应用程序以镜像的形式交付并以容器形式运行了。Dockerfile 包括当前应用程序的描述。

（3）将容器及其所需的基础设施组装成一个完整的应用程序。对于测试环境，可以编写 Compose 文件来组织与编排复杂的多容器应用程序，这种方法只适用于在单机环境中部署。而生产环境都涉及集群环境（首选 Kubernetes）部署，需要编写 YAML 清单文件来实现编排。Docker Desktop 为 Kubernetes 提供了开发环境。

（4）测试、分发和部署完整的容器化应用程序。分发容器化应用程序最简单的方法是将镜像推送到注册中心，便于其他人员访问和使用。复杂的应用程序分发需将 Compose 文件与代码一起提交。测试和部署容器化应用程序还可以使用 CI/CD 流程，以实现应用程序的快速迭代和自动化部署。开发人员可以使用 Docker Hub 或其他 CI/CD 系统来自动构建和标记镜像并对其进行测试。

6.2.2　部署容器化应用程序的方式

不同应用程序的容器化步骤略有差异，但最基本的还是构建镜像和基于镜像运行容器。部署容器化应用程序就是以容器形式运行应用程序，需要考虑容器网络、存储、资源限制等容器配置细节。目前，部署容器化应用程序有多种方式，最简单的就是使用 docker 命令，这适合单一容器的部署。对于复杂的多容器应用程序，在开发环境或测试环境中可以通过 Compose 进行编排并部署到单个 Docker 主机中；而生产环境一般是多主机的集群，容器数量多时人工操作就变得非常困难，这就需要自动化的容器编排，选择合适的容器编排系统进行生产部署。

容器编排工具 Docker Swarm 是 Docker 自己针对容器的原生集群解决方案，其优势是紧密集成到 Docker 的生态系统中，无须额外的编排软件来创建或管理集群，Docker 工具和 Docker API 都可以无缝地在 Docker Swarm 上使用。Docker Swarm 适用于规模不大的应用程序环境。

与 Docker Swarm 相比，Kubernetes 更适用于在生产环境中部署企业级应用的容器集群。Kubernetes 本身具有超前的核心基础特性，谷歌公司又凭借容器化基础设施领域多年的实践经验，迅速构建出一个与众不同的容器编排和管理的生态。因此，Kubernetes 在业界竞争中胜出，很快发展成为容器编排和管理领域的事实标准。

6.2.3　容器化过程中的应用程序代码处理

适合容器化的应用程序主要是在后台运行的服务器端应用程序。像使用 Java、Go 这样的编译型语言开发的应用程序需要编译成二进制代码再进行发布；使用 PHP、Python、Node.js 这样的解释型语言开发的应用程序无须编译成二进制代码，直接发布代码即可。

无论是源代码，还是二进制代码，在为应用程序构建镜像时，都需要考虑是否将它们包括在镜像中。在开发环境中，通常不将程序复制到镜像中，而是将它存放在主机的目录中，以绑定挂载的方式挂载到容器中，这样便于程序进行测试和修改。例如，对于 Java 应用程序，可将项目程序目录挂载到容器中，每次在 Docker 主机上构建 Maven 项目时，让容器访问重新构建的工件。与传统的开发环境相比，容器化的开发环境更易于建立，这是因为容器化的开发环境在镜像中隔离应用程序所需的所有依赖，在开发计算机上除了 Docker，不需要安装其他环境。采用容器化的开发环境，可以非常容易地为不同的栈开发应用程序，而且不必在开发计算机上进行任何改变。

在生产环境中，通常直接将程序复制到镜像中进行发布，因为应用程序已经确定版本了。

6.2.4　容器化应用程序的镜像大小优化

启动容器或服务时，较小的镜像可以通过网络更快地拉取，并能更快地加载到内存中。在应用程序容器化过程中，可以通过以下措施优化镜像大小。

- 从合适的基础镜像开始。例如，如果需要 JDK，则应考虑基于 Docker 官方镜像（包括 OpenJDK，如 eclipse-temurin）创建，而不是从头开始构建自己的镜像。

- 使用多阶段构建。例如，可以使用 Maven 镜像来构建 Java 应用程序，然后将该镜像重置为 Tomcat 镜像，并将 Java 制品（其英文为 Artifact，又译为工件，表示已打包的 Java 应用程序）复制到正确的位置以部署应用程序，所有这些都在同一个 Dockerfile 中定义。这意味着最终镜像不包括构建拉取的所有库和依赖，只包括运行它们所需的工件和环境。

如果需要使用不包括多阶段构建的 Docker 版本，则应尽量减少 Dockerfile 中单独执行 RUN 指令的数量，以减少镜像中的层数。可以将多个命令合并到一个 RUN 行中，并使用 Shell 脚本将它们组合在一起。例如，以下两条指令在镜像中会创建两个层：

```
RUN apt-get -y update
RUN apt-get install -y python
```

而将这两条指令合并成以下一条指令，则仅会创建一个层。

```
RUN apt-get -y update && apt-get install -y python
```

- 如果有多个存在很多共同点的镜像，则考虑使用共享组件创建自己的基础镜像，并基于这些基础镜像创建自己的镜像。只需要使用 Docker 加载一次公共层，公共层就会被缓存。这意味着衍生镜像可以更有效地使用 Docker 主机上的内存，并更快地加载。

- 要保持生产镜像精简但允许调试，可以考虑将生产镜像作为调试镜像的基础镜像。可以在生产镜像的顶部添加额外的测试或调试工具。

- 构建镜像时始终使用有用的标签对其进行标记，这些标签可表示版本信息、预期目的（如生产或测试）、稳定性或其他在不同环境中部署应用程序时有用的信息。不要依赖自动创建的 latest 标签。

6.2.5　容器化应用程序的数据持久化

对应用程序进行容器化时，要考虑数据的持久化问题，应注意以下几点。

- 应尽可能使用卷存储应用程序的数据。

- 应避免将应用程序数据存储在容器的可写层中，因为使用这种方式不仅会增大容器的大小，而且其 I/O 效率比使用卷或绑定挂载的要低。

- 在开发过程中，通常考虑使用绑定挂载，这样可以挂载源代码目录或刚刚构建到容器中的二进制文件。在生产环境中，应改用卷代替绑定挂载，将卷挂载到容器中与开发期间绑定挂载相同的位置。

- 对于应用程序的配置文件，在开发过程中通常将其绑定挂载到容器中以便从容器外部对其进行修改和测试；在生产环境中则将配置文件保存到卷中，便于保存运行期间所做的修改。
- 在生产环境中，使用保密数据（secrets）存储服务中所有的敏感数据，使用配置数据（configs）存储像配置文件这样的非敏感数据。

任务实现

容器化 Node.js 应用程序

微课 0604

容器化 Node.js
应用程序

Node.js 是一个可以使 JavaScript 运行在服务器端的开发平台，它让 JavaScript 成为与 PHP、Python、Perl、Ruby 等服务器端语言相当的脚本语言。这里通过一个简单的示例示范 Node.js 应用程序容器化的完整过程。本例运行的是一个采用 Express 框架的 Web 应用程序，使用 MongoDB 数据库存储数据，使用 Mongoose 框架组织数据模型以连接和操作 MongoDB 数据库，使用 EJS 模板引擎实现视图渲染。

1. 准备 Node.js 应用程序源代码

（1）创建一个名为 nodejs-mongo 的项目目录。

（2）在该项目目录下创建 src 子目录以存放源代码。

（3）在 src 子目录下创建源代码文件 index.js，并将该文件用作项目主文件，其内容如下。

```javascript
const path = require('path');
const express = require('express');
const mongoose = require('mongoose');
const app = express();
app.set('view engine', 'ejs');
app.set('views', path.join(__dirname, './views'));
app.use(express.urlencoded({ extended: false }));
// 连接 MongoDB 数据库
mongoose
  .connect(
    'mongodb://mongo:27017/node-mongo',
    { useNewUrlParser: true }
  )
  .then(() => console.log('MongoDB 连接成功！'))
  .catch(err => console.log(err));
const Item = require('./models/item');
app.get('/', (req, res) => {
  Item.find()
    .then(items => res.render('index', { items }))
    .catch(err => res.status(404).json({ msg: '目前还没有任何事项！' }));
});
app.post('/item/add', (req, res) => {
  const newItem = new Item({
    name: req.body.name
  });
```

```
    newItem.save().then(Item => res.redirect('/'));
});
const port = 3000;
app.listen(port, () => console.log('服务器正在运行...'));
```

（4）在 src 子目录下创建 models 子目录，再在 models 子目录下创建一个名为 item.js 的文件来为要存储的条目定义模式并创建模型。

```
const mongoose = require('mongoose');
const Schema = mongoose.Schema;
const ItemSchema = new Schema({
  name: {
    type: String,
    required: true
  },
  date: {
    type: Date,
    default: Date.now
  }
});
module.exports = Item = mongoose.model('item', ItemSchema);
```

（5）在 src 子目录下创建 views 子目录，再在 views 子目录下创建一个名为 index.ejs 的文件来为数据展示提供 EJS 模板引擎。

```
<!DOCTYPE html>
<html lang="zh">
<head>
  <meta charset="UTF-8">
  <meta name="viewport" content="width=device-width, initial-scale=1.0">
  <title>Node.js 示例</title>
</head>
<body>
  <h1>Node.js 示例</h1>
  <form method="post" action="/item/add">
    <label for="name">事项</label>
    <input type="text" name="name">
    <input type="submit" value="添加">
  </form>
  <h4>事项列表：</h4>
  <ul>
    <% items.forEach(function(item) { %>
      <li>
        <%= item.name %>
      </li>
    <% }); %>
  </ul>
</body>
</html>
```

（6）在项目根目录下创建 package.json 文件，定义项目所需的各种模块以及项目的配置信息。本例中 package.json 文件的内容如下，重点是定义项目运行所需的依赖。

```
{
  "name": "node-mongo",
```

```
  "version": "1.0.0",
  "description": "",
  "main": "index.js",
  "license": "ISC",
  "dependencies": {
    "ejs": "^3.1.3",
    "express": "^4.17.1",
    "mongoose": "^5.7.1"
  }
}
```

2. 创建 Dockerfile

这里需要将 Node.js 应用程序打包为一个镜像，本例 Dockerfile 的内容如下。

```
FROM node:18.0.0-alpine
WORKDIR /usr/src/app
COPY package*.json ./
# 设置国内淘宝镜像源以便安装所需的 npm 包
RUN npm config set registry https://registry.npmmirror.com
RUN npm install
COPY . .
EXPOSE 3000
CMD node src/index.js
```

3. 创建 Compose 文件

无论是开发、测试还是部署实际的 Node.js 应用程序，大多要连接数据库。本例连接的是 MongoDB，这里使用 Compose 文件 compose.yaml 来定义应用程序及其运行环境，其内容如下。

```
services:
  app:
    container_name: node-mongo
    restart: always
    build: .
    ports:
      - '3000:3000'
    depends_on:
      - mongo
  mongo:
    container_name: mongo
    image: mongo:7.0
    ports:
      - '27017:27017'
```

4. 构建并运行应用程序

为便于调试，建议以前台模式构建并运行应用程序。

```
[root@host1 nodejs-mongo]# docker compose up --build
[+] Building 18.3s (11/11) FINISHED       docker:default
...
node-mongo  | 服务器正在运行...
...
node-mongo  | MongoDB 连接成功！
```

使用浏览器访问 Node.js 应用程序，如图 6-5 所示。对该应用程序进行测试，可以尝试添加事项，结果表明该应用程序容器化成功。

图6-5　访问Node.js应用程序

回到项目运行终端窗口，按Ctrl+C组合键停止应用程序的运行。实验完毕，执行docker compose down --volumes命令停止并清理应用程序。

任务 6.3　Java 应用程序容器化

📄 任务说明

Java 是一种可以开发跨平台应用软件的面向对象的程序设计语言，目前已从编程语言发展成为全球通用的开发平台。Java 应用程序依赖 Java 运行时环境运行，因此在构建的镜像中应当提供该环境。需要容器化的 Java 程序主要是服务器端的 Web 应用程序，大多涉及数据库，开发阶段采用 Compose 部署更为便捷。本任务的具体要求如下。

- 了解 Java 的 Web 应用程序开发技术及应用程序服务器。
- 学会使用 Maven 工具打包 Java 程序并构建镜像。
- 掌握基于 Tomcat 的应用程序容器化方法。
- 掌握基于 Spring Boot 的应用程序容器化方法。

🔧 知识引入

6.3.1　Java 的特点

Java 凭借其通用性、高效性、平台移植性和安全性，广泛应用于 PC（Personal Computer，个人计算机）、数据中心、游戏控制台、科学超级计算机、互联网和移动终端，同时拥有庞大的开发者专业社群。

Java 是一套完整的体系，主要包括 JVM（ Java Virtual Machine，Java 虚拟机）、JRE（ Java Runtime Environment，Java 运行时环境）和 JDK（ Java Development Kit，Java 开发工具包）。开发人员利用 JDK 调用 Java API 开发自己的 Java 程序，通过 JDK 中的编译程序 Javac 将 Java 源文件编译成 Java 字节码，在 JRE 上运行这些 Java 字节码，JVM 解析这些字节码并映射到 CPU 指令集或操作系统的系统调用上。

JDK 有两个系列：一个是 OpenJDK（它是 Java 开发工具包的开源实现）；另一个是 Oracle JDK（它是 Java 开发工具包的官方 Oracle 版本）。尽管 OpenJDK 已经能满足大多数的应用开发需要，但是有些程序还是建议使用 Oracle JDK，以避免产生用户界面的性能问题。

Java 应用程序大致分为以下 3 种类型。

- 独立应用程序（Standalone Application）：可以独立运行的 Java 程序，由 Java 解释器控制执行。
- Java 小程序（Applet）：不能独立运行（嵌入 Web 页面中）的 Java 程序，由兼容 Java 的浏览器控制执行。
- Web 应用程序：在 Web 服务器或应用服务器上运行的 Java 程序，并且可以通过 Web 浏览器或其他 HTTP 客户端访问。

6.3.2　Java 的 Web 应用程序开发技术

Java 的 Web 应用程序开发涉及一系列的技术，包括 Servlet、JSP 和第三方框架等。这些技术用于构建、测试、部署和维护 Web 应用程序，如表 6-1 所示。

表6-1　Java的Web应用程序开发技术

应用程序开发技术	说明
Servlet 程序	Java EE 即 Java Platform Enterprise Edition，是 Java 企业级开发平台，其性能和安全性高，并具有良好的开放性，在企业级开发中占有绝对优势。Servlet 在 SUN 公司刚推出 Java EE 时出现，是 Java 技术中最早的 Web 解决方案，与普通 Java 类的编写非常类似。其特点是表现、逻辑、控制、业务全部集成在 Servlet 类中
JSP 程序	JSP 全称是 Java Server Pages，是 Servlet 的扩展，作用是简化创建和管理动态网页的工作。JSP 采用 HTML 直接生成界面，还可以在界面中使用<% %>脚本标识嵌入 Java 代码，最终生成一个 Servlet 类进行编译与解析
JSP 与 JavaBean 的组合	JavaBean 是一种用 Java 写成的可重用组件，主要作为与数据库交互的类。在 JSP 页面中，部分 Java 代码用于转发等操作以及 HTML 页面的生成，而获取数据的方式以及部分业务逻辑通过 JavaBean 实现
Servlet、JSP 和 JavaBean 的组合	在这种开发模式下，JSP 页面中不用任何<% %>语句（包括<%= %>），而是全部采用 EL（Expression Language，表达式语言）表达式，列表的遍历和条件判断（Java 中的 for 循环和 if 语句）等也可以用 JSTL（JSP 标准标签库）代替。JSP 页面不涉及任何业务逻辑，可以看作 MVC（Model-View-Controller，模型-视图-控制器）设计模式中的视图。控制层通过 Servlet 实现，用于获取前台传入的参数、控制页面跳转、封装对象、向前台传输对象或者参数。Servlet 可看作 MVC 设计模式中的控制器。JavaBean 负责业务逻辑和数据持久化
EJB	企业级 JavaBean，是一个用来构筑企业级应用的服务器端组件。EJB 部署于应用程序服务器端的 EJB 容器中，它是重量级框架，可用于进行分布式应用开发，只是其任务非常繁重
Spring 框架	为解决软件开发的复杂性问题而创建的 Java 框架。Spring 使用基本的 JavaBean 完成以前只能由 EJB 完成的任务。然而，Spring 的用途不仅限于服务器端的开发，从简单性、可测试性和松耦合性角度来看，绝大部分 Java 应用程序都可以从 Spring 中受益。Spring 是一个分层的 Java SE/EE 全栈式轻量级开源框架，相对于 EJB 来说，Spring 提供了轻量级的简单编程模型，但是使用它仍然需要很多烦琐的配置
SpringBoot 框架	由 Pivotal 团队提供的全新的开源轻量级框架，旨在继承 Spring 框架的优秀特性，简化 Spring 应用程序的初始搭建以及开发过程。该框架使用了特定的方式进行配置，从而使开发人员不再需要定义样板化的配置。Spring Boot 通过集成大量的框架解决了依赖包的版本冲突和引用的不稳定性等问题。Spring Boot 框架中具有两个非常重要的策略：开箱即用和约定优于配置

6.3.3　Java 应用程序服务器

Java 的 Web 应用程序主要通过应用程序服务器部署，可以将应用程序服务器视为运行 Java

代码的容器。此外，应用程序服务器还提供了一些可在代码中使用的通用基础结构和功能。目前主流的开源 Java 应用程序服务器如表 6-2 所示。

表6-2　目前主流的开源Java应用程序服务器

服务器	说明
Tomcat	由 Apache Software Foundation 开发，其非常流行，市场份额占到了所有 Java 应用程序服务器的 60%。它只能算作 Web 服务器或 Servlet 容器，并没有实现 Java EE 应用程序服务器所需的所有功能，但是可以通过添加第三方依赖项来实现大多数功能
Jetty	由 Eclipse Foundation 开发，它缺乏对许多 Java EE 功能的支持，但与 Tomcat 一样，它可以通过添加第三方依赖项来实现大多数功能
GlassFish	由 Oracle 开发，是一个功能齐全且经过认证的 Java EE 应用程序服务器，其缺点是缺乏商业支持
WildFly	由 Red Hat 开发，前身为 JBoss Application Server，是另一个功能齐全且经过认证的应用程序服务器。其最大的优势是 Red Hat 提供了从 WildFly 到 JBoss 企业应用程序平台的简单迁移路径，而 JBoss 正是 Red Hat 提供商业支持的应用程序服务器

建议优先选择 Tomcat，但如果需要考虑软件包大小，可以选择 Jetty。如果需要在项目中使用大量 Java EE 支持，则应选择 WildFly。

6.3.4　Maven 工具与 Docker Maven 插件

Maven 是 Apache 提供的一个开源项目管理工具，主要用于 Java 的项目构建、依赖管理和项目信息管理。它包含一个项目对象模型（Project Object Model，POM）、一组标准集合、一个项目生命周期、一个依赖管理系统，以及用来运行定义在生命周期阶段（Phase）中的插件目标（Goal）的逻辑。

POM 由 pom.xml 文件描述，Maven 依据该文件实现项目管理。在 pom.xml 文件中可以设置多种项目管理功能，例如，只要添加相应配置，Maven 就会自动下载相应 JAR 包；Web 项目已运行，修改的代码能直接被 Web 服务器所接收，无须重启服务器或者重新部署代码；可以直接通过 Maven 将源程序打包成 WAR 或者 JAR 项目。

Maven 工具不但可以用来编译 Java 应用程序，而且可以用来创建镜像。Docker Maven 插件可以用来管理使用 Maven 工具的镜像和容器，其预定义目标如表 6-3 所示。

表6-3　Docker Maven插件的预定义目标

目标	功能	目标	功能
docker:build	构建镜像	docker:push	将镜像推送到注册中心
docker:start	创建和启动容器	docker:remove	从本地 Docker 主机上删除镜像
docker:stop	停止和销毁容器	docker:logs	显示容器日志

6.3.5　Spring Boot 应用程序

Spring Boot 框架致力于快速的应用开发，它具有以下优点。

- 实现约定大于配置，是一个低配置的应用系统框架。
- 提供内置的 Tomcat 或 Jetty 容器，不需要部署 WAR。
- 通过依赖的 JAR 包管理、自动装配技术，容易实现与其他技术体系和工具的集成。
- 提供自动配置的 "starter" POM 以简化 Maven 配置。
- 提供一些生产环境的特性，如支持热部署，也支持指标、健康检查和外部化配置，开发便捷。

Spring Boot 应用程序可以采用以下几种启动方式。

- 通过 Java 主类启动。
- 通过 Spring Boot 的 Maven 插件或 Gradle 插件启动。
- 生成为可执行的 JAR 或 WAR 包启动。
- 通过 Servlet 容器（如 Tomcat、Jetty 等）启动。

Spring Boot 的 Maven 插件在 Maven 中提供 Spring Boot 支持，允许用户生成可执行软件包和运行应用程序，其基本语法如下。

- spring-boot:run——运行 Spring Boot 应用程序。
- spring-boot:repackage——重新生成可执行的 JAR 或 WAR 包。
- spring-boot:start 和 spring-boot:stop——管理 Spring Boot 应用程序的生命周期。
- spring-boot:build-info——生成可由 Actuator（用于监控与管理应用程序）使用的构建信息。

Spring Boot 为开发轻巧的微服务应用程序提供了捷径，而 Docker 极大地方便了微服务的部署。使用 Docker 部署 Spring Boot 项目也需要先生成镜像，再通过镜像启动容器。

🔑 **任务实现**

微课 0605

容器化简单的
Java 应用程序

任务 6.3.1　容器化简单的 Java 应用程序

下面示范如何使用 Maven 工具创建一个简单的 Java 应用程序，并将其打包为一个镜像，然后基于该镜像启动容器来运行该应用程序。

1. 搭建 Maven 环境

（1）安装 JDK 以便编译 Java 应用程序代码。

CentOS Stream 9 系统默认未安装和配置 JDK，执行 yum install java-11-openjdk-devel 命令安装 OpenJDK 11。安装完毕可以查看版本来测试 JDK 是否正确安装。

电子活页 0601

安装 Maven 软件

```
[root@host1 ~]# javac --version
javac 11.0.18
```

（2）安装 Maven 软件。

从 Maven 官网下载其二进制安装包进行安装，注意配置 Maven 的环境变量，执行 mvn -v 命令查看版本来测试 Maven 是否正确安装。Maven 默认会从中央仓库下载依赖，建议修改/usr/local/maven/conf/settings.xml 配置文件改用国内镜像（如阿里云镜像）加速下载。

2. 创建 Java 项目并进行构建

（1）执行以下命令创建一个 Java 项目。

```
[root@host1   ch06]#  mvn  archetype:generate  -DgroupId=org.examples.java
-DartifactId=java-hello -DinteractiveMode=false
...
[INFO] project created from Old (1.x) Archetype in dir: /root/ch06/java-hello
```

（2）项目创建完成后会自动生成一个 Java 项目目录，查看该目录结构，结果如下。

```
[root@host1 ch06]# tree java-hello
java-hello
```

```
├── pom.xml
└── src
    ├── main
    │   └── java
    │       └── org
    │           └── examples
    │               └── java
    │                   └── App.java
    └── test
        └── java
            └── org
                └── examples
                    └── java
                        └── AppTest.java
```

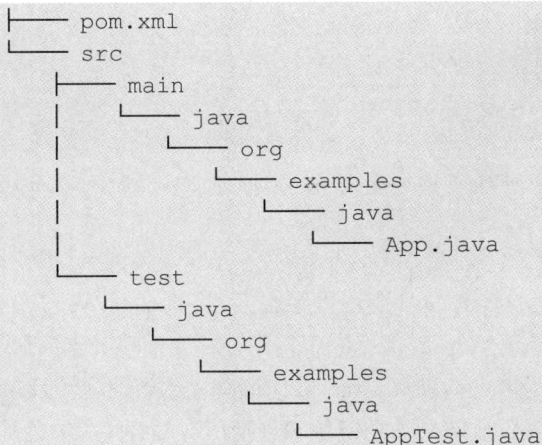

该目录中自动生成了项目管理文件 pom.xml，而 src 目录用于存放源代码。

（3）修改 pom.xml 文件，在"</project>"顶级节点下添加以下定义。

```
<properties>
  <project.build.sourceEncoding>UTF-8</project.build.sourceEncoding>
  <maven.compiler.source>11</maven.compiler.source>
  <maven.compiler.target>11</maven.compiler.target>
</properties>
```

这里的 11 是指 Java 版本号。Maven 项目默认 Java 项目版本为 5（或称 1.5），需要将其改为 Java11 版本，否则构建 Java 项目时会报出"不再支持源选项 5"和"不再支持目标选项 1.5"的错误。

（4）执行以下操作构建 Java 项目。

```
[root@host1 java-hello]# mvn package
[INFO] Scanning for projects...
[INFO]
[INFO] --------------------< org.examples.java:java-hello >-------------------
[INFO] Building java-hello 1.0-SNAPSHOT
[INFO]   from pom.xml
...
[INFO] Building jar: /root/ch06/java-hello/target/java-hello-1.0-SNAPSHOT.jar
[INFO] ------------------------------------------------------------------------
[INFO] BUILD SUCCESS
```

（5）运行所生成的 Java 类，如下所示。

```
[root@host1java-hello]#java -cp target/java-hello-1.0-SNAPSHOT.jar org.examples.
java.App
Hello World!
```

-cp 是 Java 命令行工具中的一个常用选项，指定 JAR 文件的路径和主类。

3. 构建镜像并启动容器

（1）在项目目录中创建一个 Dockerfile，向该文件添加以下内容并保存该文件。

```
FROM openjdk:11
COPY target/java-hello-1.0-SNAPSHOT.jar/usr/src/java-hello-1.0-SNAPSHOT.jar
CMD java -cp /usr/src/java-hello-1.0-SNAPSHOT.jar org.examples.java.App
```

（2）基于该 Dockerfile 构建镜像，如下所示。

```
[root@host1 java-hello]# docker image build -t java-hello .
...
```

```
=> => naming to docker.io/library/java-hello
```

（3）运行此镜像并启动容器，如下所示。

```
[root@host1 java-hello]# docker run --rm java-hello
Hello World!
```

至此，已成功实现上述 Java 应用程序的容器化。

任务 6.3.2　容器化 Tomcat 应用程序

　　　　　　Tomcat 是中小型系统的首选 Java 应用程序服务器。Java 的 Web 应用程序大多要与数据库联系，而基于 Tomcat 部署应用程序往往要连接数据库服务器。接下来以 MySQL 数据库为例进行讲解。Tomcat 应用程序的容器化涉及 Tomcat 和 MySQL 环境的搭建。可以自定义一个镜像来包括所有的环境，但这种镜像体积较大，也不便于运维。比较好的办法是启用两个容器分别运行 Tomcat 和 MySQL，并使用 Compose 编排这两个容器。下面示范操作过程。

（1）创建一个名为 tomcat-mysql 的项目目录。

（2）准备配套的应用程序文件。为简化实验，这里给出一套 JSP 示例代码，使用 JNDI（Java Naming and Directory Interface，Java 命名和目录接口）配置数据源和 JDBC（Java DataBase Connectivity，Java 数据库连接）。JNDI 应配置将 MySQL 驱动中的 JAR 文件（本例中为 mysql-connector-java-8.0.28.jar）复制到 Tomcat 安装目录下的 lib 目录下，这一步很重要，但一般容易被忽略。本任务所用的配套文件如下。

```
[root@host1 ch06]# tree tomcat-mysql
tomcat-mysql
├── dbinit
│   └── mysql-init.sql                      # 用于初始化数据库
└── tomcat
    └── webapps
        └── example-webapp
            ├── index.jsp
            ├── META-INF
            │   └── context.xml
            ├── test-attributes.jsp
            ├── test-datasource.jsp
            ├── test-filesystem.jsp
            ├── test-jdbc.jsp
            ├── test-jndi.jsp
            └── WEB-INF
                ├── lib
                │   └── mysql-connector-java-8.0.28.jar   # MySQL 数据库驱动
                └── web.xml
```

相关代码较多，这里不一一列出，请读者参见本书配套参考源代码。

（3）在项目目录下编写名为 compose.yaml 的 Compose 文件，该文件的内容如下。

```
services:
  db:
    image: mysql:8.0
    environment:
      LANG: C.UTF-8
      MYSQL_ROOT_PASSWORD: tomcat
```

```
        MYSQL_DATABASE: example_db
        MYSQL_USER: tester
        MYSQL_PASSWORD: tomcat
      volumes:
        - ./dbinit:/docker-entrypoint-initdb.d
        - db_data:/var/lib/mysql
    web:
      image: tomcat:8-jre8
      environment:
        JDBC_URL: "jdbc:mysql://db:3306/example_db?connectTimeout=0&socketTimeout
=0&autoReconnect=true&useSSL=false&allowPublicKeyRetrieval=true"
        JDBC_USER: tester
        JDBC_PASS: tomcat
      ports:
        - "8888:8080"
      volumes:
        - ./tomcat/webapps:/usr/local/tomcat/webapps
      depends_on:
        - db
  volumes:
      db_data: {}
```

此文件中直接使用 Tomcat 和 MySQL 的官方镜像。注意，在 MySQL 官方镜像启动的容器中，字符集默认是不支持中文的，可以设置环境变量 LANG 的值为 C.UTF-8，使得默认字符集支持中文。

MySQL 容器启动时会执行一个简单的数据库初始化脚本./dbinit/mysql-init.sql，以创建一个包含一些记录的示例表的数据库。

Tomcat 容器依赖于 MySQL 容器，将./tomcat/webapps 目录中的示例程序绑定挂载到该容器中进行发布。该示例程序包括几个简单的 JSP 页面，这些页面用于测试 Tomcat 与 MySQL 的连接。

（4）执行以下命令启动整个应用程序（以前台模式运行以便排查程序问题）。

```
[root@host1 tomcat-mysql]# docker compose up
[+] Running 11/11
 ✔ web 10 layers [██████████]        0B/0B      Pulled      19.8s
...
[+] Running 2/2
 ✔ Container tomcat-mysql-db-1    Created   0.0s
 ✔ Container tomcat-mysql-web-1   Created   0.3s
...
db-1|2024-02-18T13:44:30.134635Z 0 [System][MY-010931][Server] /usr/sbin/mysqld:
ready for connections. Version: '8.0.27'  socket: '/var/run/mysqld/mysqld.sock'
port: 3306 MySQL Community Server - GPL.
```

（5）在浏览器中访问 http://127.0.0.1:8888/example-webapp/进行测试，出现图 6-6 所示的应用程序主界面，其中提供多个测试项目，可以逐一进行测试。例如，单击"测试数据源"选项列出数据表，可以打开其中的数据表，如图 6-7 所示。

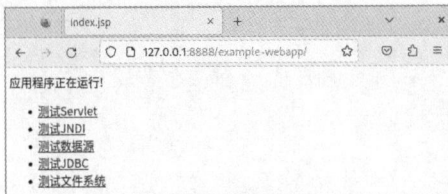

图6-6　应用程序主界面

图6-7　打开一个数据表

（6）实验完毕，停止执行该 Compose 应用程序并清理上述项目。

任务 6.3.3　容器化 Spring Boot 应用程序

Spring Boot 应用程序往往结合 MySQL 服务器和 Nginx 服务器进行部署，由 MySQL 负责数据存储，Nginx 作为前端服务器将请求转发到后端 Spring Boot 内置的 Tomcat 服务器中。这需要安装 Nginx 并进行相关配置，同时应安装 MySQL 并配置字符集、时区等信息，最后运行 Spring Boot 项目。由于涉及多个服务组件，并且在对 Spring Boot 应用程序进行容器化时需要提供运行环境，因此通过 Compose 进行部署是比较好的方案。Spring Boot 应用程序是使用 Java 语言编写的，需要进行编译构建，它通常使用 Maven 作为构建工具。Spring Boot 提供 Maven 插件，用来生成可执行 JAR 包或 WAR 包并运行应用程序。下面示范部署一个简单的 Spring Boot 程序的步骤。该示例程序没有用到数据库，但是为了示范，运行环境中仍然包括 MySQL。

（1）建立项目目录。

将项目目录命名为 spring-boot。在该目录中创建 app 子目录，该子目录用于存放程序项目，包括源代码、编译结果；创建 nginx 子目录，该子目录用于存放有关 Nginx 的配置文件。

（2）准备 Spring Boot 应用程序代码。

准备一个显示"Hello,Spring Boot!"的单 Spring Boot 应用程序，其源代码位于 app 子目录下的 src/main/java/com/abc/hello 目录中。本例非常简单，只有两个 Java 文件，其中一个文件 Application.java 的代码如下。

```
package com.abc.hello;
import org.springframework.boot.SpringApplication;
import org.springframework.boot.autoconfigure.EnableAutoConfiguration;
import org.springframework.context.ApplicationContext;
import org.springframework.context.annotation.ComponentScan;
import org.springframework.context.annotation.Configuration;
@Configuration
@EnableAutoConfiguration
@ComponentScan
public class Application {
    public static void main(String[] args) {
        ApplicationContext ctx = SpringApplication.run(Application.class, args);
    }
}
```

另一个文件 HelloController.java 的代码如下。

```
package com.abc.hello;
import org.springframework.web.bind.annotation.RestController;
import org.springframework.web.bind.annotation.RequestMapping;
@RestController
public class HelloController {
    @RequestMapping("/")
    public String index() {
        return "Hello, Spring Boot!\n";
    }
}
```

使用 Maven 作为构建工具需要编写 pom.xml 文件。这里在 app 子目录下创建 pom.xml 文件，该文件的内容如下。

```
<project xmlns="http://maven.apache.org/POM/4.0.0" xmlns:xsi="http://www. w3.
org/2001/XMLSchema-instance"
    xsi:schemaLocation="http://maven.apache.org/POM/4.0.0http://maven.apache.
org/xsd/maven- 4.0.0.xsd">
    <modelVersion>4.0.0</modelVersion>
    <groupId>com.abc </groupId>
    <artifactId>spring-boot-hello</artifactId>
    <version>0.0.1-SNAPSHOT</version>
    <!-- 指定为 Spring Boot 项目 -->
<parent>
        <groupId>org.springframework.boot</groupId>
        <artifactId>spring-boot-starter-parent</artifactId>
        <version>2.2.0.RELEASE</version>
    </parent>
    <dependencies>
        <!-- 搭建的是 Web 应用，因此必须添加 spring-boot-starter-web 依赖 -->
        <dependency>
            <groupId>org.springframework.boot</groupId>
            <artifactId>spring-boot-starter-web</artifactId>
        </dependency>
        <!-- spring-boot-devtools 依赖支持在修改类或配置文件时自动重新加载 Spring Boot
应用 -->
        <dependency>
            <groupId>org.springframework.boot</groupId>
            <artifactId>spring-boot-devtools</artifactId>
            <optional>true</optional>
        </dependency>
        <!-- 使用 MySQL 连接器 -->
        <dependency>
            <groupId>mysql</groupId>
            <artifactId>mysql-connector-java</artifactId>
        </dependency>
    </dependencies>
    <!-- 使用 Maven 插件打包 -->
    <build>
        <plugins>
            <plugin>
                <groupId>org.springframework.boot</groupId>
                <artifactId>spring-boot-maven-plugin</artifactId>
            </plugin>
        </plugins>
    </build>
</project>
```

Spring Boot 默认会使用内置的 Tomcat 服务器提供 Web 服务。

在 app 子目录下创建 Dockerfile，该文件的内容如下。

```
FROM maven:3.8-jdk-8
```

这表示构建应用程序镜像时依赖于基础镜像 maven 3.8 和 JDK8 环境。由于后面的 Compose
文件设置了项目启动命令，因此这里不需要添加相应的启动命令。

（3）提供 Nginx 配置文件。

Nginx 在整个项目中用于代理转发，本例在项目目录下的 nginx 子目录下的 conf.d 子目录下提供配置文件 app.conf，该文件的内容如下。

```
server {
    # 监听 80 端口
    listen 80;
    charset utf-8;
    access_log off;

    location / {
        # 转发到 8080 端口
        proxy_pass http://app:8080;
        proxy_set_header Host $host:$server_port;
        proxy_set_header X-Forwarded-Host $server_name;
        proxy_set_header X-Real-IP $remote_addr;
        proxy_set_header X-Forwarded-For $proxy_add_x_forwarded_for;
    }
    # 处理静态内容
    location /static {
        access_log   off;
        expires      30d;
        alias /app/static;
    }
}
```

这里主要配置请求转发，将 80 端口的请求转发到 app 服务的 8080 端口。注意，proxy_pass 指令配置代理转发，目的主机使用的是 app 服务，使用 Compose 编排的服务可通过服务名称进行通信。

（4）在项目根目录下创建名为 compose.yaml 的 Compose 文件，该文件的内容如下。

```
services:
  nginx:
    container_name: spbt-nginx
    image: nginx:1.16
    restart: always
    ports:
      - 80:80
      - 443:443
    volumes:
      - ./nginx/conf.d:/etc/nginx/conf.d
    depends on :
      - app
  mysql:
    container_name: spbt-mysql
    image: mysql/mysql-server:8.0
    environment:
      MYSQL_DATABASE: test
      MYSQL_ROOT_PASSWORD: root
      MYSQL_ROOT_HOST: '%'
      LANG: C.UTF-8
    ports:
```

```
      - 3306:3306
    volumes:
      - db_data:/var/lib/mysql
    restart: always

  app:
    container_name: spbt-app
    build: ./app
    restart: always
    working_dir: /app
    volumes:
      - ./app:/app
      - ~/.m2:/root/.m2
    expose:
      - 8080
    depends_on:
      - mysql
    command: mvn clean spring-boot:run
volumes:
  db_data: {}
```

此项目的关键是在 app 服务中构建应用程序的镜像，并执行 mvn clean spring-boot:run 命令启动应用程序。执行 mvn clean 命令可将根目录下生成的目标（Target）文件清除；执行 mvn spring-boot:run 命令可启动项目。

（5）查看当前项目的目录结构，结果如下。

```
spring-boot
├── app
│   ├── Dockerfile
│   ├── pom.xml
│   └── src
│       ├── main
│       │   └── java
│       │       └── com
│       │           └── abc
│       │               ├── demo
│       │               │   ├── Application.java
│       │               │   └── DemoController.java
│       │               └── hello
│       │                   ├── Application.java
│       │                   └── HelloController.java
│       └── test
│           └── java
│               └── com
│                   └── abc
│                       └── demo
│                           └── ApplicationTests.java
├── compose.yaml
└── nginx
    └── conf.d
        └── app.conf
```

（6）执行以下命令启动整个应用程序。

```
[root@host1 spring-boot]# docker compose up --build
[+] Building 15.4s (5/5) FINISHED                docker:default
...
spbt-app    | 2024-02-19 02:49:14.829  INFO 51 --- [ restartedMain]
com.abc.hello.Application   : Started Application in 6.336 seconds (JVM running
for 7.634)
```

（7）在浏览器中访问 http://127.0.0.1 进行测试，出现图 6-8 所示的 Spring Boot 应用程序界面，说明部署成功。

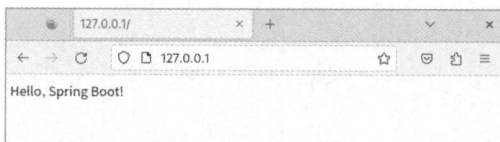

图6-8　Spring Boot应用程序界面

（8）实验完毕，停止执行该 Compose 应用程序并清理上述项目。

读者可以根据需要将示例中的 Spring Boot 代码替换成自己的代码，但需要修改相应的 pom.xml 文件。

任务 6.4　Python 应用程序容器化

任务说明

Python 是一种可与 Perl、Ruby、Scheme 或 Java 相媲美的面向对象的、解释型的程序设计语言，其语法简洁清晰，具有丰富和强大的库。它最初被设计用于编写自动化脚本。随着版本的不断更新和新功能的不断增加，Python 越来越多地用于独立的、大型项目的开发。通过 Docker 部署 Python 应用程序非常方便。本任务的具体要求如下。

- 了解 Python 应用程序的特点。
- 了解 Python Web 框架。
- 熟悉 Python 官方镜像的基本使用。
- 学会使用 Compose 部署 Django 应用程序。

知识引入

6.4.1　Python 应用程序

作为一种易于使用的语言，Python 使程序编写和程序运行变得简单。Python 应用程序与容器化有关的特点如下。

- Python 是一种解释型语言，易于移植。
- Python 应用程序代码以模块和包的形式进行组织。包定义了由模块和子包组成的 Python 应用程序执行环境，它的本质是一个具有特定层次的文件目录结构。Python 可以使用 pip 工具安装、升级和删除包。

- Python 项目中可以包含 requirements.txt 文件,该文件用于记录所有的依赖包及其精确的版本,以便在新的环境下进行 Python 的部署。下面给出 requirements.txt 的简单示例。

```
matplotlib==2.2.0
numpy==1.14.1
```

这个文件可以手动编写,也可以自动生成。使用如下所示的 pip freeze 命令将当前开发环境中的包信息记录到 requirements.txt 文件中。

```
pip freeze > requirements.txt
```

在到其他环境中部署 Python 项目时,可以使用如下所示的 pip install 命令依据 requirements.txt 文件批量安装所依赖的包。

```
pip install -r requirements.txt
```

构建 Python 应用程序镜像时一般要考虑使用 pip install 命令部署运行环境。

- Python 支持虚拟环境,以便为不同的项目创建独立的运行环境。在虚拟环境下,每一个项目都有自己的依赖包,该依赖包与其他项目无关。不同的虚拟环境中的同一个包可以有不同的版本,并且虚拟环境的数量没有限制。容器本身就是隔离的运行环境,因此容器化 Python 应用程序时不用创建虚拟环境。

6.4.2 Python Web 框架及其部署技术

Python Web 应用程序的部署比较复杂,要对它进行容器化,首先需要了解相关的部署技术。WSGI(Web Server Gateway Interface,Web 服务器网关接口)规定了 Python Web 应用程序和 Python Web 服务器之间的通信方式。目前主流的 Python Web 框架(如 Django、Flask、Tornado 等)都是基于 WSGI 规范实现的,在部署时需要考虑对 WSGI 的支持。Django 是使用 Python 编写的开放源代码的 Web 应用框架,是重量级框架中最有代表性的,许多网站和 Web 应用程序都基于 Django 框架实现。下面以 Django 为例介绍 Python Web 框架及其部署技术。

运行 Django 应用程序最简单的方法是执行 python manage.py runserver 命令,也就是建立一个简单的 HTTP 服务器,但这种方法只适用于测试环境。正式发布的服务需要一个稳定而持续的 Web 服务器,比如 Apache、Nginx 等,在 Linux 平台上一般选择使用 Nginx 部署 Django。Nginx 是 Web 服务器,也是反向代理工具,通常用来部署静态文件。Django 框架遵循 WSGI 规范,因此还需要部署 Python WSGI 服务器以完成 Python 动态内容的发布。Python WSGI 服务器目前主要有两种解决方案:一种是 uWSGI,另一种是 Gunicorn。

这里重点讲解 uWSGI。uWSGI 是一个实现了 uwsgi 协议、WSGI 规范和 HTTP 的软件工具。uWSGI 通过 WSGI 规范与 Python Web 服务进程通信,然后通过 uwsgi 协议与 Nginx 进行通信,最终 Nginx 通过 HTTP 对外发布服务。uwsgi 协议是 uWSGI 工具独有的协议,选择 uWSGI 作为部署工具的一个重要原因就是 uwsgi 协议具有简洁、高效的优点。

uWSGI 作为 Web 服务器,支持 HTTP,当然也支持静态文件部署。但是,uWSGI 对静态资源的处理效果不是很理想,目前主流的做法是使用 Nginx 处理静态文件。Django 应用程序通常选择 Nginx 和 uWSGI 相结合的部署方案,Nginx 负责静态内容发布,uWSGI 负责动态内容发布,二者配合共同提供 Web 服务,以达成提高效率和实现负载均衡等目的。采用这种部署方案的请求和响应流程如图 6-9 所示。

图6-9 Nginx和uWSGI结合部署的请求和响应流程

Web 浏览器的访问请求首先到达 Nginx，如果请求的是静态内容，则 Nginx 会直接处理；如果请求的是动态内容，就将其转交给 uWSGI，由 uWSGI 处理整个 Django 项目的 Python 代码。Nginx 会将 HTTP 请求进行转换并通过 uwsgi 协议传递给 uWSGI，uWSGI 通过 WSGI 规范与 Django 应用程序进行通信，在获取响应结果后，再通过 uwsgi 协议将结果返回给 Nginx，最终 Nginx 通过 HTTP 响应将结果返回给发起请求的 Web 浏览器。

Nginx、uWSGI 和 Django 可以先独立部署，然后整合在一起，部署过程中涉及 Nginx 和 uWSGI 的配置。

> **提示**
>
> 传统的部署方案中会使用 Supervisor 看守服务进程，一旦进程异常退出，它会立即让进程重启。Supervisor 是使用 Python 开发的一套通用的进程管理程序，能将一个普通的命令行进程变为后台守护进程，并监控进程状态，在进程异常退出时能立即让进程自动重启。使用容器方式部署则不需要使用 Supervisor，直接利用容器的自动重启功能即可，除非一个容器中运行多个服务，而 Docker 官方建议一个容器中只运行一个服务。

6.4.3　Python 官方镜像的基本使用

简单的 Python 项目可以直接利用 Python 官方镜像进行发布。

1. 基于 Python 官方镜像为 Python 项目定制新的镜像

下面给出一个 Dockerfile 的示例代码。

```
FROM python:3.11.4
# 设置工作目录
WORKDIR /usr/src/app
# 复制 requirements.txt 文件到工作目录
COPY requirements.txt ./
#依据 requirements.txt 文件使用 pip 安装包
RUN pip install --no-cache-dir -r requirements.txt
# 将当前目录复制到容器的工作目录
COPY . .
CMD [ "python", "./your-daemon-or-script.py" ]
```

基于 Dockerfile 构建镜像，然后基于新构建的镜像启动容器。

2. 运行单个 Python 脚本

对于一些简单的、只有单一文件的 Python 应用程序，不必编写 Dockerfile，直接使用 Python 官方镜像运行 Python 脚本即可。例如：

```
docker run -it --rm --name my-running-script -v "$PWD":/usr/src/myapp -w /usr/src/myapp python:3.10 python your-daemon-or-script.py
```

3. Python 官方镜像的变种

为满足特定使用场景的需要，Python 官方镜像提供了多种风格的镜像变种，具体列举如下。

- python:<版本号>。它是使用最多的 Python 官方镜像的变种，如果不能确定具体需求，可以考虑此镜像。它既可用来加载源代码并启动容器以启动应用程序，又可作为构建其他镜像的基础。这种镜像可能会使用 buster 或 stretch 之类的标签，这些标签是 Debian 发行版的套件代码名称，用于指示基础镜像的版本。
- python:<版本号>-slim。它仅包括运行 Python 所需的最小环境，不包括常用的包。
- python:<版本号>-alpine。它是基于流行的 Alpine Linux 项目构建的镜像，适用于对容器大小敏感的场景。
- python:<版本号>-windowsservercore。它是基于 Windows Server Core（镜像名为 microsoft/windowsservercore）的镜像，仅适用于 Windows 10 或 Windows Server 2016 以及更高版本的 Windows 操作系统。

微课 0608

容器化 Flask 应用程序

任务实现

任务 6.4.1 容器化 Flask 应用程序

这里以容器化 Flask 应用程序为例，示范如何通过 Compose 为容器化 Python 应用程序设置开发环境，涉及添加本地数据库以持久化数据存储的相关操作。

1. 准备 Flask 应用程序源代码和 Dockerfile

（1）创建一个项目目录。将项目目录命名为 flask-postgres。

（2）在该项目目录下准备一个名为 app.py 的源代码文件，该文件的内容如下。

```python
import json
from flask import Flask
import psycopg2
import os

app = Flask(__name__)

if 'POSTGRES_PASSWORD_FILE' in os.environ:
    with open(os.environ['POSTGRES_PASSWORD_FILE'], 'r') as f:
        password = f.read().strip()
else:
    password = os.environ['POSTGRES_PASSWORD']

@app.route('/')
def hello_world():
    return 'Hello, Flask!'

@app.route('/widgets')
def get_widgets():
    with psycopg2.connect(host="db",user="postgres",password=password, database=
"example") as conn:
        with conn.cursor() as cur:
```

```
        cur.execute("SELECT * FROM widgets")
        row_headers = [x[0] for x in cur.description]
        results = cur.fetchall()
    conn.close()

    json_data = [dict(zip(row_headers, result)) for result in results]
    return json.dumps(json_data)

@app.route('/initdb')
def db_init():
    conn = psycopg2.connect(host="db", user="postgres", password=password)
    conn.set_session(autocommit=True)
    with conn.cursor() as cur:
        cur.execute("DROP DATABASE IF EXISTS example")
        cur.execute("CREATE DATABASE example")
    conn.close()

    with  psycopg2.connect(host="db",user="postgres",password=password,database=
"example") as conn:
        with conn.cursor() as cur:
            cur.execute("DROP TABLE IF EXISTS widgets")
            cur.execute("CREATE TABLE widgets (name VARCHAR(255), description
VARCHAR(255))")
    conn.close()
    return 'init database'

if __name__ == "__main__":
    app.run(host='0.0.0.0')
```

（3）准备用于安装 Python 依赖包的 requirements.txt 文件，该文件的内容如下。

```
blinker==1.6.2
click==8.1.6
colorama==0.4.6
Flask==2.3.2
itsdangerous==2.1.2
Jinja2==3.1.2
MarkupSafe==2.1.3
psycopg2-binary==2.9.6
Werkzeug==2.3.6
```

（4）准备用于构建镜像的 Dockerfile，该文件的内容如下。

```
# syntax=docker/dockerfile:1
ARG PYTHON_VERSION=3.11.4
FROM python:${PYTHON_VERSION}-slim as base
# 阻止 Python 写入 PYC 文件（解释器编译过生成的文件）
ENV PYTHONDONTWRITEBYTECODE=1
# 不缓冲标准输出和错误流
ENV PYTHONUNBUFFERED=1
WORKDIR /app
# 创建运行应用程序的非特权用户
ARG UID=10001
RUN adduser \
    --disabled-password \
```

```
    --gecos "" \
    --home "/nonexistent" \
    --shell "/sbin/nologin" \
    --no-create-home \
    --uid "${UID}" \
    appuser
# 下载依赖作为一个单独的步骤来利用 Docker 的缓存
RUN --mount=type=cache,target=/root/.cache/pip \
    --mount=type=bind,source=requirements.txt,target=requirements.txt \
    python -m pip install -r requirements.txt
# 切换到非特权用户身份运行该应用程序
USER appuser
# 将源代码复制到容器中
COPY . .
# 公开显示应用程序监听的端口
EXPOSE 5000
# 运行应用程序
CMD python3 -m flask run --host=0.0.0.0
```

2. 在 Compose 文件中定义服务

实际的 Flask 应用程序大多要连接数据库。这里使用 Compose 文件来定义 Flask 运行环境，涉及数据库服务和用于持久化数据的卷的相关操作。

（1）在项目目录下创建一个名为 db 的新目录，并在该目录中创建一个包含数据库密码的名为 password.txt 的文件。为简化实验，将该文件内容（数据库密码）设置为"abc123"。

（2）在项目目录下创建一个名为 compose.yaml 的文件来定义所需的服务和配套内容，向该文件添加以下内容。

```
services:
  server:
    build:
      context: .
    ports:
      - 8000:5000
    environment:
      - POSTGRES_PASSWORD_FILE=/run/secrets/db-password
    depends_on:
      db:
        condition: service_healthy
    secrets:
      - db-password
  db:
    image: postgres
    restart: always
    user: postgres
    secrets:
      - db-password
    volumes:
      - db-data:/var/lib/postgresql/data
    environment:
      - POSTGRES_DB=example
```

```
        - POSTGRES_PASSWORD_FILE=/run/secrets/db-password
    expose:
      - 5432
    healthcheck:
      test: [ "CMD", "pg_isready" ]
      interval: 10s
      timeout: 5s
      retries: 5
volumes:
  db-data:
secrets:
  db-password:
    file: db/password.txt
```

　　Compose 文件基于 Dockerfile 构建 Flask 应用程序的镜像以运行 Flask 容器，使用现成的 postgres 镜像来运行数据库服务器容器，使用 db-data 卷存储数据库，使用 db-password 保密数据提供数据库访问密码。

　　（3）查看项目目录结构，确认已经准备好如下目录和文件。

```
flask-postgres
├── app.py
├── compose.yaml
├── db
│   └── password.txt
├── Dockerfile
└── requirements.txt
```

3. 构建镜像并运行应用程序

　　（1）执行以下命令构建镜像并运行应用程序。--build 选项表示在启动容器之前构建镜像。

```
[root@host1 flask-postgres]# docker compose up --build
[+] Building 148.8s (12/12) FINISHED    docker:default
...
[+] Running 4/3
 ✔ Network flask-postgres_default      Created    0.0s
 ✔ Volume "flask-postgres_db-data"     Created    0.0s
 ✔ Container flask-postgres-db-1        Created    0.0s
 ✔ Container flask-postgres-server-1   Created    0.0s
...
server-1  |  * Running on all addresses (0.0.0.0)
server-1  |  * Running on http://127.0.0.1:5000
server-1  |  * Running on http://172.19.0.3:5000
server-1  | Press CTRL+C to quit
```

　　（2）打开另一个终端窗口，执行以下命令初始化数据库。

```
[root@host1 ~]# curl http://localhost:8000/initdb
init database
```

　　（3）执行以下 curl 命令访问 Flask 应用程序测试其容器化效果，结果表明 Flask 应用程序容器化成功。

```
[root@host1 ~]# curl http://localhost:8000
Hello, Flask!
```

电子活页 0602

自动更新 Flask 服务

（4）切回原终端窗口，按 Ctrl+C 组合键停止应用程序。

> 💬 **提示**
>
> ⚙️ 使用 Compose Watch 工具可以在编辑和保存代码时自动更新正在运行的 Compose 服务，但使用该工具的前提是在 Compose 文件中添加 Compose Watch 指令。完成本任务实验后，应在项目目录下执行 docker compose down --volume 命令停止并清理相关应用程序和服务。

任务 6.4.2　容器化 Django 应用程序

项目 5 中的任务 5.2.2 已经示范了一个简单的 Django/PostgreSQL 应用程序的定义和运行，下面示范一个复杂的适用于生产环境的 Django 应用程序容器化过程，使用 Nginx 和 uWSGI 部署 Django/MySQL 应用程序，这也是目前比较主流的 Django 项目部署方式。在准备项目文件之前，创建一个名为 django-nginx-uwsgi-mysql 的项目目录。

微课 0609

容器化 Django 应用程序

1. 配置 Nginx 服务器

本例运行 Nginx 服务器的 Nginx 容器基于官方镜像构建。

（1）在项目目录下创建 nginx 目录用于存放 Nginx 配置文件。

（2）在 nginx 目录下创建 conf 子目录。

（3）在 conf 子目录下创建配置文件 nginx.conf 用于定义 Nginx 全局配置，这些配置源于 Nginx 官方镜像中的默认配置文件。nginx.conf 文件的内容如下。

```
user  root;
worker_processes 1;
error_log  /var/log/nginx/error.log warn;
pid        /var/run/nginx.pid;
events {
    worker_connections  1024;
}
http {
    include       /etc/nginx/mime.types;
    default_type  application/octet-stream;
    log_format  main  '$remote_addr - $remote_user [$time_local] "$request" '
                  '$status $body_bytes_sent "$http_referer" '
                  '"$http_user_agent" "$http_x_forwarded_for"';
    access_log  /var/log/nginx/access.log  main;
    sendfile        on;
    keepalive_timeout  65;
    include /etc/nginx/conf.d/*.conf;
}
```

这里的主要目的是将 user 的值从 nginx 改为 root。user 是一个主模块指令，指定运行 Nginx Worker 进程的用户以及用户组。

（4）在 conf 子目录下创建配置文件 django-nginx.conf 用于定义 Nginx 的扩展配置，主要定义 Nginx 与 uWSGI 交互的配置，绑定挂载到容器中的 /etc/nginx/conf.d/default.conf 文件中。django-nginx.conf 文件的主要内容如下。

```
upstream uwsgi {
    server unix:/code/app.sock;
}
server {
    # 站点端口
    listen    80;
    # 服务器名称
    server_name nginx_srv;
    # 网页的默认编码格式
    charset    utf-8;
    # 允许客户端上传数据的大小
    client_max_body_size 75M;
    location /static {
        # Django 项目的静态文件
        alias /code/static;
        index index.html  index.htm;
    }
    location / {
        uwsgi_pass  uwsgi;
        include   /etc/nginx/uwsgi_params;
    }
}
```

其中，upstream 块主要用于配置负载均衡，以及设置一系列的后端服务器。Nginx 的 HTTP upstream 块用于配置客户端到后端服务器的负载均衡，这里用来设置 Nginx 请求转发的目的地。Nginx 将浏览器等发送过来的请求通过 proxy_pass（代理转发）或 uwsgi_pass（uwsgi 转发）指令转发给 Web 应用程序处理，然后把处理的结果返回给浏览器。Web 应用程序与 Nginx 进行交互需要使用 TCP 协议，WSGI 规范和 uwsgi 协议都在 TCP 协议之上工作。upstream 块为后端服务器指定一个名称，块中的 server 指令指定后端服务器的 IP 地址和端口，示例中的后端服务器是 uWSGI。如果 Nginx 和 uWSGI 在同一个服务器上，则可以使用 socket 文件的形式（即使用 UNIX 套接字）定义 uWSGI，这种方式的开销更小。对于负载均衡，往往要使用多个 server 指令指定多个后端服务器，而且可以设置调度算法。

server 块主要用于虚拟主机配置，如指定主机和端口。其中的 location 块设置 URL 匹配特定位置。location 块支持正则表达式匹配，也支持条件判断匹配，可以实现 Nginx 对动态内容和静态内容的过滤处理。使用 location 块的 URL 匹配配置可以实现反向代理或负载均衡。在此例中，设置匹配路径/static 的为静态内容，匹配路径/的为动态内容，并将请求转交给 uWSGI 处理。其中，uwsgi_pass 指令设置 uWSGI 服务器（示例中是由 upstream 块定义的 uwsgi），表示动态内容请求都通过由 uwsgi 指定的 uWSGI 处理。注意，这里的定义要与 uWSGI 服务器的 uwsgi.ini 配置文件（后面会详细介绍）中的 socket 参数保持一致。另外，使用 include 指令嵌入的 uwsgi_params 文件包含 uwsgi 的请求参数，Nginx 官方镜像中已经提供该文件（/etc/nginx/uwsgi_params）。

2. 配置 Django 与 uWSGI

本例要基于 Python 官方镜像安装 Django、mysqlclient、uWSGI 等软件来定制新的镜像，并基于新镜像的容器同时运行 Django 应用程序与 uWSGI 服务器。

（1）在项目目录下创建 django-uwsgi 目录，在该目录中创建 Dockerfile，该文件的内容如下。

```
FROM python:3.11.4
```

```
ENV PYTHONUNBUFFERED 1
# 创建/code 目录用于存放应用程序代码，并将该目录作为工作目录
RUN mkdir /code
WORKDIR /code
COPY ./requirements.txt /code
RUN pip install --upgrade pip \
  && pip install -r requirements.txt
```

（2）基于 Python 官方镜像安装的软件具体由 requirements.txt 文件定义，该文件的内容如下。

```
django>=4.2.1,<4.3
django-tinymce4-lite
django-bootstrap4
mysqlclient==2.1.1
django-jet
uwsgi
```

（3）在 django-uwsgi 目录下创建 uwsgi.ini 文件来配置 uWSGI 服务器，该文件的内容如下。

```
[uwsgi]
# 设置监听的 socket
socket=/code/app.sock
# 启动主进程来管理其他进程，其他 uwsgi 进程都是这个主进程的子进程
master=true
processes=4
threads=2
# 项目目录（在 App 加载前切换到当前目录，指定运行目录）
chdir = /code
# 项目启动模块（加载一个 WSGI 模块，即 Django 项目的 WSGI 文件）
module=myexample.wsgi:application
# 允许到 socket 的连接
chmod-socket=666
# 防止部分文件名出现特殊字符乱码
env LANGUAGE="en_US.UTF-8"
#当服务器退出时自动清理环境，删除 socket 文件和 pid 文件
vacuum= true
```

uWSGI 服务器的配置一般采用配置文件的形式，在执行 uwsgi 命令时加载即可。

首先要指定 socket 路径以确定 uWSGI 服务器如何接收数据。Nginx 支持 uwsgi 协议，可以直接使用 socket。此处的 socket 参数与 Nginx 配置文件中的设置一致，因此可以指定 socket 文件，也可以指定 IP 地址和端口。本例采用 socket 文件，UNIX 套接字的性能高，可以直接进行内存交换，但必须保证应用和 Nginx 在同一台服务器上。

module 语句定义项目的入口文件，项目从此处所定义的模块启动。

3. 配置 MySQL

本例基于官方镜像运行 MySQL 容器。

（1）在项目目录下创建 db 目录来存放相关配置，再在该目录中创建子目录 conf 用于存放 MySQL 配置文件。

（2）本例在 conf 子目录中提供一个简单的配置文件 mysql_my.cnf，该文件的内容如下。

```
[mysqld]
character-set-server=utf8mb4
[mysql]
```

```
default-character-set=utf8mb4
[client]
default-character-set=utf8mb4
```

（3）在 db 目录下创建 sqls 子目录用于存放数据库创建的脚本，为简化实验本例没有提供脚本。

4. 在 Compose 文件中定义所有的服务

在项目目录下创建一个名为 compose.yaml 的文件，并向该文件添加以下内容。

```
services:
  db:
    image: mysql/mysql-server:8.0
    restart: always
    environment:
      - LANG=C.UTF-8
      - TZ=Asia/Shanghai
      - MYSQL_DATABASE=django
      - MYSQL_ROOT_PASSWORD=django
      - MYSQL_ROOT_HOST=%
    ports:
      - '3306:3306'
    volumes:
      - ./db/conf:/etc/my.cnf.d
      - ./db/sqls:/docker-entrypoint-initdb.d
      - db_data:/var/lib/mysql
  nginx:
    image: nginx
    restart: always
    volumes:
      - ./nginx/nginx.conf:/etc/nginx/nginx.conf
      - ./nginx/conf/django-nginx.conf:/etc/nginx/conf.d/default.conf
      - ./app:/code
      - ./log:/var/log/nginx
    ports:
      - '8000:80'
    depends_on:
      - django-uwsgi
  django-uwsgi:
    build: ./django-uwsgi
    restart: always
    command: uwsgi --ini /etc/uwsgi/uwsgi.ini
    volumes:
      - ./django-uwsgi/:/etc/uwsgi/uwsgi.ini
      - ./app:/code
      - ./log/uwsgi:/var/log/uwsgi
    depends_on:
      - db
volumes:
  db_data:
```

到目前为止，该项目目录下的目录和文件如下。

```
django-nginx-uwsgi-mysql
├── compose.yaml
```

```
├── db
│   ├── conf
│   │   └── mysql_my.cnf
│   └── sqls
├── django-uwsgi
│   ├── Dockerfile
│   ├── requirements.txt
│   └── uwsgi.ini
└── nginx
    └── conf
        ├── django-nginx.conf
        └── nginx.conf
```

5. 创建并运行应用程序

（1）在项目目录下执行以下命令完成服务的构建。

```
[root@host1 django-nginx-uwsgi-mysql]# docker compose build
[+] Building 472.2s (10/10) FINISHED                        docker:default
...
=> =>namingtodocker.io/library/django-nginx-uwsgi-mysql-django-uwsgi 0.0s
```

（2）在项目目录下执行以下命令创建一个 Django 初始项目。

```
[root@host1 django-nginx-uwsgi-mysql]# docker compose run django-uwsgi django
-admin startproject myexample .
...
 [+] Running 1/1
 ✔ Container django-nginx-uwsgi-mysql-db-1  Started
```

（3）在项目目录下执行以下命令启动整个应用程序。

```
[root@host1 django-nginx-uwsgi-mysql]# docker compose up -d
[+] Running 3/3
 ✔ Container django-nginx-uwsgi-mysql-db-1            Running 0.0s
 ✔ Container django-nginx-uwsgi-mysql-django-uwsgi-1  Started  0.0s
 ✔ Container django-nginx-uwsgi-mysql-nginx-1         Started  0.0s
```

（4）修改 Django 项目的设置文件。

编辑项目目录中的 app/myexample/settings.py 文件，首先在该文件的开始部分增加以下语句：

```
import os
```

然后将其中的"ALLOWED_HOSTS"的值修改如下。

```
ALLOWED_HOSTS = ['*']
```

最后将其中的"DATABASES"的定义修改如下。

```
DATABASES = {
    'default': {
        'ENGINE': 'django.db.backends.mysql',
        'NAME': 'django',
        'USER': 'root',
        'PASSWORD': 'django',
        'HOST': 'db',
        'PORT': 3306,
    }
}
```

（5）打开浏览器访问 http://127.0.0.1:8000，出现图 6-10 所示的 Django 欢迎界面，说明 Django 应用程序已经成功部署。

（6）在 app 子目录下添加名为 static 的目录，该目录用于存放静态内容。这里在 static 目录下添加一个简单的网页文件 index.html（显示"你好！这是一个静态页面！"）。在浏览器中访问 http://127.0.0.1:8000/static/，出现图 6-11 所示的界面，说明 Django 项目的静态内容发布成功。

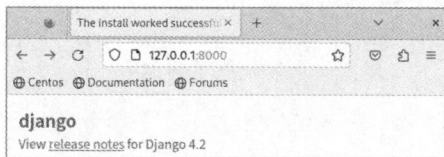

图6-10　Django欢迎界面

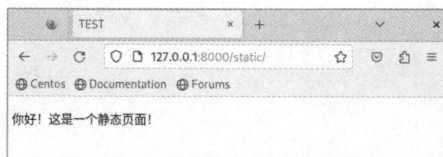

图6-11　Django项目的静态内容界面

本例部署的 Django 项目是新创建的，如果要将其他 Django 项目转到这个平台上部署，可以考虑使用 Django 项目的迁移功能，如执行 manage.py migrate 命令。

（7）完成实验，在项目目录下执行 docker compose down --volume 命令停止并清理上述应用程序和服务。

项目实训

项目实训 1　容器化 Spring Boot 应用程序

实训目的

- 熟悉 Spring Boot 应用程序的特点。
- 掌握 Spring Boot 应用程序的容器化方法。

实训内容

- 建立项目目录并准备 Spring Boot 应用程序代码。
- 编写 pom.xml 文件和 Dockerfile。
- 提供 Nginx 配置文件。
- 创建 Compose 文件。
- 启动整个应用程序并进行测试。
- 清理项目。

项目实训 2　使用 Compose 部署 LAMP 平台

实训目的

掌握使用 Compose 部署 LAMP 平台的方法。

实训内容

- 创建一个项目目录并准备 PHP 代码。
- 编写 Compose 文件。

- 启动整个应用程序并进行测试。
- 清理项目。

项目实训 3　使用 Compose 部署 Django 应用程序

实训目的

- 了解 Django 应用程序的主流部署方式。
- 掌握使用 Compose 基于 Nginx 和 uWSGI 部署 Django/MySQL 应用程序的方法。

实训内容

- 创建一个项目目录。
- 编写 Nginx 配置文件。
- 编写 Django 与 uWSGI 配置文件。
- 编写 Compose 文件。
- 构建服务并创建一个 Django 初始项目。
- 启动整个应用程序并进行测试。
- 清理项目。

项目总结

通过本项目的实施，读者应当掌握将应用程序部署到容器中的方法，该方法涉及 Java 和 Python，以及 Node.js 等应用程序的 Docker 部署。值得一提的是，可以容器化基于 ASP.NET 与 SQL Server 的应用程序，具体请参阅 Docker 官方提供的示例。随着 DevOps 的发展，应用程序的测试和部署将使用 CI/CD 的方式。例如，在检查源代码控制的更改或创建拉取请求时，将使用 Docker Hub 或其他 CI/CD 工作流来自动构建镜像并为其设置标签，然后对其进行测试。项目 7 就讲解这方面的任务实施方法。

项目7

自动化构建与持续集成

07

学习目标

- 了解镜像的自动化构建；
- 掌握基于 GitLab 平台自动化构建镜像的方法；
- 理解 CI/CD 的概念，了解 Docker 的相关应用；
- 掌握 Jenkins 结合 GitLab 实现 CI/CD 的方法。

项目描述

DevOps 是一个完整的、面向 IT 运维的工作流，以 IT 自动化、CI/CD 为基础，用于优化应用程序开发、测试和系统运维等全部环节。项目 6 实现的是应用程序容器化，涉及镜像开发和容器部署。本项目转向 DevOps，侧重 Docker 在软件 CI/CD 方面的应用，实现自动化构建、测试和部署工作流，以快速交付高质量的软件产品。Docker Hub 等注册中心支持从代码仓库（包含 Dockerflie）自动化构建（Automated Build）镜像，即代码仓库的变更可以触发镜像重新构建，这可以看作持续集成的组成部分。我们也可以通过 GitLab 代码仓库实现镜像的自动化构建。本项目从镜像的自动化构建开始进行讲解。本项目的实施有助于读者学习流程管理的思想和方法，增强系统观念，培养统筹协调和解决复杂问题的能力。

任务 7.1　实现 Docker 镜像的自动化构建

任务说明

在开发环境和生产环境中使用 Docker 时，如果采用手动构建方式，在部署应用程序时需要执行的任务就比较烦琐，涉及本地的软件编写测试、测试环境中的镜像构建与更改、生产环境中的镜像构建与更改等。如果改用自动化构建方式，则可以使这些任务自动执行。镜像的自动化构建对于持续集成很有用，可以看作持续集成的组成部分。本任务的具体要求如下。

- 了解代码管理与代码分支的基础知识。
- 了解 CI/CD 的概念。
- 了解镜像自动化构建的基础知识。

- 掌握 GitLab 服务器的部署和使用方法。
- 学会基于 GitLab 平台实现镜像的自动化构建。

⚒ 知识引入

7.1.1　代码管理与代码分支

在持续集成流程中，开发者首先要将本地代码提交给代码仓库，这是后续流程的源头。Docker 中所使用的 Dockerfile 和 Compose 文件是以代码形式提供的。代码管理系统用于管理代码仓库，是镜像自动化构建的基础，也是持续集成平台所必需的配套组件。

1. 代码管理

要在现代软件开发过程中实现高效的团队协作，就需要使用代码管理系统实现代码的共享、追溯、回滚及维护等功能。代码管理系统又称版本控制系统，它提供代码开发的运行历史，有助于在合并来自多个来源的代码时解决冲突。该系统的服务器端可称为代码托管平台或代码服务器，客户端可称为代码管理工具或版本控制工具。

Git 是目前主流的代码管理工具。该工具的去中心化的代码管理方式减少了开发人员对中心服务器的依赖，每个开发人员在本地都有一个完整的代码仓库（被称为本地仓库），在不连网的情况下也能提交代码。服务器端的代码仓库被称为远程仓库。

2. 代码分支

代码管理工具使用代码分支标记特定代码的提交。传统代码管理工具 SVN 中的每个分支都具有独立的代码，而 Git 中的每一个分支只是指向当前版本的一个指针。Git 的这种分支策略有助于更加快捷、灵活地创建和合并分支。每次提交代码时，Git 都将代码串成一条时间线，这条时间线就是一个分支。

代码分支在实际开发中非常重要。例如，某开发人员负责开发项目中某个重要的模块，该模块需要连续开发一个月，并要在完成代码后一次性提交，这就可能导致代码误删、丢失等风险出现。这个问题可以通过创建自己的分支来解决。开发人员在自己的分支上开发该模块，可以随时提交过程中的代码，待开发完毕后，将自己的分支一次性合并到原来的分支上，这样既安全，又不会影响其他开发人员的工作。又如，开发团队的项目有许多开发人员在维护，每天会有多次的提交，如果不对这些提交加以控制，就会出现代码冲突，而使用代码分支就不会出现这样的问题。

项目创建时的默认分支是 main（早期版本中使用 master 表示），它是代码主干，一般不用于开发，而用于保留当前线上发布的版本。开发分支、预发布分支、需求分支、测试分支等都由开发团队根据项目和需求进行约定。例如，采用简单的分支管理流程，在开发完成后，将开发分支合并到预发布分支上，代码发布上线后，再把预发布分支合并到 main 分支上。

7.1.2　CI/CD 的概念

持续集成（Continuous Integration，CI）表示在开发应用程序时频繁地向主干提交代码，新提交的代码在最终合并到主干之前，需要经过编译和自动化测试工作流的验证。持续集成的目标是让产品可以快速迭代，同时还能保持高质量。在使用持续集成的情况下，只要代码有变更，就自动运行构建和测试，并反馈运行结果。持续集成不但能够节省开发人员的时间，避免他们手动集成代码造成的各种变更，还能提高软件本身的可靠性。

持续部署（Continuous Deployment，CD）表示通过自动化的构建、测试和部署循环来快速交付高质量的软件产品。它要实现的目标是保证代码在任何时刻都是可部署的，并且可以进入生产阶段。持续部署意味着所有流程都是自动化的，在没有人为干预的情况下，通过单次提交触发自动化工作流，并最终将生产环境的版本更新为最新版本。

值得一提的是，有一个与持续部署相关的概念——持续交付（Continuous Delivery,CD），它是指在持续集成的基础上，将集成后的代码部署到更贴近真实运行环境的类生产环境中。如果代码没有问题，可以继续将代码手动部署到生产环境中。它要实现的目标是保证软件不管如何更新，都是随时随地可以交付使用的。

在具体的实践中，往往并不严格区分这几个概念，常用英文缩写 CI/CD 或 CI&CD 来表示整个流程。如图 7-1 所示，CI/CD 本身是一个代码从提交到部署的完整流程。为便于讲解，我们可以将持续交付和持续部署都作为持续集成的一部分，统称为持续集成。

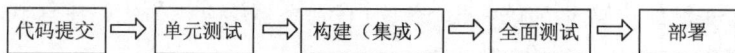

图7-1　CI/CD流程

7.1.3　镜像的自动化构建

自动化构建镜像最早是由 Docker 官方的 Docker Hub 提供的一项重要功能。

1. Docker Hub 自动化构建镜像

Docker Hub 可以从外部仓库的代码中自动化构建镜像，并将构建的镜像自动推送到 Docker 仓库，整个过程如图 7-2 所示。

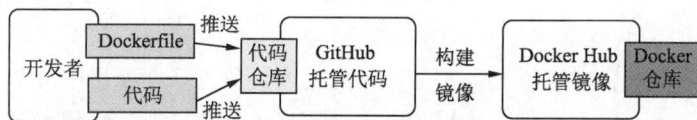

图7-2　Docker Hub自动化构建镜像过程

自动化构建镜像需要代码仓库和 Docker 仓库的支持，基本步骤如下。

（1）在本地准备构建镜像的 Dockerfile 及相关的代码，纳入本地代码仓库管理。

（2）将 Dockerfile 和代码文件推送到 GitHub 托管的远程代码仓库。

（3）由 Docker Hub 基于 GitHub 托管的远程仓库自动构建镜像。

在配置自动化构建时，可以创建一个要构建到镜像的分支和标签的列表。在将代码文件推送到代码仓库中所列镜像标签对应的特定分支时，代码仓库使用 Webhook 触发新的构建以产生镜像，已构建的镜像随后被推送到 Docker Hub。注意，可以使用 docker push 命令将预构建的镜像推送到配置有自动化构建功能的 Docker 仓库。

> **提示** Webhook 可译为 Web 钩子，是一种 Web 回调或 HTTP 的推送 API，是向 App 或其他应用程序提供实时信息的一种方式。Webhook 在数据产生时立即发送数据，让接收者能实时收到数据。要使用 Webhook 需要为它准备一个 URL，该 URL 用于发送请求。

如果代码仓库配置有自动化测试（Automated Test）功能，则将在构建镜像之后、将镜像推送到 Docker 仓库之前运行自动化测试。可以使用这种自动化测试功能创建持续集成工作流，测试失败的构建作业不会推送到已构建的镜像中。自动化测试也不会将镜像推送到自己的仓库。如果要将镜像推送到 Docker Hub，则需要启动自动化构建功能。

镜像的构建上下文是 Dockerfile 和特定位置的任何文件。对于自动化构建，构建上下文是包含 Dockerfile 的代码仓库。自动化构建需要 Docker Hub 授权用户使用代码托管平台 GitHub 或 Bitbucket 托管的代码来自动创建镜像。

2. 第三方提供的镜像自动化构建

阿里云提供的 ACR 像 Docker Hub 一样，支持阿里云 Code、GitHub、Bitbucket 或者 GitLab 等代码管理系统的代码仓库。这些仓库可以是公开的，也可以是私有的。ACR 提供安全的镜像托管能力、稳定的国内外镜像构建服务和便捷的镜像授权功能，方便用户进行镜像全生命周期管理。ACR 简化了镜像注册中心的搭建与运维工作，支持多地域的镜像托管，并联合容器服务等云产品，为用户打造云上使用 Docker 的一体化体验。

腾讯容器镜像服务（Tencent Container Registry，TCR）基于腾讯云的 CODING DevOps 提供镜像构建及交付流水线功能，满足容器用户快速配置并应用持续集成及持续部署的需求。TCR 企业版及个人版服务均支持镜像构建功能，且源代码授权信息互通。镜像构建功能支持使用托管对 GitHub、GitLab、私有 GitLab、Gitee（码云）、腾讯工蜂及 CODING 上的代码进行编译与构建。

3. 镜像自动化构建的优点

镜像自动化构建是容器 DevOps 的重要组成部分，总体来说，其具有以下优点。

- 自动化构建的镜像符合期望。
- 任何可以访问代码仓库的人都可以使用 Dockerfile。
- 代码修改之后 Docker 仓库会自动更新。
- 充分利用第三方服务器资源，节省自己的计算资源和时间。

7.1.4　GitLab 与 GitLab Runner

自动化构建镜像需要与代码仓库打交道，许多用户使用 GitLab 搭建自己的代码管理系统。GitLab 与 GitLab Runner 一起就可以实现持续集成，包括镜像的自动化构建。

1. GitLab

GitLab 是一个用于代码仓库管理系统的开源项目，提供了一套用于管理软件生命周期的工具，可以用来构建、运行测试和部署代码。它还支持用户在虚拟机、容器或其他服务器中构建作业。用户可以部署自己的 GitLab 服务器，以便基于代码仓库托管项目代码，并将包含 Dockerfile（镜像构建）等文件的项目代码提交给该仓库。

2. GitLab Runner

GitLab Runner（可简称 Runner）也是一个开源项目，为 GitLab 提供执行 CI/CD 任务的工具。GitLab Runner 安装之后，需要将其配置并注册到 GitLab 服务器上，以实现两者之间的关联。GitLab Runner 监听 GitLab 服务器上由项目中的.gitlab-ci.yml 文件定义的作业。当作业被触发时，GitLab Runner 将下载 GitLab 项目的代码并执行任务，然后将结果发送回 GitLab 服务器。GitLab 负责代码管理，其所有 CI/CD 任务都是在 GitLab Runner 内部执行的，如图 7-3 所示。CI/CD 任务由流水线（Pipeline）定义。

图7-3　GitLab Runner配合GitLab执行CI/CD任务

流水线是指配置好的 CI/CD 工作流，比如安装依赖包，进行代码评估、构建、编译、发布等的一整套流程。GitLab 各项目的流水线具体由项目中的.gitlab-ci.yml 文件定义。GitLab 提交持续集成服务，如果用户在项目根目录中添加.gitlab-ci.yml 文件，并配置项目的执行器（Runner），那么后续的每次代码提交都会触发持续集成流水线的执行。当流水线开始时，GitLab Runner 会拉取源代码并执行相应的任务。

3．.gitlab-ci.yml 文件基本语法

.gitlab-ci.yml 文件定义每个项目的流水线的结构和顺序。

作业（Job）是.gitlab-ci.yml 文件的基本元素，在流水线中可以定义任意多个作业。每个作业必须具有唯一的名称，并且至少要定义 script 键。script 键定义需要执行的具体脚本。

stage 键定义流水线中每个作业所处的阶段，处于相同阶段的作业并行执行。如果一个作业未定义 stage 阶段，则该作业使用 test（测试）阶段。

stages 键定义流水线全局可使用的阶段，阶段允许有灵活的多级流水线，阶段的排序定义了作业执行的顺序。默认情况下，上一阶段的作业全部运行成功后才执行下一阶段的作业。默认有 3 个阶段 build、test 和 deploy，分别表示构建、测试和部署。

默认情况下，任何一个前置的作业失败了，提交的作业会标记为 failed（失败），并且下一个阶段的作业都不会执行。

下面给出的示例来自官方.gitlab-ci.yml 文件模板（仅用于展示基本语法和结构）。

```
stages:                 # 作业的阶段列表及其执行顺序
  - build
  - test
  - deploy

build-job:              # 此作业在构建阶段运行，本例中它会首先运行
  stage: build
  script:
    - echo "编译代码... "
    - echo "编译完成。"

unit-test-job:          # 此作业在测试阶段运行
  stage: test           # 只有当构建阶段的作业成功完成后才会运行
  script:
    - echo "运行单元测试... 大约需要60s"
    - sleep 60
    - echo "代码覆盖率为90%"

lint-test-job:          # 此作业也在测试阶段运行
  stage: test           # 可以与名称为 unit-test-job 的单元测试作业同时运行（并行）
  script:
```

```
    - echo "分析代码... "

deploy-job:              # 此作业在部署阶段运行
  stage: deploy          # 只有当测试阶段的两个作业成功完成后才会运行
  script:
    - echo "发布应用程序..."
    - echo "应以刚需成功发布"
```

任务实现

任务 7.1.1　部署 GitLab 服务器

GitLab 使用 Git 工具作为代码管理客户端，并且提供 Web 服务。GitLab 可以在 Linux 操作系统上安装，也支持 Kubernetes 云原生或 Docker 容器化部署。这里以 Docker 容器化部署为例进行示范。

> **提示**
>
> 为方便读者实验，实验环境中的主机尽量通过域名或主机名，而不是 IP 地址来访问。为提供名称解析，修改主机的/etc/hosts 文件，本项目需在该文件中添加以下名称解析记录（IP 地址可根据读者的实际情形变更），分别用来提供 Docker 主机、GitLab 服务器、自建注册中心和 Jenkins 服务器的域名解析：
>
> 　　192.168.10.51 docker.abc.com gitlab.abc.com registry.abc.com jenkins.abc.com
>
> 　　为保证使用 registry.abc.com 域名访问自建注册中心，修改 Docker 客户端的/etc/docker/daemon.json 文件，将该域名加入 insecure-registries 列表中：
>
> 　　"insecure-registries":["192.168.10.51:5000","registry.abc.com:5000"]
>
> 　　重启 Docker 使其生效。

1. 安装 GitLab 服务器

GitLab 需要支持 SSH、HTTP 和 HTTPS 访问。在本例实验环境中使用的 CentOS Stream 9 主机上已启用 SSH 服务并占用标准端口 22。为保证容器化部署的 GitLab 对外提供 SSH 服务，要么更改主机上的 SSH 端口，要么更改 GitLab 的 Shell SSH 端口，这里采用后一种方案。另外，请确认当前主机上未使用 HTTP 和 HTTPS 访问的标准端口 80 和 443。

微课 0701

部署 GitLab
服务器

（1）执行以下命令以容器形式安装 GitLab。

```
[root@host1 ~]# docker run -d --hostname gitlab.abc.com --env
GITLAB_OMNIBUS_CONFIG="external_url 'http://gitlab.abc.com'; gitlab_rails['gitlab_
shell_ssh_port'] = 2222"  --publish 443:443 --publish 80:80 --publish 2222:22  --name
gitlab --restart always  -v /etc/hosts:/etc/hosts -v /srv/gitlab/config:/etc/gitlab
-v /srv/gitlab/logs:/var/log/gitlab  -v /srv/gitlab/data:/var/opt/gitlab  gitlab/
gitlab-ce:14.6.1-ce.0
```

其中，--publish 2222:22 选项表示将对外发布的 SSH 端口改为非标准端口 2222。-v /etc/hosts:/etc/hosts 选项表示通过挂载主机的/etc/hosts 文件实现名称解析，便于以容器形式运行的 GitLab 访问主机上其他服务；另外 3 个绑定挂载分别用于存储 GitLab 的应用程序数据、日志和配置文件。

为简化操作，这里使用--env 选项提供容器运行时环境变量，将 external_url 字段值设置为

GitLab 服务器的域名（external_url 'http://gitlab.abc.com'），将 SSH 所使用的端口更改为非标准端口（gitlab_rails['gitlab_shell_ssh_port']=2222）。这些设置也可以在安装完毕后在配置文件/etc/gitlab/gitlab.rb 中更改。

（2）执行以下命令从 GitLab 容器中获取初始 root 密码。

```
[root@host1 ~]# docker exec -it gitlab grep 'Password:' /etc/gitlab/initial_root_password
    Password: sNezUheY0UU25Eke+2IctwNnV/AvzZaMTsMPa1vRWsA=
```

注意，密码文件将在 24 小时后的第一次重新配置运行中自动删除。

（3）使用浏览器访问 GitLab 服务器。GitLab 提供的 Web 服务默认使用 80 端口，本例打开浏览器访问 GitLab 网址进入 GitLab 登录界面，使用用户名 root 和上述初始 root 密码登录 GitLab 服务器，如图 7-4 所示。

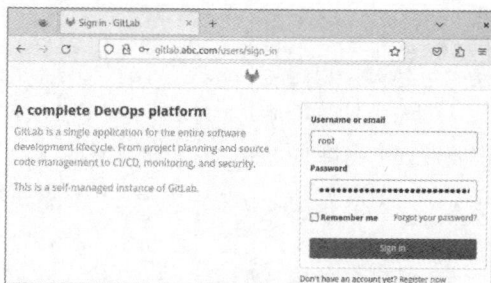

图7-4　登录GitLab服务器

（4）成功登录之后，建议立即修改 root 密码。单击 GitLab 首页右上角的"Administrator"按钮，选择"Preferences"或"Edit profile"打开"User Settings"用户设置界面；在该界面中单击"Password"进入相应的界面修改密码。

用户可以执行 docker exec -it gitlab /bin/bash 命令连接到 gitlab 容器，对容器化部署的 GitLab 服务器进行配置和管理，比如编辑配置文件/etc/gitlab/gitlab.rb，查看服务状态。

2. 创建测试用的项目

在 GitLab 服务器上创建项目（代码仓库），来托管自己的代码。

（1）首先创建一个项目。单击"Menu"按钮，选择"Projects" > "Create new project"，打开"Create new project"界面。

（2）单击"Create blank project"按钮，出现图 7-5 所示的界面，在"Project name"文本框中输入项目名称（本例为 nginx-demo），其他选项保持默认设置，单击"Create project"按钮完成项目的创建。一个项目就是一个代码仓库。

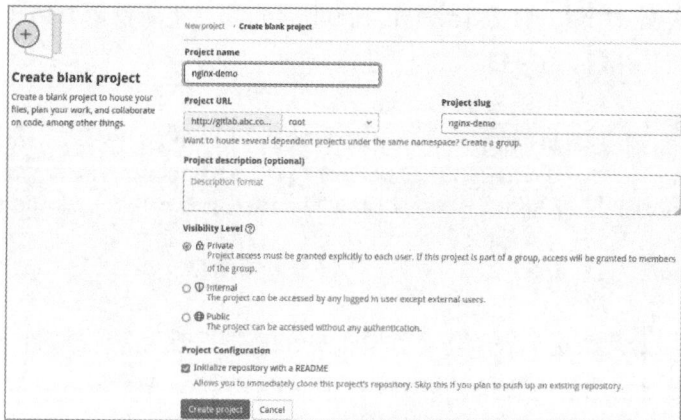

图7-5　创建项目

（3）项目创建成功后会显示其详细信息，除了项目的文件列表，还会给出 Git 操作的代码仓

210

库地址信息（单击"Clone"下拉按钮弹出下拉菜单，其中包含可复制的地址，包括 SSH 和 HTTP 两种），如图 7-6 所示。

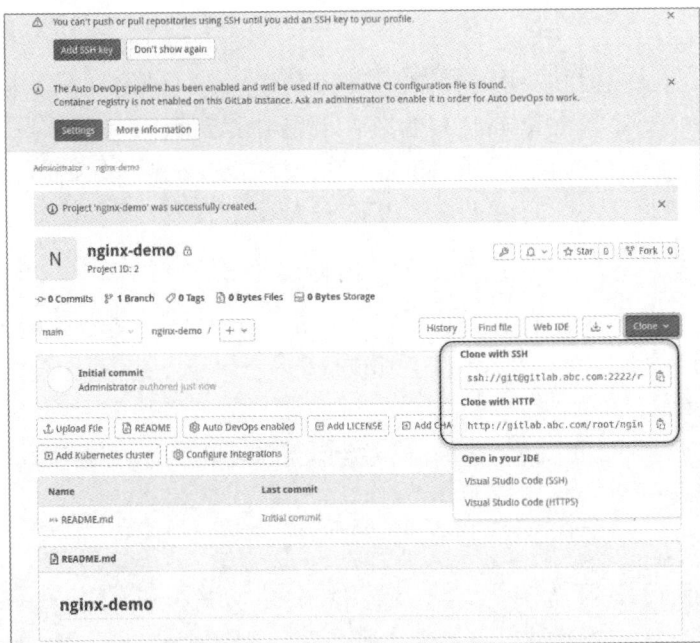

图7-6 新建项目的详细信息

（4）用户的本地代码仓库和 GitLab 代码仓库之间的传输通过 SSH 加密，需要设置 SSH 密钥。由于首次使用 GitLab 服务器，没有设置 SSH 密钥，项目详细信息界面顶端会给出相应的提示信息（参见图 7-6）。

（5）单击提示信息下方的"Add SSH key"按钮，打开图 7-7 所示的界面，将复制的公钥信息粘贴到"Key"文本框中，并单击"Add key"按钮完成 SSH 密钥的设置。

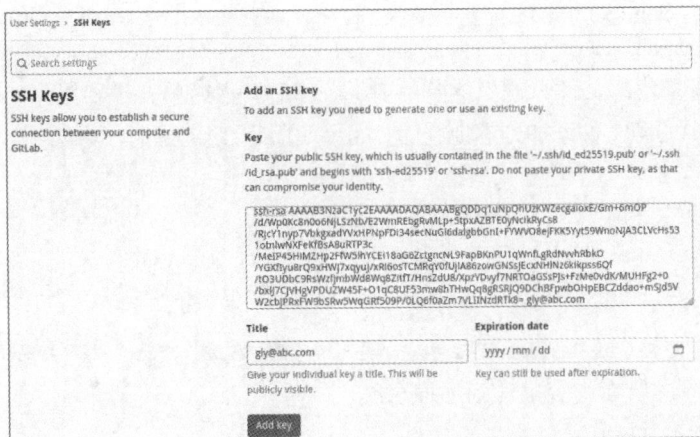

图7-7 设置SSH密钥

在本例中，主机可以作为 Git 客户端。确保已经创建自己的 SSH 密钥，在 root 用户主目录里找到 .ssh 目录，可以打开 id_rsa.pub 文件并复制其中的公钥信息。

在 root 用户主目录下查看是否有一个 .ssh 目录（隐藏目录）。如果有，查看这个目录下有没有 id_rsa（存放私钥）和 id_rsa.pub（存放公钥）这两个文件。如果没有以上目录和文件，则可以在命令行界面中执行 ssh-keygen -t rsa -C <邮件账户>命令来创建 SSH 密钥，采用默认设置即可，无须设置密码。注意创建 SSH 密钥所用的邮件账户（本例为 gly@abc.com）应与 Git 客户端的用户配置保持一致。

3. 将项目代码提交到代码仓库

测试使用 Git 客户端将项目代码提交到代码仓库。

（1）确保安装有 Git 客户端，如果没有安装则需要执行 yum install git 命令进行安装。Git 客户端还需要进一步设置用户名和邮件账户，执行下列命令完成此项工作。

```
[root@host1 ~]# git config --global user.name "gly"
[root@host1 ~]# git config --global user.email "gly@abc.com"
```

--global 选项用于全局配置，表示本机上所有的代码仓库都会使用这个配置。用户也可以为某个仓库指定不同的用户名和邮件账户。

（2）将 GitLab 服务器上的 nginx-demo 代码仓库复制到本地。这里使用 SSH 的地址，可以直接从 nginx-demo 代码仓库中复制（参见图 7-6）。

```
[root@host1 ~]# mkdir ch07 && cd ch07
[root@host1 ch07]# git clone ssh://git@gitlab.abc.com:2222/root/nginx-demo.git
正复制到 'nginx-demo'...
...
接收对象中: 100% (3/3), 完成.
```

目前，该代码仓库是空的，其中只有一个默认的 README.md 文件。

（3）将当前目录切换到本地仓库目录。

```
[root@host1 ch07]# cd nginx-demo
```

（4）在该目录中创建 Dockerfile，并向该文件添加以下内容，然后保存该文件。

```
# 从官方镜像开始构建
FROM nginx
# 修改 nginx 首页信息
RUN echo "Hello! This is nginx server " > /usr/share/nginx/html/index.html
```

Dockerfile 本身是代码文件，这里准备的 Dockerfile 非常简单，主要用作实验。

（5）将该目录中的源文件添加到本地仓库。如果使用句点作为路径参数，则表示使用当前目录。

```
[root@host1 nginx-demo]# git add .
```

（6）将源文件提交到本地仓库，-m 选项指定备注信息。

```
[root@host1 nginx-demo]# git commit -m "1st commit"
[main cfc9c36] 1st commit
 1 file changed, 4 insertions(+)
 create mode 100644 Dockerfile
```

（7）将本地仓库的所有内容推送到远程仓库。

```
[root@host1 nginx-demo]# git push origin main
...
总共 3（差异 0），复用 0（差异 0），包复用 0
To ssh://gitlab.abc.com:2222/root/nginx-demo.git
   63ac609..cfc9c36  main -> main
```

（8）查看 GitLab 服务器上的 nginx-demo 代码仓库的内容，可以发现该内容已更新，如图 7-8 所示。

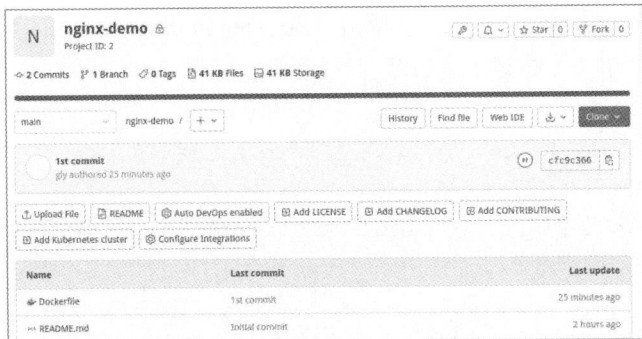

图7-8 代码仓库的内容已更新

任务 7.1.2 基于 GitLab 实现镜像的自动化构建

结合 GitLab 提供的持续集成工具 GitLab Runner，用户可以执行各种 CI/CD 任务，这里仅示范基于 GitLab 实现镜像的自动化构建。需要注意的是，自动化构建的镜像需要提交到注册中心进行存储和分发，为简化实验，本例采用自建注册中心。

微课 0702

基于 GitLab 实现
镜像的自动化构建

1. 安装 GitLab Runner

GitLab Runner 是开源的，可以作为单个二进制文件运行，也可以在容器内运行或部署到 Kubernetes 集群。为简化实验，以 Docker 容器化部署为例进行示范。

```
[root@host1 ~]# docker run -d --name gitlab-runner --restart always -v
/etc/hosts:/etc/hosts -v /srv/gitlab-runner/config:/etc/gitlab-runner -v /var
/run/docker.sock:/var/run/docker.sock  gitlab/gitlab-runner:v14.6.0
```

启动 GitLab Runner 容器时，其配置（/etc/gitlab-runner）可以使用本地系统卷挂载，也可以使用 Docker 卷挂载，这里采用前一种方式。

绑定挂载主机上的/var/run/docker.sock 文件到容器的/var/run/docker.sock 文件，让容器中的进程可以在容器中与 Docker 守护进程通信，达到在容器中操作主机上 Docker 的目的。这就是所谓的"Docker in Docker"技术。GitLab Runner 作为容器运行，且它本身还要运行容器，因此它需要拥有管理容器的能力，也就需要绑定挂载/var/run/docker.sock 文件。

此处绑定挂载的/etc/hosts 用于提供名称解析，便于 GitLab Runner 使用域名访问其他服务器。

2. 注册 GitLab Runner

这里的注册是指将 GitLab Runner 与一个或多个 GitLab 实例连接的过程。同一台主机上可以注册多个 GitLab Runner，每个 GitLab Runner 都有不同的配置。GitLab Runner 在注册之前不会处理任何作业。管理员必须注册 GitLab Runner，以便 GitLab Runner 可以从 GitLab 实例中获取作业。

可以根据需要注册不同级别的 Runner。

- 共享（Shared Runner）：可在整个 GitLab 实例范围内共享，适用于所有组和项目。
- 组（Group Runner）：可在整个组范围内共享，适用于特定组中的所有项目。
- 特定（Specific Runner）：由项目独享，可以为某个项目单独配置。

下面示范共享级别的 Runner 注册。其他级别的 Runner 注册过程基本与共享级别的一样，只是令牌（Token）获取的位置不同。

（1）从 GitLab 上获取 Runner 注册令牌。单击"Menu"按钮弹出菜单，从中选择"Admin"，再单击"Overview"节点下的"Runners"，单击"Register an instance runner"下拉按钮，显示注册令牌，如图7-9所示。单击 按钮将注册令牌复制到剪贴板中。

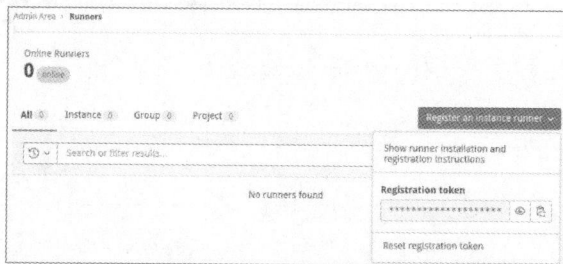

图7-9　显示注册令牌

（2）直接在 GitLab Runner 容器中执行注册命令，本例操作过程如下。

```
[root@host1 ~]# docker exec -it gitlab-runner gitlab-runner register
Runtime platform    arch=amd64 os=linux pid=21 revision=5316d4ac version=14.6.0
Running in system-mode.
Enter the GitLab instance URL (for example, https://gitlab.com/):
http://gitlab.abc.com      #  GitLab 服务器（实例）的 URL
Enter the registration token:
36rsY4YdY8_GsPwNSYPx       # 从 GitLab 上获取 Runner 注册令牌（直接从剪贴板粘贴）
Enter a description for the runner:
[355cfd0fd065]: Alltest # Runner 描述信息（相当于名称），方便用户识别
Enter tags for the runner (comma-separated):
CItest                  # Runner 标记
Registering runner... succeeded                    runner=36rsY4Yd
Enter an executor: kubernetes, custom, docker, docker-ssh, parallels, virtualbox,
shell, ssh, docker+machine, docker-ssh+machine:
docker                  # 选择执行器
Enter the default Docker image (for example, ruby:2.6):
docker                  # 输入默认镜像
Runner registered successfully. Feel free to start it, but if it's running already
the config should be automatically reloaded!
```

其中，Runner 标记很重要，此处的标记是为了后期能够在流水线中选择指定的 Runner。GitLab Runner 提供了多种可在不同环境中运行、构建应用程序的执行器。实际应用中，执行器大多选择 Shell 或 docker。Shell 是最简单的执行器，在使用该执行器时，构建项目所需的所有依赖都需要手动安装在运行 GitLab Runner 的同一台计算机上。docker 用于独立的构建环境，在使用该执行器时，构建项目所需的所有依赖都可以放在镜像中，这使得依赖管理更加直接。管理员可以使用 docker 执行器来创建一个具有依赖服务的构建环境。

（3）回到 GitLab 服务器上查看当前在线的 Runner 列表，可以发现新注册的 Runner，如图 7-10 所示。

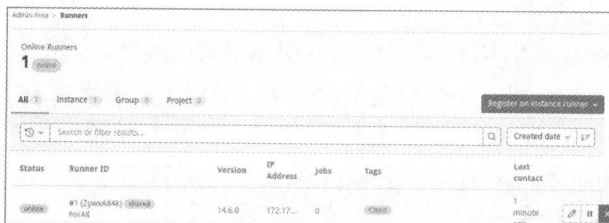

图7-10　新注册的Runner

（4）在 GitLab 服务器上，可以根据需要通过 Web 界面对新注册的 Runner 进行进一步管理，例如单击 ✎ 按钮查看和修改其设置，如图 7-11 所示。

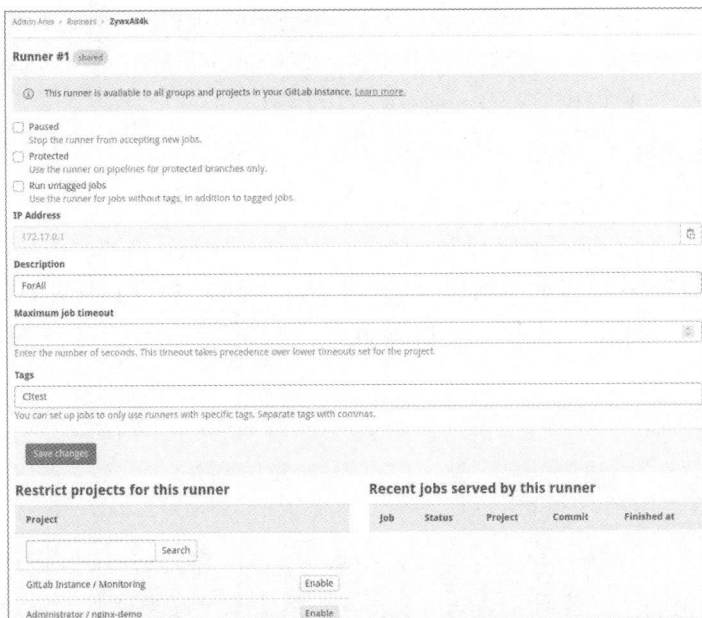

图7-11　查看和修改新注册的Runner的设置

（5）修改 Runner 配置文件。注册成功后，Runner 会自动生成配置文件，本例中配置文件为 /srv/gitlab-runner/config/config.toml，其中，一个[[runners]]节点定义一个 Runner，新注册的 Runner 的配置如下。

```
[[runners]]
  name = "ForAll"
  url = "http://gitlab.abc.com"
  token = "ZywxA84kvQf1etBUvenV"
  executor = "docker"
  [runners.custom_build_dir]
  [runners.cache]
    [runners.cache.s3]
    [runners.cache.gcs]
    [runners.cache.azure]
  [runners.docker]
    tls_verify = false
    image = "docker"
    privileged = false
    disable_entrypoint_overwrite = false
    oom_kill_disable = false
    disable_cache = false
    volumes = ["/cache"]
    shm_size = 0
```

结合本例实验环境，需要对上述配置进行修改。在[runners.docker]子节点下加入以下定义：

```
    extra_hosts = ["gitlab.abc.com:192.168.10.51"]
```

本例采用的是 docker 执行器，它无法像 Docker 主机那样识别域名，因此需要将 GitLab 服务器的域名和 IP 地址的映射信息加入配置中，否则无法从 GitLab 服务器拉取代码。

在[runners.docker]子节点下找到 volumes 配置，将其修改如下。

```
volumes = ["/var/run/docker.sock:/var/run/docker.sock", "/cache"]
```

这样就可以在存放 Runner 配置文件的卷中挂载 Docker 主机的/var/run/docker.sock 文件，否则将无法连接到 Docker 主机以执行 docker 命令。

3. 构建并上传镜像

编辑.gitlab-ci.yml 文件来定义 CI/CD 任务。

（1）使用浏览器访问 GitLab 服务器，单击"Menu"按钮，选择"Projects"，从项目列表中选择要管理的项目，这里以前面创建的 nginx-demo 为例，打开其管理界面。在左侧导航栏中选择"CI/CD">"Editor"，打开流水线编辑器，如图 7-12 所示，默认编辑 main 分支的流水线。

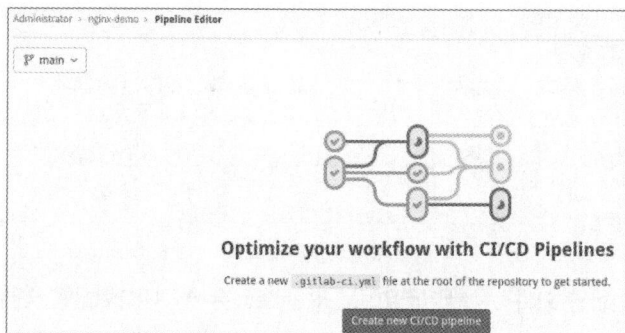

图7-12　流水线编辑器

（2）单击"Create new CI/CD pipeline"按钮，打开流水线编辑界面，默认会给出.gitlab-ci.yml 文件，这里将该文件内容修改如下，修改结果如图 7-13 所示。

```
stages:                  # 作业的阶段列表及其执行顺序，本例仅有一个作业
  - build
build_job:               # 此作业在构建阶段运行
  tags:                  # 通过标记匹配 Runner
    - CItest
  stage: build
  script:                # 具体执行的脚本
    - echo "Building Docker image..."
    - docker build -t registry.abc.com:5000/nginx:v1 .
    - docker push  registry.abc.com:5000/nginx:v1
    - docker rmi -f registry.abc.com:5000/nginx:v1
```

GitLab 可以支持非常复杂的 CI/CD 任务，这里仅执行镜像构建任务，脚本非常简单。默认情况下，只有匹配 Runner 特定标记的作业才能执行，因此以上代码为构建作业指定了 Runner 标记。如果不指定标记，则应当在查看和修改 Runner 的设置的界面（参见图 7-11）中勾选"Run untagged jobs"复选框，否则作业不会执行。

（3）单击"Commit changes"按钮将.gitlab-ci.yml 文件提交给项目代码仓库，在左侧导航栏中选择"CI/CD">"Pipelines"查看流水线列表，正常情况下该流水线已开始运行，如图 7-14 所示。

图7-13　修改结果

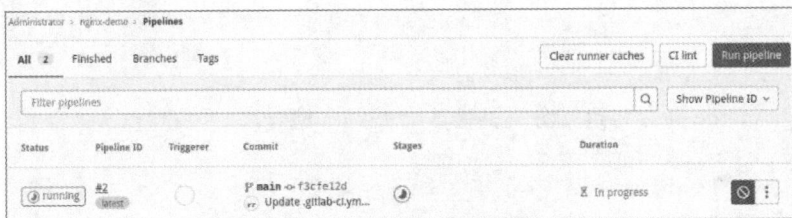

图7-14　流水线已开始运行

（4）在左侧导航栏中选择"CI/CD"＞"Jobs"查看作业列表，正常情况下该流水线中定义的作业已开始运行，如图7-15所示。标记"running"表示正在运行，"passed"表示已成功执行完毕。

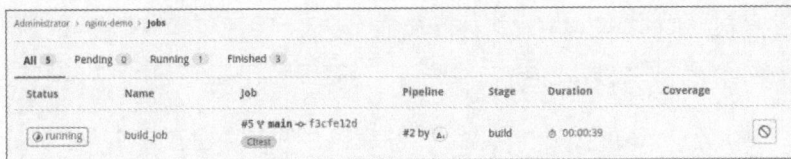

图7-15　流水线中定义的作业已开始运行

（5）单击作业列表中的作业名称，将显示该作业运行详细信息（包括详细的运行过程信息），如图7-16所示。

（6）本例流水线的目标是完成镜像的构建和上传，成功完成之后，可以访问自建注册中心查看新构建的镜像进行验证。

```
[root@host1 ~]# curl http://registry.abc.com:5000/v2/_catalog
{"repositories":["hello-world","nginx"]}
[root@host1 ~]# curl http://registry.abc.com:5000/v2/nginx/tags/list
{"name":"nginx","tags":["v1"]}
```

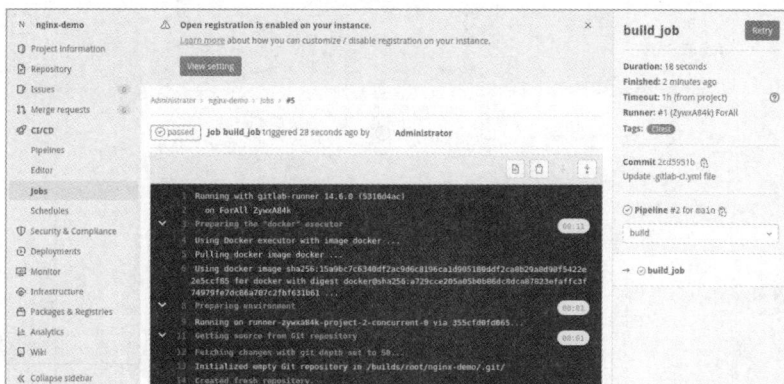

图7-16 作业运行详细信息

4. 自动化构建镜像

我们可以进一步模仿 Docker Hub 或第三方提供的镜像自动化构建服务。下面示范通过向 GitLab 提交修改的代码后，自动触发镜像构建的步骤。

（1）使用 git fetch 命令将包含.gitlab-ci.yml 文件的项目文件下载到本地仓库中。

```
[root@host1 ch07]# cd nginx-demo
[root@host1 nginx-demo]# git fetch
remote: Enumerating objects: 3, done.
...
来自 ssh://gitlab.abc.com:2222/root/nginx-demo
   cfc9c36..2cd5951  main       -> origin/main
```

（2）使用 git merge 命令将远端分支的修改合并到本地仓库。

```
[root@host1 nginx-demo]# git merge
更新 cfc9c36..2cd5951
Fast-forward
 .gitlab-ci.yml | 11 ++++++++++
 1 file changed, 11 insertions(+)
 create mode 100644 .gitlab-ci.yml
```

（3）在本地仓库中修改.gitlab-ci.yml 文件，主要操作是将固定的镜像名称和标记改用动态的 GitLab 全局变量表示，本例最后 3 行代码修改如下。

```
    - docker build -t registry.abc.com:5000/$CI_PROJECT_NAME:$CI_COMMIT_SHORT_SHA .
    - docker push registry.abc.com:5000/$CI_PROJECT_NAME:$CI_COMMIT_SHORT_SHA
    - docker rmi -f registry.abc.com:5000/$CI_PROJECT_NAME:$CI_COMMIT_SHORT_SHA
```

使用变量表示流水线中的对象，可以让 CI/CD 任务更通用。GitLab 预置的全局变量 $CI_PROJECT_NAME 表示项目名称，$CI_COMMIT_SHORT_SHA 表示自动生成的构建项目的提交版本号（短格式）。在本例中，它们分别用来表示构建的镜像名称和标记，这样不但能够区分每次构建的镜像，而且将.gitlab-ci.yml 文件复制其他项目中，能够区分构建的镜像。

（4）根据需要修改本地仓库的其他文件。这里修改 Dockerfile，将其中的 RUN 指令修改如下。

```
RUN echo "Hello! Please test autobuild images" > /usr/share/nginx/html/index.html
```

（5）依次执行以下命令完成本地仓库内容变更的提交并将其推送到远程仓库。

```
[root@host1 nginx-demo]# git add .
[root@host1 nginx-demo]# git commit -m "1st Test AutoBuild"
[root@host1 nginx-demo]# git push origin main
```

（6）到 GitLab 服务器上查看该项目的 CI/CD 作业列表，可以发现已经自动触发了镜像构建作

Docker容器技术 配置、部署与应用（第2版）（微课版）

业的运行，如图 7-17 所示。

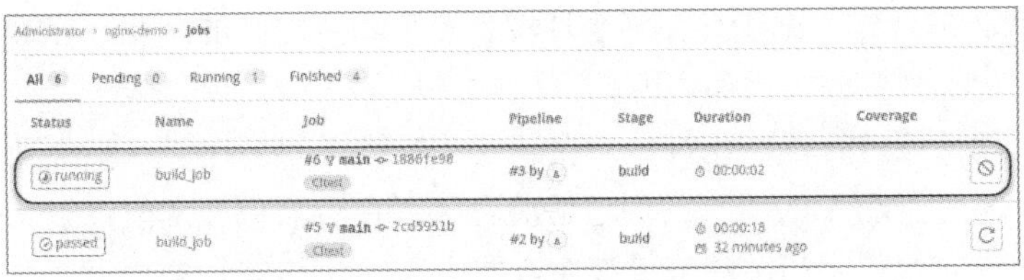

图7-17 自动触发了镜像构建作业的运行

（7）作业成功完成之后，可以访问自建注册中心查看新构建的镜像以进行验证。

```
[root@host1 nginx-demo]# curl http://registry.abc.com:5000/v2/_catalog
{"repositories":["hello-world","nginx","nginx-demo"]}
[root@host1 nginx-demo]# curl http://registry.abc.com:5000/v2/nginx-demo/tags/list
{"name":"nginx-demo","tags":["1886fe98"]}
```

读者可以将.gitlab-ci.yml 文件复制到其他项目中尝试镜像自动化构建，还可以尝试为项目注册特定的 GitLab Runner 来执行 CI/CD 任务。

任务 7.2 基于 Docker 实现 CI/CD

任务说明

Docker 非常适用于自动化，它在不同场合下表现出的运行环境的一致性和轻量级特性更使得它特别适用于 CI/CD。而镜像提供的完整的运行时环境保证应用程序运行环境的一致性，真正实现了"一次构建、各处运行"。在软件开发环节将应用程序以镜像的形式打包推送到 Docker 仓库之后，在测试和部署环节只需要先从 Docker 仓库中将配置好的镜像拉取到本地再运行镜像即可，无须手动配置项目运行所需的环境。开发人员通过 Dockerfile 构建镜像，结合持续集成进行测试，这使运维人员可以直接在生产环境中部署镜像，还可以通过持续部署流程进行自动化部署。考虑到 Jenkins 的业界地位，这里重点以 Jenkins 为例讲解基于 Docker 实现应用程序的持续集成和持续部署。本任务的具体要求如下。

* 了解 Docker 与 CI/CD 的关系。
* 了解 CI/CD 实施工具和 CI/CD 平台。
* 了解 Jenkins 的项目类型和流水线。
* 学会使用 Jenkins 和 GitLab 组建 CI/CD 平台。
* 熟悉 CI/CD 项目实施的方法和过程。

知识引入

7.2.1 Docker 与 CI/CD 的结合

在传统开发模式中，开发团队在开发环境中完成软件开发，在本地完成单元测试，单元测试通过之后可提交代码到代码仓库。测试团队从代码仓库获取代码，将代码打包之后进行进一步测试。运维团队将应用程序部署到测试环境中，开发团队或测试团队对其进行测试，测试通过后通知部署人员将应用程序发布到生产环境中。这种模式涉及开发、测试和生产 3 个环境，需要开发、测试和运维 3 个团队的合作。由于存在多个环境和多个团队之间的交互，容易出现彼此环境不一致的情况，以致浪费不必要的人力和物力。

容器对软件及其依赖进行标准化打包，在开发和运维之间搭建了一座桥梁，旨在解决开发和运维之间的矛盾，这是实现 DevOps 的理想解决方案。在容器化开发模式中，应用程序以容器的形式存在，所有和该应用程序相关的依赖都在容器中，因此移植非常方便，不会存在传统开发模式中环境不一致的问题。对于容器化的应用程序，项目的团队全程参与开发、测试和生产环节。项目开始时，根据项目预期创建需要的基础镜像，并将 Dockerfile 分发给所有开发人员，所有开发人员根据 Dockerfile 创建的镜像或从内部仓库下载的镜像进行开发，达到开发环境的一致。若开发过程中需要添加新的软件，只需要申请修改定义基础镜像的 Dockerfile 即可。项目开发任务结束后，适当调整 Dockerfile 或应用镜像，然后将其提交分发给测试人员，测试人员就可以进行测试，这就解决了部署困难等问题。

传统开发流程与容器化开发流程的比较如图 7-18 所示。

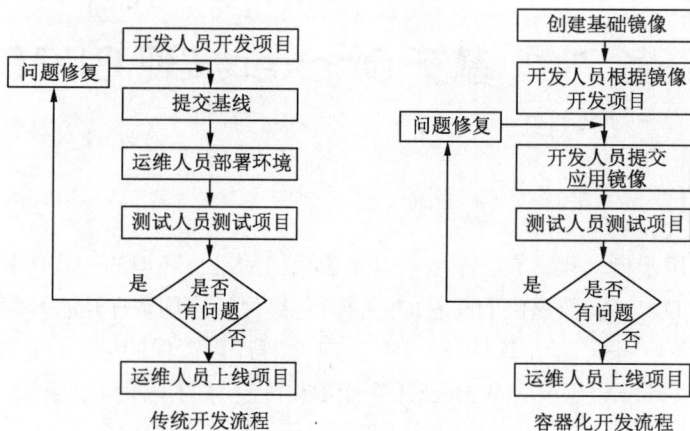

图7-18　传统开发流程与容器化开发流程的比较

传统开发流程中的基线（Baseline）是指软件文档或源代码（或其他工件）的一个稳定版本，是进一步开发的基础。建立一个初始基线后，以后每次对其进行的变更都将记录为一个差值，直到建成下一个基线。

CI/CD 是目前 DevOps 实施的基本流程。Docker 与 CI/CD 结合可以体现以下优势。

- 快速构建和部署。使用 Docker，开发人员可以将应用程序和其所有依赖项打包在一个镜像中，然后在 CI/CD 流程中自动构建和部署该镜像。
- 环境可靠。Docker 可以确保每个环境都使用相同的镜像和配置，避免环境不一致导致的问题。
- 易于扩展。容器可以轻松地在任何支持 Docker 的环境中运行，这使得开发人员可以在不同的环境中进行测试和部署。

7.2.2　CI/CD 实施工具

Jenkins 是 CI/CD 领域中使用最为广泛的开源项目之一，它旨在让开发人员从繁杂的集成业务中解脱出来，专注于更为重要的业务逻辑实现。

作为基于 Java 开发的持续集成工具，Jenkins 生态系统中提供了上千个插件来支持镜像的构建、部署、自动化，能够被高度定制以满足不同场合的 CI/CD 需求。Jenkins 还具有易于安装、配置简单、采用分布式构建等优点。Jenkins 是可扩展的自动化服务器，既可以用作简单的持续集成服务器，又可以用作任何项目的持续交付中心，也特别适合较大规模的企业用户使用。在实际应用中，用户通常将 Jenkins 与 Docker 和 Kubernetes 结合起来建立 CI/CD 平台，用于实现云原生应用程序的自动化构建、发布和部署。

Drone 是轻量级的 CI/CD 工具，从应用程序本身的安装部署到工作流的构建都比 Jenkins 简洁得多。它提供原生的 Docker 解决方案，是一个基于容器技术的 CI/CD 平台，它的所有编译、测试的流程都在一个临时的容器中进行，使开发人员能够完全控制其 CI/CD 环境并实现隔离。Drone 易于安装和使用，能够快速启动和运行，更适合中小规模的用户开展 CI/CD 工作。

Jenkins 在适应市场方面一直非常成功。虽然 Drone 发展很快，但它还是无法撼动 Jenkins 根深蒂固的"霸主"地位。

7.2.3　CI/CD 平台的组建方案

基于容器的应用程序的 CI/CD 平台的组建有多种解决方案，这里选择常用的开源解决方案，组合使用 Jenkins、GitLab 代码仓库、Docker Registry 和 Docker Engine 组建一个实验性的 CI/CD 平台，实现应用程序的自动化构建、发布和部署的工作流。整个 CI/CD 平台如图 7-19 所示。

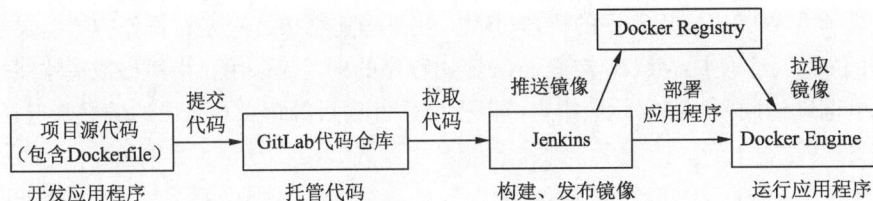

图7-19　CI/CD平台

CI/CD 平台组建的基本方案如下。

（1）部署 GitLab 服务器，基于代码仓库托管项目源代码。将包含 Dockerfile（镜像构建）等文件的项目源代码提交给 GitLab 代码仓库。代码仓库是 CI/CD 平台的基本要素之一，可以改用 GitHub 等公共源代码托管平台。

（2）使用 Docker Registry 搭建注册中心来托管镜像。镜像的存储和分发离不开注册中心。

（3）部署 Jenkins 服务器实施持续集成、交付和部署流程，在 Jenkins 项目中完成镜像的构建、发布，以及应用程序的部署。

（4）部署 Docker 主机（安装 Docker Engine）运行应用程序。Docker Engine 可以作为测试环境或生产环境，基于镜像运行应用程序。

（5）通过 GitLab 代码仓库的变更触发 Jenkins 项目的自动化构建和部署。

> 💬 **提示**　在实际的生产环境中，一般采用企业级的解决方案。比如，改用 Harbor 搭建企业级注册中心来托管镜像，或者改用 Docker Hub 等公共注册中心。另外，云原生应用程序需部署 Kubernetes 集群运行。Kubernetes 同样可以作为测试环境或生产环境，基于镜像运行应用程序。比如京东的容器引擎平台 JDOS 2.0 的大多数组件（如 GitLab、Jenkins、Harbor 等）都实现了容器化，并且部署在 Kubernetes 平台上，以提供一站式解决方案。

7.2.4 Jenkins 的项目类型

早在容器技术和 Kubernetes 出现之前，Jenkins 就已成为主流的 CI/CD 服务器。Jenkins 以自动化的方式构建应用程序，通常使用 Maven 构建 Java 应用程序，使用 npm 构建 Node.js 应用程序，使用 PyInstaller 构建 Python 应用程序。Jenkins 根据不同的软件项目需求对项目（任务）进行了分类，常用的 Jenkins 项目类型如表 7-1 所示。

表7-1 常用的Jenkins项目类型

项目类型	说明
自由风格（Free Style）	Jenkins 可以结合任何源代码管理（Source Code Management，SCM）系统和任何构建系统来构建软件项目，甚至可以构建软件以外的系统
Maven	专门针对 Java 应用程序进行构建，需要在 Jenkins 中安装 Maven 插件
流水线（Pipeline）	Pipeline 又译为管道，实际上是工作流。流水线项目使用专门的代码来定义项目构建过程，具有极强的灵活性和可定制性，更适用于构建非常复杂的项目。流水线项目理论上可以增加或定制难以采用自由风格的任何类型项目

除此之外，用户还可以选择多配置项目、多分支流水线项目来构建复杂的应用程序。对于大多数项目类型，项目配置界面上都提供基本配置、源代码管理、构建选项。理论上选用不同的项目类型，其实都可以完成应用程序的构建过程，获得构建结果，只是在操作方式、灵活性等方面有所区别。例如，一个使用 Maven 构建 Java 应用程序的项目，采用自由风格或流水线也都可以轻松实现，正可谓殊途同归。在实际应用中可以根据软件项目的特点和自己的偏好来选择 Jenkins 项目类型。

7.2.5 Jenkins 的流水线代码语法

在 Jenkins 中使用流水线首先需要创建流水线项目。在流水线项目中，我们可以直接在 Jenkins 提供的 Web 界面上编写流水线代码，也可以创建 Jenkinsfile 文件并将文件存入代码仓库。Jenkins 支持从代码仓库直接读取流水线代码，因此，我们只需在项目中配置源代码管理，指定代码仓库的地址以及 Jenkinsfile 文件所在的路径，每次构建时 Jenkins 会自动到指定的目录执行该代码文件。

Jenkins 的流水线是一种将软件从每次代码提交到最终交付用户使用的全流程自动化表示。这个流程包括构建、测试、部署等阶段，流水线提供一系列可扩展的工具将此流程通过代码进行描述。也可以说，流水线是指一套运行于 Jenkins 上的工作流框架，它将原本独立运行于单个或多个节点的任务连接起来，实现单个任务难以完成的复杂发布流程。

流水线代码定义了整个 CI/CD 流程，包括以下基本要素。

* 阶段（Stage）。一个流水线可以划分为若干个阶段，每个阶段代表一组操作。阶段是一个逻辑分组的概念，可以跨多个节点。流程中的打包、构建、部署等环节就是阶段。

* 节点（Node）。Jenkins 的节点是指执行流水线步骤的具体运行环境。Jenkins 支持主从模式，可将构建任务分发到多个从节点（也称代理节点）去执行，从而支持多个项目的大量构建任务。

* 步骤（Step）。步骤是最基本的操作单元，小到创建一个目录，大到构建一个镜像，由各类 Jenkins 插件提供。

流水线代码支持两种语法格式：脚本式和声明式。脚本式是基于 Groovy（一种基于 Java 的敏捷开发语言）的领域特定语言（Domain-Specific Language，DSL）实现的一种命令式编程语法格式。脚本式为 Jenkins 用户提供了灵活性和可扩展性，但需要用户掌握相关的编程技能。声明式更简单明了，比较适合没有编程经验的初学者使用。本项目的任务实现重点是使用声明式语法格式编写流水线代码。声明式流水线代码基本结构如下。

```
pipeline {
    agent any  //在任何可用代理上执行此流水线或任何阶段
    stages {
        stage('Build') {            //定义构建阶段
            steps {
                // 执行与构建阶段相关的一些步骤
            }
        }
        stage('Test') {        //定义测试阶段
            steps {
                // 执行与测试阶段相关的一些步骤
            }
        }
        stage('Deploy') {  //定义部署阶段
            steps {
                // 执行与部署阶段相关的一些步骤
            }
        }
    }
}
```

需要注意的是，实际的流水线代码支持单行注释（//）和块注释（/*　　*/），但不支持行尾注释，以上代码中使用行尾注释仅为了方便说明。

在声明式流水线代码中，所有有效的声明必须包含在 pipeline 块中。所有的阶段必须位于 stages 块中，stages 是流水线中的多个 stage 的容器。agent 部分用于控制在哪个 Jenkins 代理上执行流水线。

任务实现

任务 7.2.1　部署 Jenkins 服务器

就本地安装而言，Jenkins 可以在 Linux、macOS 和 Windows 等操作系统上安装，也可以以 Docker 容器化方式部署。如果将 Jenkins 作为容器运行，硬盘空间大小不低于 10GB。新版本的 Jenkins 运行要求 Java 17 或更高版本（JRE 或 JDK）。为便于实验，下面以 Docker 容器化方式部署 Jenkins 服务器。

1. 安装 Jenkins

这里选择 jenkins/jenkins 官方镜像来运行 Jenkins 容器。该镜像提供长期支持版本，但是不包含 Docker 命令行工具，也没有与常用的 Blue Ocean 插件及其功能捆绑在一起。Blue Ocean 是 Jenkins 推出的一个插件，其作用是在程序员执行任务时，帮助其降低工作流程的复杂度和提升工作流程的清晰度。用户也可以考虑选用 jenkinsci/blueocean 镜像，以免单独安装 Blue Ocean 插件。

打开终端窗口，执行以下命令运行 Jenkins 容器。

```
[root@host1 ~]# docker run --restart always -u root --privileged -d  -p 8999:8080
```

```
-p 50000:50000 --name jenkins    -v /var/jenkins_home:/var/jenkins_home -v /var/run
/docker.sock:/var/run/docker.sock   -v /usr/bin/docker:/usr/bin/docker -v /etc
/hosts:/etc/hosts  jenkins/jenkins:2.446-jdk17
```

--restart 选项设置容器随主机启动自动重启。

-u root 选项表示以 root 身份运行容器，--privileged 表示启用 root 特权，两者结合使用容器就具有最高权限，可以以 root 特权进入 Docker 并进行控制。

第 1 个-p 选项设置 Jenkins 服务器的 Web 访问端口（将容器的端口 8080 映射到主机上的端口 8999）；第 2 个-p 选项设置的是基于 JNLP（Java Network Launching Protocol，Java 网络加载协议）的 Jenkins 代理的端口，从节点通过该端口与 Jenkins 主节点进行通信（容器的端口 50000 映射到主机上的端口 50000）。

第 1 个-v 选项表示将容器中的/var/jenkins_home 目录映射到主机上的/var/jenkins_home 目录，用于存放 Jenkins 服务器数据以保持 Jenkins 当前状态。

第 2 个-v 选项表示容器绑定挂载主机上的/var/run/docker.sock 文件到容器的/var/run/docker.sock 文件，让容器中的进程可以在容器中与 Docker 守护进程通信，达到在容器中操作主机上 Docker 的目的。Jenkins 服务器作为容器运行，且它本身还要运行容器，因此它需要拥有管理容器的能力，也就需要绑定挂载/var/run/docker.sock 文件。

第 3 个-v 选项表示容器可以调用主机上的 docker 命令，因为 Jenkins 容器需要使用 docker 命令来构建和管理镜像。

第 4 个-v 选项表示容器通过挂载主机的/etc/hosts 文件实现简单的名称解析。

本例中还使用--name 选项将该容器命名为 jenkins。本例安装的是 Jenkins 2.446，读者可能安装不同的版本，不同的版本界面略有差别。

2. 运行 Jenkins 安装向导执行一次性初始化操作

（1）进入"入门"界面解锁 Jenkins。首次访问 Jenkins 时要求使用自动生成的密码对其进行解锁。在浏览器中访问 http://jenkins.abc.com:8999 会出现"解锁 Jenkins"界面。

（2）打开主机上的密码文件（"解锁 Jenkins"界面中给出密码文件路径），并从中复制自动生成的初始管理员密码。

（3）如图 7-20 所示，在"解锁 Jenkins"界面中将该密码粘贴到"管理员密码"文本框并单击"继续"按钮（此处的操作界面截图中未包括该按钮）。

（4）使用插件自定义 Jenkins。完成 Jenkins 解锁之后，出现"自定义 Jenkins"界面，单击"安装推荐的插件"按钮。

如图 7-21 所示，安装向导会显示正在配置的 Jenkins 的进程，以及推荐安装的插件。安装过程需要花费一些时间，具体取决于当前网络状况。

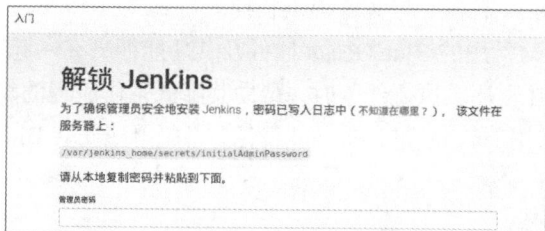

图7-20　解锁Jenkins

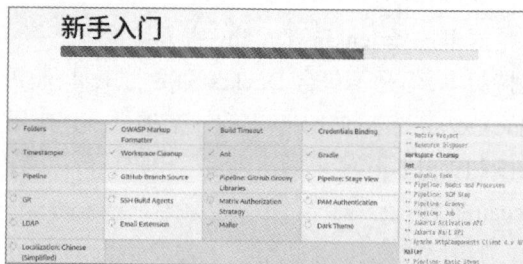

图7-21　安装推荐的插件

（5）创建管理员用户。完成自定义 Jenkins 的操作后，出现"创建第一个管理员"界面，在相应的文本框中设置用户详细信息，注意必须提供电子邮件地址，单击"保存并完成"按钮（本例创建的用户名为 gly）。

（6）出现"实例配置"界面，给出 Jenkins 的 URL（根地址），本例中为 http://jenkins.abc.com: 8999，单击"保存并完成"按钮。

（7）出现"Jenkins 已就绪"界面，单击"开始使用 Jenkins"按钮。如果该界面在 1 分钟后没有自动刷新，则使用 Web 浏览器手动刷新。

（8）根据需要登录 Jenkins 服务器，登录成功之后就可以开始使用 Jenkins 了。

（9）查看 Jenkins 容器的 JDK 和 Docker 环境。

执行以下操作进入名为 jenkins 的 Jenkins 容器内部，可以查看 JDK 和 Docker 的版本信息，发现该容器内部可以运行 Java 和 Docker。

```
[root@host1 ~]# docker exec -it jenkins bash
root@501f3e054f26:/# javac -version
javac 17.0.10
root@501f3e054f26:/# docker --version
Docker version 25.0.3, build 4debf41
```

其中，Docker 运行的是主机上的 Docker，这里采用的是"Docker in Docker"技术。

3. 安装必要的 Jenkins 插件

运行 Jenkins 安装向导时已经安装了推荐的插件，但要完成本项目的 CI/CD 任务还需要安装 GitLab 等相关插件。接下来以 GitLab 为例示范插件安装，该插件让 GitLab 触发 Jenkins 构建并在 GitLab 界面中显示构建结果。

（1）通过浏览器打开 Jenkins 的 Dashboard 界面，单击左侧的"系统管理"按钮，再单击"插件管理"按钮，打开 Jenkins 插件管理界面。

（2）单击"Available plugins"按钮查看可安装的插件列表，在搜索框中输入"GitLab"，在插件列表中勾选"GitLab"复选框，如图 7-22 所示，单击"Install after restart"按钮。

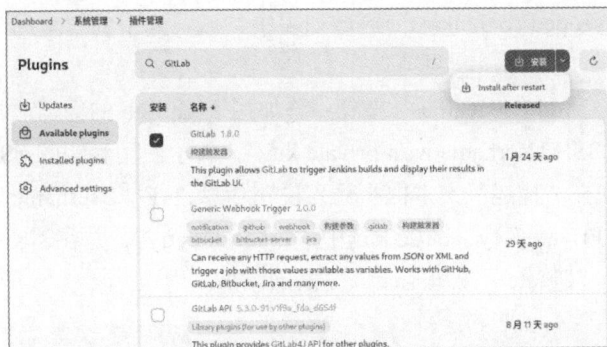

图7-22 安装GitLab插件

此界面中提供两种安装方式。一种是直接单击"安装"按钮，立刻安装所选插件并且选择是否自动重启，Jenkins 会立即感知到安装的插件。另一种是单击"安装"按钮右侧的下拉按钮，在弹出的菜单中选择"Install after restart"，立刻安装所选插件但稍后重启，需要手动重启 Jenkins 之后 Jenkins 才能感知到所安装的插件。

（3）出现图 7-23 所示的界面，其中显示插件的安装进度。当插件的安装状态都显示为

"Success"（或完成）时，说明插件已经成功安装。

有些情况比较特殊，即由于所依赖的插件版本升级需要重启 Jenkins 后才能生效，插件安装后本身处于失败状态，重启 Jenkins 即可解决。

（4）执行 docker restart jenkins 命令重启 Jenkins。重新登录 Jenkins 之后，单击"Installed plugins"按钮查看已安装的插件列表，在搜索框中输入"GitLab"，可以发现 GitLab 已成功安装，如图 7-24 所示。

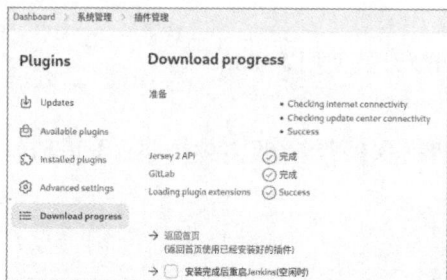

图7-23　Jenkins的插件安装状态

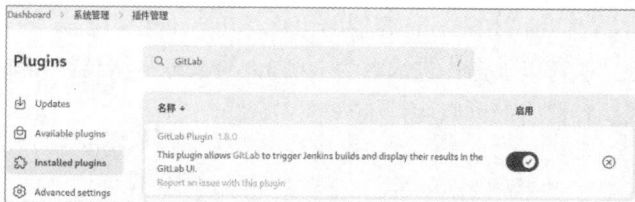

图7-24　GitLab已成功安装

多数已安装的插件可以通过"启用"按钮来启用或禁用。单击⊗按钮可以卸载该插件，有些插件的卸载需要重启 Jenkins 之后才能生效。

其他 Jenkins 插件可以根据需要安装。

4. 添加用于 GitLab 的凭据

实施 CI/CD 任务需要涉及 GitLab、Jenkins 等不同服务组件的账户、密码、证书、公钥、私钥等凭据（Credential，又译为凭证），这些凭据可以由 Jenkins 统一管理。Jenkins 服务器作为 Git 客户端，从 GitLab 服务器上托管的代码仓库中拉取源代码时需要提供相应的凭据。下面将所需的 GitLab 凭据添加到 Jenkins 中进行统一管理和使用。

（1）在 Jenkins 的 Dashboard 界面中单击左侧的"系统管理"按钮，再单击"凭据管理"按钮，显示当前所有的凭据列表。

（2）单击"Stores scoped to Jenkins"区域列表中"域"列中的"全局"项，显示"全局凭据 (unrestricted)"列表。

（3）单击右上角的"Add Credentials"按钮，添加用于 GitLab 的凭据。如图 7-25 所示，在"类型"下拉列表中选择"SSH Username with private key"，表示使用私钥的 SSH 用户账户；在"ID"文本框中设置凭据 ID；在"描述"文本框中输入说明信息；在"Username"文本框中输入用户名（可以是任意值）；在"Private Key"区域中选中"Enter directly"，并在"Key"文本框中粘贴相应的私钥信息，然后单击"Create"按钮完成该凭据的添加。

> 💬 🔧 本例凭据要用于 GitLab，需要与任务 7.1.1 中设置的 GitLab 的 SSH 密钥相对应。
> 只是 GitLab 的 SSH 密钥设置的是公钥，这里需要设置对应的私钥。本例从主机上 root
> **提示**　用户主目录里找到.ssh 子目录，从 id_rsa 文件中获取私钥信息。

完成上述操作之后，这些凭据出现在"全局凭据(unrestricted)"列表中，如图 7-26 所示，可以根据需要进一步添加凭据，更改、删除现有的凭据。后面的任务中将使用这些凭据。

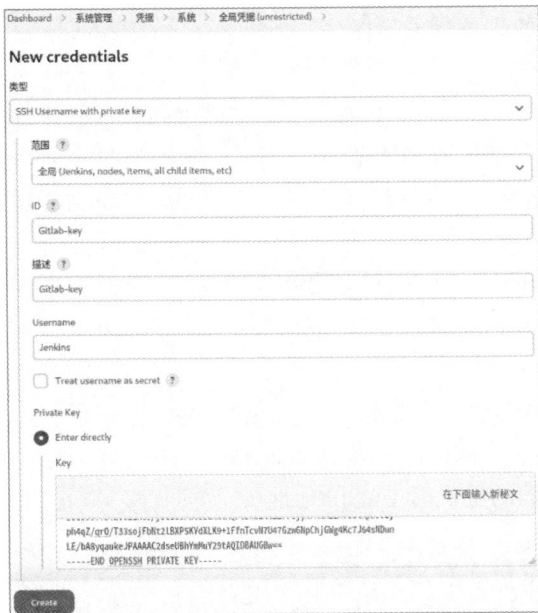

图7-25 添加用于GitLab的凭据

图7-26 "全局凭据(unrestricted)"列表

任务 7.2.2 使用 Jenkins 的流水线项目实施 CI/CD

项目 6 中任务 6.3.3 示范了 Spring Boot 应用程序的容器化,这里要将整个流程交由 Jenkins 自动实现。与其他 Java 应用程序一样,Spring Boot 应用程序可以通过 Maven 工具打包。Jenkins 要负责更新代码以及打包和发布服务,就必须具有实现这些功能的插件和工具。首先确认 Jenkins 安装 Maven 项目所需的插件并进行相应的全局插件配置。

1. 准备项目的实施环境

(1)确认安装必要的 Jenkins 插件。

前面以容器形式部署的 Jenkins 服务器上已包含 JDK,还需确认安装有 Maven Integration 和 GitLab 插件。使用 Maven 打包的项目必须安装 Maven Integration 插件,此插件用于 Java 项目的清理、打包、测试等。此插件提供了 Jenkins 和 Maven 之间的深度集成,增加了对项目之间自动触发的支持。

本例还需安装 Publish Over SSH 插件。该插件通过 SSH 发送已构建的工件,既可用于向远程主机传送要部署的配置文件,也可用于远程执行部署和更新命令。这个插件非常有用,可以定制构建过程中和构建完成之后的许多操作。本例使用该插件远程部署容器。

微课 0704a

使用 Jenkins 的流水线项目实施 CI/CD(上)

(2)配置 Maven 工具的安装选项。

Jenkins 中安装 Maven Integration 插件时并没有提供 Maven 工具,需要对该工具进行安装和配置。

① 打开 Jenkins 的 Dashboard 界面,单击左侧的"系统管理"按钮,再单击"全局工具配置"按钮,打开全局工具配置界面。

② 向下移动到"Maven"区域,单击"Maven 安装"按钮。

③ 展开"Maven 安装"界面,设置 Maven 工具的安装选项,在"Name"文本框中为要安装的 Maven 工具命名,勾选"自动安装"复选框,在"版本"下拉列表中选择合适的版本,本例选择"3.9.6",如图 7-27 所示。

④ 完成上述配置之后，单击全局工具配置界面底部的"保存"按钮保存该配置。

（3）配置 Publish Over SSH 选项。

本例将要部署容器化应用程序的 Docker 主机添加为 SSH 服务器，主要使用其远程执行命令功能（没有用到其文件传输功能），以实现自动化部署或其他操作。

① 打开 Jenkins 的 Dashboard 界面，单击左侧的"系统管理"按钮，再单击"系统配置"按钮，打开"Configure System"界面。

② 向下移动到"Publish Over SSH"区域，配置 Publish Over SSH 选项。

③ 重点是配置用于发布资源和执行操作的 SSH 服务器。在"SSH Server"区域单击"新增"按钮新增一个 SSH 服务器。

④ 如图 7-28 所示，新增 SSH 服务器的基本选项配置如下。

在"Name"文本框中为该 SSH 服务器命名，本例中命名为 DockerHost。

在"Hostname"文本框中设置该 SSH 服务器的主机名（或 IP 地址），为简化实验，这里使用本机作为 SSH 服务器，主机名为 docker.abc.com。

在"Username"文本框中设置登录 SSH 服务器的账户名，这里为 root。

在"Remote Directory"文本框中设置 SSH 服务器中可发布资源的目录。

图7-27　配置Maven工具的安装选项

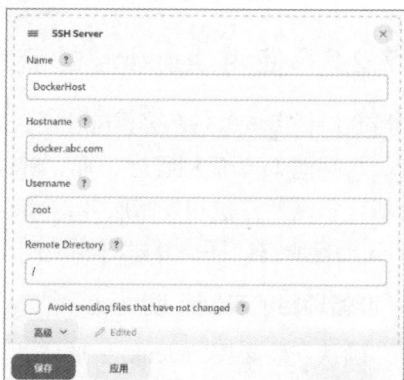

图7-28　新增SSH服务器的基本选项配置

⑤ 单击其中的"高级"按钮展开高级配置选项，勾选"Use password authentication, or use a different key"复选框以支持密码验证，并在"Passphrase/Password"文本框中输入访问 SSH 服务器的密码，如图 7-29 所示。

⑥ 单击"Test Configuration"按钮进行 SSH 服务器连接测试，出现"Success"表示连接测试成功，如图 7-30 所示。如果测试不通过，大多是因为系统默认不允许 root 进行 SSH 登录，修改 /etc/ssh/sshd_config 配置文件，加入"PermitRootLogin yes"配置，重启 SSH 服务即可。

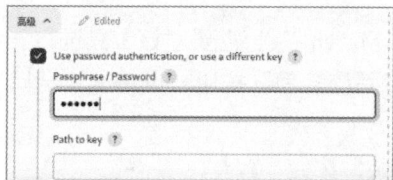

图7-29　配置SSH服务器的高级选项

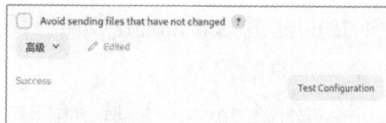

图7-30　SSH服务器连接测试成功

⑦ 完成上述配置之后，单击"Configure System"界面底部的"应用"按钮保存并使该配置生效。

注意，SSH 服务器的连接认证既可以使用密码登录，也可以选择使用密钥登录。

2．准备项目源代码

（1）在 GitLab 服务器上创建一个名为 java-demo 的空白项目。

（2）将当前目录切换到用户主目录的 ch07 子目录，并将 GitLab 服务器上的 java-demo 代码仓库复制到本地。

```
[root@host1 ch07]# git clone ssh://git@gitlab.abc.com:2222/root/java-demo.git
```

（3）为简化实验，这里沿用项目 6 任务 6.3.3 中的项目源代码，将其中的主要代码文件（app目录下的 Dockerfile、pom.xml 文件和 src 子目录中的所有文件）复制到当前项目目录中。注意，这里需要将 Dockerfile 的内容改写如下。

```
FROM openjdk:8-jre
ARG app
ADD $app app.jar
ENTRYPOINT ["java","-Djava.security.egd=file:/dev/./urandom","-jar","/app. jar"]
```

3．在 Jenkins 中新建流水线项目

（1）打开 Jenkins 的 Dashboard 界面，启动新建任务向导。如图 7-31 所示，将任务名称设置为 java-demo，项目类型选择"流水线"，然后单击底部的"确定"按钮，新建一个 Jenkins 流水线项目。

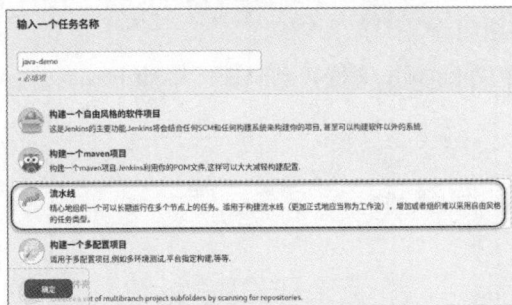

图7-31　新建Jenkins流水线项目

（2）打开该项目的配置界面，切换到"流水线"选项卡，配置源代码管理选项，如图 7-32 所示。注意，将"指定分支"文本框中的"*/master"修改为"*/main"，确认"脚本路径"文本框设置为"Jenkinsfile"（见图 7-33），以便 Jenkins 读取代码仓库中的 Jenkinsfile 文件。

图7-32　配置源代码管理选项

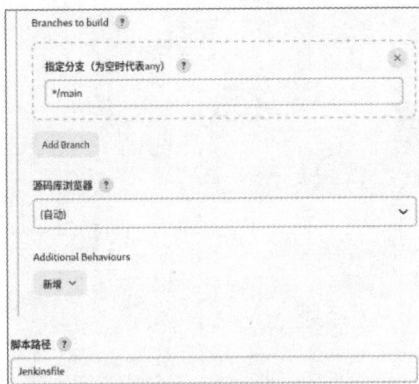

图7-33　设置脚本路径

（3）单击"保存"按钮保存项目配置，显示该项目的基本信息界面。

4. 编写 Jenkinsfile

创建流水线项目的关键是编写 Jenkinsfile。本例 Jenkinsfile 中要使用 Publish Over SSH 插件部署应用程序，可以先使用"片段生成器"向导自动生成一段示例代码，再根据实际需要对示例代码进行改写。下面进行示范。

（1）打开 Jenkins 的任意一个流水线项目（本例为 java-demo），在该项目的基本信息界面中单击"流水线语法"按钮，再单击"片段生成器"按钮。

（2）出现相应的"片段生成器"界面，在"示例步骤"下拉列表中选择"sshPublisher:Send build artifacts over SSH"，定义 SSH 服务器选项。本例在"Name"下拉列表中选择之前定义的 SSH 服务器 "DockerHost"，在"Exec command"文本框中输入要在 SSH 服务器上执行的命令，如图 7-34 所示。

（3）单击"生成流水线脚本"按钮，生成相应的代码，如图 7-35 所示。可以将直接生成的代码复制到 Jenkinsfile 文件中使用。

本例在项目目录下创建 Jenkinsfile 文件，其具体内容如下。

```
pipeline {
    agent any
    tools {
        // 需要使用 Maven 工具构建
        maven 'maven'
    }
    stages {
        stage('Build') {
            steps {
                sh 'mvn -B -DskipTests clean package'
            }
        }
        stage('Test') {
            steps {
                sh 'mvn test'
            }
            post {
                always {
                    junit allowEmptyResults: true, testResults: 'target/surefire
-reports/*.xml'
                }
            }
        }
        stage('Docker build for creating image') {
            steps {
                sh '''
                    docker build --build-arg app=${App_Name} -t ${REGISTRY_URL}
/${IMAGE_NAME} .
```

```
                    docker push ${REGISTRY_URL}/${IMAGE_NAME}
                    docker rmi ${REGISTRY_URL}/${IMAGE_NAME}
                '''
            }
        }
        stage('Deploy') {
            steps {
                sshPublisher(publishers: [sshPublisherDesc(configName: 'Docker
Host', transfers: [sshTransfer(cleanRemote: false, excludes: '', execCommand: """
                # 如果不存在容器，则 rm 会报错
                {
                    docker rm -f  ${CONTAINER_NAME}
                } || {
                    true
                }
                docker run -i -d -p 8080:8080 --name ${CONTAINER_NAME} ${REGISTRY_
URL}/${IMAGE_NAME}
    """, execTimeout: 120000, flatten: false, makeEmptyDirs: false, noDefault
Excludes: false, patternSeparator: '[, ]+', remoteDirectory: '', remoteDirectorySDF:
false, removePrefix: '', sourceFiles: '')], usePromotionTimestamp: false, useWor
kspaceInPromotion: false, verbose: false)])
            }
        }
    }

    environment {
        // 此处定义环境变量
        App_Name = "target/spring-boot-hello-0.0.1-SNAPSHOT.jar"
        GITLAB_SRV="gitlab.abc.com"
        REGISTRY_URL = "registry.abc.com:5000"
        CONTAINER_NAME = "spring-boot-hello"
        IMAGE_NAME = "spring-boot-hello"
    }
}
```

图7-34 示例步骤的选项配置

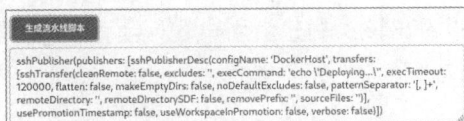

图7-35 生成相应的代码

此文件定义了项目的全部流程，共定义了 4 个阶段，分别是构建（Build）、测试（Test）、构建镜像（Docker build for creating image）和部署（Depoly），每个阶段定义有相应的步骤。此文件中，environment 块中定义的环境变量可以与 stages 块平级，是全局的环境变量；也可以在某个 stage 中定义环境变量，如可以在 stage('Docker build for creating image')中的 environment 块中定义环境变量，这样的环境变量只在所定义的 stage 中有效，不能在其他 stage 中使用。

测试阶段使用 junit 命令会用到 JUnit 插件（运行 JUnit 测试并生成测试报告），在此文件中加上"allowEmptyResults: true"以允许空测试结果，否则会出现未找到测试报告文件的构建错误。

部署阶段对使用"片段生成器"向导自动生成的代码进行了修改。本例中的命令用于在 SSH 服务器上运行容器，考虑到多次提交代码，先执行删除容器的命令，再执行运行容器的命令。默认情况下该向导针对 Publish Over SSH 插件生成的代码中执行的命令使用 3 个单引号（'''）进行标识，这里所涉及的命令要引用 environment 变量，必须将 3 个单引号（'''）改为 3 个双引号（"""），否则命令无法识别这些变量。

5. 将项目源代码提交到代码仓库

将 Jenkins 文件作为项目源代码的一部分，在终端窗口中项目目录下分别执行以下命令将这些代码一起提交到代码仓库。

```
git add .
git commit -m "1st commit"
git push origin main
```

6. 在 Jenkins 中执行项目构建

（1）在该项目的基本信息界面中，单击左侧的"立即构建"按钮，将手动开始该项目的构建。构建过程中或构建完成后会显示阶段视图，如图 7-36 所示，这是流水线项目的特性。

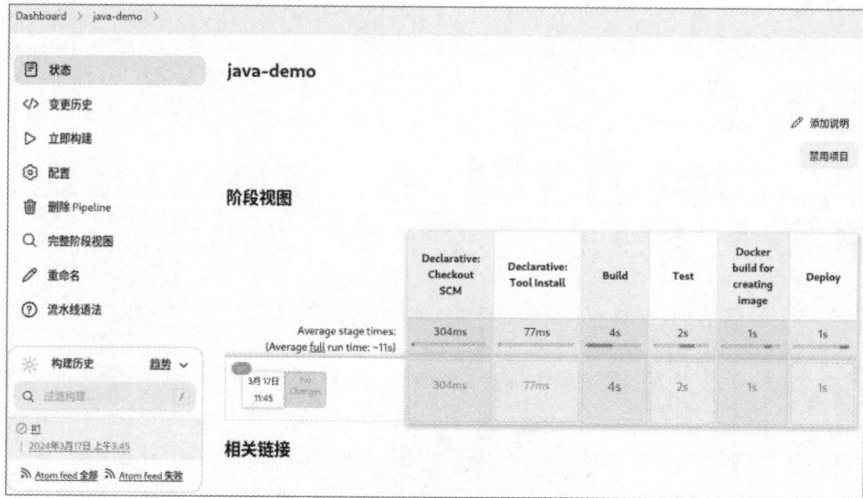

图7-36 项目构建的阶段视图

（2）单击构建历史列表中的序号，显示该次构建的基本信息。如图 7-37 所示，从基本信息中可以看出该次构建由用户 gly 启动（手动发起构建）。可以根据需要对该次构建结果执行进一步操作。

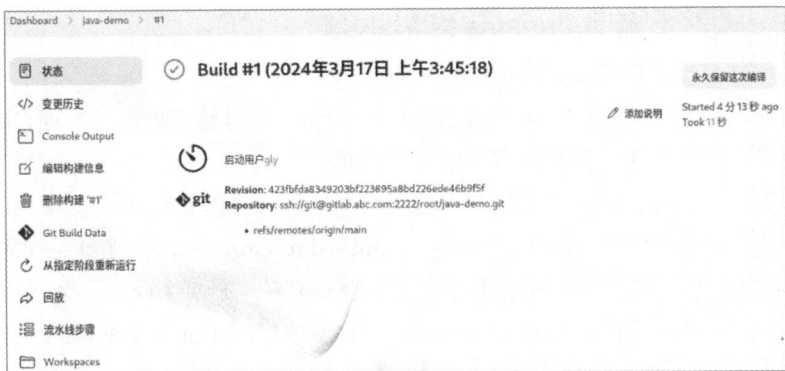

图7-37 查看该次构建的基本信息

（3）查看控制台输出来进一步分析项目构建过程。下面列出部分输出，首先从代码仓库获取 Jenkinsfile 文件，然后开始流水线（Start of Pipeline），最后结束流水线（End of Pipeline）。

```
Started by user gly
# 开始拉取源代码
Obtained Jenkinsfile from git ssh://git@gitlab.abc.com:2222/root/java-demo. git
[Pipeline]Start of Pipeline
[Pipeline]node
...
# 执行 Maven 构建
...
+ mvn -B -DskipTests clean package
# 构建镜像并将它推送到 Docker 仓库
+ docker build --build-arg app=target/spring-boot-hello-0.0.1-SNAPSHOT.jar -t
registry.abc.com:5000/spring-boot-hello .
...
# SSH 远程传输文件并执行命令
SSH: Connecting with configuration [DockerHost] ...
SSH: EXEC: completed after 1,206 ms
...
[Pipeline] // node
[Pipdine] End of Pipeline
Finished: SUCCESS
```

电子活页 0702

Jenkins 项目构建
过程控制台输出
信息解析

（4）在 Docker 主机中进行实际访问测试，结果表明测试成功。

```
[root@host1 ~]# docker ps | grep spring-boot-hello
c3e3881f2e16 registry.abc.com:5000/spring-boot-hello "java -Djava.securit...
"3 minutes ago   Up 3 minutes            0.0.0.0:8080->8080/tcp, :::8080->8080/tcp
[root@host1 ~]# curl docker.abc.com:8080
Hello Spring Boot!
```

任务 7.2.3　通过配置 GitLab 自动触发项目自动化构建和部署

任务 7.2.2 采用的是手动执行项目构建，而 CI/CD 一般要实现自动化构建和部署。一个典型的应用场景是，一旦成功地向 GitLab 代码仓库提交的代码被修改，GitLab 就会通知 Jenkins 进行项目构建，项目构建成功后自动进行部署。这个过程一般通过 Webhook 实现。要使用 Webhook，需要为它准备一个 URL，该 URL 用于发送请求。下面在任务 7.2.2 的基础上进一步配置 Jenkins 和 GitLab 来实现这种应用。

1. 配置 Jenkins 构建触发器

配置 Jenkins 构建触发器的步骤如下。

（1）进入任务 7.2.2 中的 java-demo 项目的基本信息界面，单击左侧的"配置"按钮，打开该项目的配置界面。

（2）向下移动到"构建触发器"区域，配置构建触发器。如图 7-38 所示，勾选"Build when a change is pushed to GitLab..."复选框，设置当有改动的代码推送到 GitLab 时进行构建；其他选项保持默认设置，其中"Push Events"表示有推送事件时启用 GitLab 触发器。由于安装有 GitLab Hook 插件，这里会自动生成一个回调地址，并在"GitLab webhook URL"处显示。

（3）Jenkins 默认不允许匿名用户触发项目构建，可以通过在 Jenkins 和 GitLab 之间使用密钥令牌（Secret token）来实现安全验证。上述构建触发器配置中提供了高级选项，单击"高级"（Advanced）按钮展开其高级选项，单击"Generate"按钮，会生成一个密钥令牌，如图 7-39 所示。

（4）复制该密钥令牌和 Webhook URL，单击"保存"按钮保存项目配置的修改。

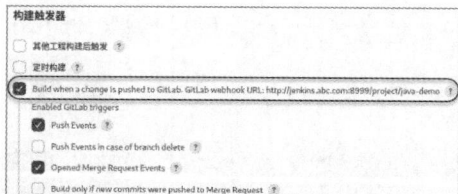

图7-38　配置构建触发器

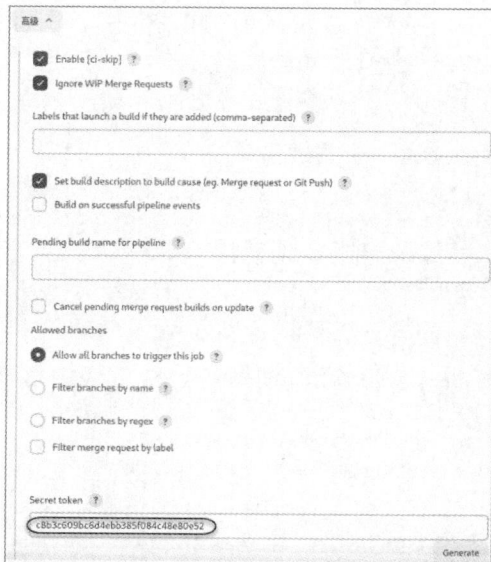

图7-39　生成一个密钥令牌

2. 在 GitLab 服务器上创建 Webhook

在 GitLab 服务器上创建 Webhook 的步骤如下。

（1）为安全起见，GitLab 默认不允许向本地网络发送 Webhook 请求，但是本例使用局域网环境进行实验，所以要解决这个问题。具体方法是以管理员身份登录 GitLab，单击顶部标题栏中的"Menu"按钮，选择"Admin"进入管理区域（Admin Area），展开左侧的"Settings"，选择其中的"Network"，在右侧的"Outbound requests"区域中单击"Expand"按钮（单击该按钮后，按钮变成"Collapse"），勾选"Allow requests to the local network from web hooks and services"复选框，允许向本地网络发送 Webhook 请求，如图 7-40 所示，单击"Save changes"按钮保存设置。此处如果不修改，添加基于本地网络的 Webhook 时，会给出"GitLab Webhook URL is blocked: Requests to the local network are not allowed"这样的警告信息。

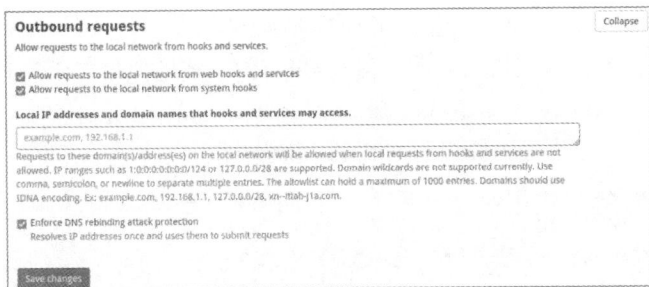

图7-40　允许向本地网络发送Webhook请求

（2）在 GitLab 服务器上打开之前创建的 java-demo 项目，单击左侧的"Settings"，再单击"Webhooks"，右侧出现 Webhook 设置界面，如图 7-41 所示，将上述 Jenkins 构建触发器设置时生成的 GitLab 回调地址（Webhook URL）和密钥令牌分别填入"URL"文本框和"Secret token"文本框中，确保勾选"Push events"复选框。这里还有很多触发器可选，可以根据自己的应用场景进行选择。

（3）如图 7-42 所示，单击"Add webhook"按钮创建一个 Webhook。

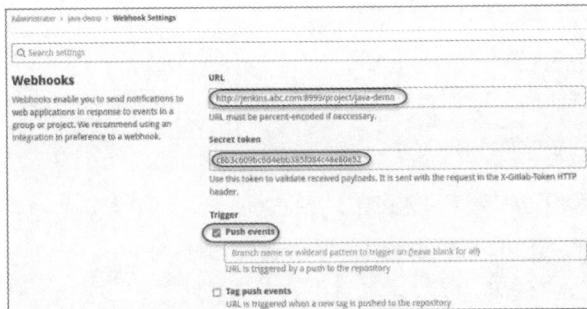

图7-41　Webhook设置界面

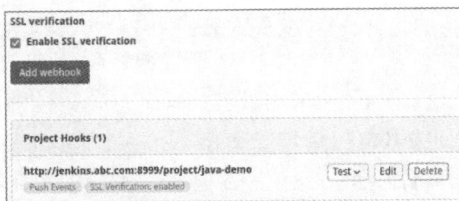

图7-42　创建一个Webhook

3. 测试自动触发项目构建

在 GitLab 服务器上完成 Webhook 的创建之后，下方会列出刚创建的 Webhook（参见图 7-42），单击"Test"下拉按钮，在弹出的下拉菜单中选择"Push events"命令即可测试推送事件触发项目构建，测试成功时 GitLab 服务器上该项目的 Webhook 设置会显示"Hook executed successfully: HTTP 200"的提示信息，如图 7-43 所示。

切换到 Jenkins 界面，可以发现相应的 Maven 项目已经处于构建状态，如图 7-44 所示，该次构建下方的"Started by GitLab push by Administrator"提示信息表明，构建是由 GitLab 的推送事件发起的。

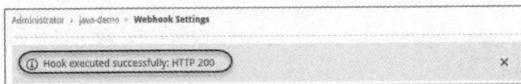

图7-43　Webhook测试成功

图7-44　由GitLab推送事件发起的构建

4. 提交更改的源代码自动触发项目的构建和部署

可以重新提交源代码到 GitLab 代码仓库进行实际测试，下面进行示范。

（1）在 Docker 主机上进入用户主目录下的本地项目目录。

（2）修改其中的 HelloController.java 文件，这里只需示范性地将其中的 return 语句修改如下。

```
return "Hello! Please test autobuild!\n";
```

（3）依次执行以下命令将代码提交到 GitLab 代码仓库：

```
git add .
git commit -m "autobuild commit"
git push origin main
```

（4）在 Jenkins 上打开该项目的基本信息界面，即可发现已经自动触发该项目的构建。构建过程会利用缓存，所以构建的速度很快。

（5）构建完毕查看该次构建的基本信息，如图 7-45 所示，可以发现 "Changes" 下面显示代码修改过 1 次，推送到 GitLab 代码仓库的版本提交说明信息为 "autobuild commit"，另外 "Triggered by GitLab Webhook" 表示由 GitLab Webhook 触发项目构建。

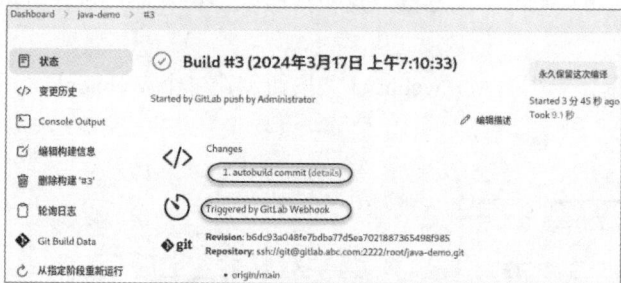

图7-45　该次构建的基本信息

读者可以根据需要进一步查看控制台输出，还可以访问应用程序进行测试。

```
[root@host1 ~]# curl docker.abc.com:8080
Hello! Please test autobuild!
```

项目实训

项目实训 1　搭建 GitLab 平台实现镜像自动化构建

实训目的

- 了解镜像自动化构建。
- 使用 GitLab 建立自己的镜像自动化构建平台。

实训内容

- 安装 GitLab。
- 安装 GitLab Runner。
- 注册 GitLab Runner。
- 编写.gitlab-ci.yml 文件定义镜像构建任务。
- 通过 GitLab 提交持续集成服务构建镜像。
- 修改.gitlab-ci.yml 文件定义镜像自动化构建任务。
- 通过 GitLab 提交代码完成镜像的自动化构建。

项目实训 2　结合 Docker 和 Jenkins 实现 CI/CD

实训目的

- 学会组建基于 Jenkin 和 GitLab 等组件的 CI/CD 平台。
- 掌握项目 CI/CD 的实施方法。

实训内容

- 安装 Jenkins 并组建 CI/CD 平台。
- 配置 Jenkins 以准备项目的实施环境。
- 准备项目源代码（Spring Boot 应用程序）。
- 在 Jenkins 中新建流水线项目。
- 编写 Jenkinsfile，定义流水线。
- 将项目源代码和 Jenkinsfile 文件一起提交到代码仓库。
- 在 Jenkins 中执行项目构建。
- 通过配置 GitLab 自动触发项目自动化构建和部署。

项目总结

通过本项目的实施，读者应当学会镜像的自动化构建，初步掌握基于 Docker 的 CI/CD 实施方法。在实际应用中，单纯的镜像的自动化构建业务一般通过 Docker Hub 或 ACR 这样的公共注册中心实现。为避免实验受网络环境或注册业务等制约，本项目自行搭建 GitLab 平台，结合私有注册中心来示范镜像的自动化构建实施过程。CI/CD 是一个软件开发优化过程，涉及开发过程中的编码、构建、集成、测试、交付、部署等多个阶段。Docker 与 CI/CD 相结合，可以实现更快、更可靠的软件发布。本项目只针对其中的部分内容进行了简单的示范，而实际应用中的内容更复杂，需要读者不断地去学习和拓展。

对于使用不同编程语言或平台的项目，其 CI/CD 工作流也不尽相同，需要根据情况灵活处理。Java、Go 等编译型语言编写的程序需要进行编译以构建可执行文件，Python、PHP、Node.js 等解释型语言编写的程序就不需要编译。可以将项目和运行环境打包成镜像，发布到注册中心，也可以将应用程序（二进制文件或源代码）直接部署到服务器，此时需要在目标服务器中提前安装运行环境。项目 8 将转到容器化应用程序的生产环境部署。

项目8

Kubernetes部署容器化应用程序

08

学习目标

- 了解容器编排解决方案，掌握 Kubernetes 实验环境的搭建方法；
- 了解 Kubernetes，学会使用 Kubernetes 运行应用程序；
- 掌握将容器化应用程序手动部署到 Kubernetes 集群的方法；
- 掌握 Kubernetes 部署的应用程序的 CI/CD 实施方法。

项目描述

前面的项目都是基于单台 Docker 主机的，所有容器化应用程序都运行在同一台主机上。能够定义复杂的多容器应用程序的 Compose 也仅限于单主机环境。在实际生产环境中，往往要在多台主机组成的集群（Cluster）中部署容器化应用程序，这就涉及容器编排。容器编排器用于管理、扩展和维护容器化应用程序，Kubernetes 和 Docker Swarm 是两个流行的容器编排系统。Docker Swarm 是 Docker 的原生集群解决方案，适用于小规模的生产环境。Kubernetes 具有后发优势，已成为容器编排领域的事实标准，更适用于大规模的生产环境。考虑到 Docker Swarm 的用户越来越少，本项目重点介绍 Kubernetes，旨在让读者了解 Kubernetes 的基本知识，并初步掌握将容器化应用程序部署到 Kubernetes 集群的方法。Kubernetes 是云原生技术的基石，它简化了容器化应用程序的部署，成功解决了应用上云的效率和可移植性等问题，比虚拟化技术更能实现计算资源的集约利用，符合绿色低碳发展理念，有助于推动形成绿色低碳的生产方式和生活方式。

任务 8.1 部署 Kubernetes 集群

▶ 任务说明

Docker 主要关注的是容器的打包和运行，简化应用程序的交付。在实际生产环境中需要管理运行应用程序的容器，并确保服务不会下线，而当容器数量较多时人工操作就变得非常困难。这就需要自动化的容器编排，Kubernetes 是首选的开源容器编排系统。单主机的 Docker 引擎和单一的镜像只能解决单一服务或应用程序的打包和测试问题。而 Kubernetes 提供了更复杂的调度器和集群管理工具，能够管理和调度多个容器组成的应用程序，在生产环境中部署企业级应用的容器集群。本任务的基本要求如下。

- 了解容器编排解决方案。
- 了解 Kubernetes 的基础知识。
- 学会基于 kind 部署 Kubernetes 集群。
- 初步学会在 Kubernetes 集群中运行并发布简单的应用程序。

✕ 知识引入

8.1.1　容器编排解决方案

Docker 只是简单的容器化平台，要进一步管理、扩缩和维护容器化应用程序，必须使用专门的容器编排工具。

Docker Swarm 是 Docker 自己针对容器的原生集群解决方案。Compose 和 Docker Swarm 能够完全集成，可以将一个 Compose 应用程序部署到 Swarm 集群（由 Docker Swarm 搭建的多主机容器平台）中，所需完成的工作与使用单台 Docker 主机的一样。Compose 文件稍加改动即可用作 Docker 栈文件，从而将应用程序轻松部署到 Swarm 集群中，并能够管理应用程序的整个生命周期。Docker Swarm 提供基本的容器编排功能，如服务发现、负载均衡和自动扩展等。在容器规模较小的场景下，Docker Swarm 更为实用，因为它平滑地内置于 Docker 平台中。

Docker Swarm 和 Docker 的无缝集成可以实现优势最大化，但项目的复杂度和封闭性限制了 Docker Swarm 后来的发展。随着 Docker 企业版被 Mirantis 公司收购，而且 Mirantis 更倾向于编排容器工具 Kubernetes，Docker Swarm 面临被逐步淘汰的命运。

与 Docker Swarm 相比，Kubernetes 更适用于在生产环境中部署企业级应用的大规模容器集群。Kubernetes 是谷歌公司推出的开源容器集群管理系统，源自谷歌公司多年生产环境的运维经验，同时凝聚了社区的最佳创意和实践。除了超前的核心基础特性，Kubernetes 还拥有与众不同的容器编排和管理的生态。

业界通常将 Kubernetes 简称为 K8s，即用"8"代替它的名字中间的 8 个字符"ubernete"。Kubernetes 这个名字源于希腊语，意为"舵手"或"领航员"。Docker 的徽标🐳类似于集装箱货轮，而 Kubernetes 的徽标⎈类似于船舵（船的方向盘），这意味着 Kubernetes 管理一个项目就像舵手驾驶一艘船一样。两者的徽标也从侧面表明了 Kubernetes 与 Docker 之间的关系和不同之处。

> 💬
> **提示**
>
> ⚙ Kubernetes 并没有完全放弃 Docker，只是从 1.20 版本开始不再支持 Docker 作为容器运行时。Docker 构建的镜像仍然可以在 Kubernetes 中运行，而 Kubernetes 会使用更加轻量级和标准化的容器运行时来直接运行这些镜像。Docker 和 Kubernetes 在云原生应用程序的开发和部署中发挥各自的作用。Docker 侧重于应用程序开发和应用程序容器化，开发人员使用 Docker 构建、测试镜像，然后将这些镜像部署到 Kubernetes。Kubernetes 则更专注于编排和管理容器，以及部署和管理容器化的应用程序。Kubernetes 可以与 Docker 集成，使得开发人员可以使用 Kubernetes 实现容器化应用程序的高效部署和管理。

云原生应用程序正在成为云计算主流的服务形式。与传统应用程序相比，云原生应用程序具有可预测、不依赖操作系统、按需分配资源、便于实施 DevOps、持续交付、采用微服务架构、可扩展、快速恢复等特点。云原生应用程序是自包含的、可移植的、可按需快速扩展的轻量级容器的独立服务，本身就是一种容器化应用程序。Kubernetes 主要应用于云架构和云原生的部署场景。Kubernetes 可以自由地部署在企业内部、私有云、混合云或公有云，用户可以轻松地进行合适的选择。

8.1.2 Kubernetes 集群的组成

Kubernetes 由若干个称为节点的计算机组成。节点可以是物理机，也可以是虚拟机，具体取决于所在的集群配置。节点分为以下两种类型。

• 工作节点（Worker Node）。每个集群中至少有一个工作节点，工作节点通过托管 Pod 来运行容器化应用程序。Pod 相当于一个容器集合，是 Kubernetes 中最小的可部署单元，也是作为应用负载的组件。

• 控制平面（Control Plane）。控制平面负责管理整个集群及其工作节点。在生产环境中，控制平面通常跨多台计算机运行以提供容错性和高可用性。

实际上，Kubernetes 遵循的是主从结构，因此有人将控制平面称为主节点或管理节点，但 Kubernetes 官方并没有这种提法。

通常 Kubernetes 集群中会有许多节点。而在一个仅用于学习或测试的环境中，集群中也可能只有一个节点，该节点运行控制平面并兼作工作节点。

Kubernetes 集群所需的各种组件如图 8-1 所示。工作节点上的组件通过调用 API 与控制平面的 kube-apiserver（API 服务器）组件进行通信。

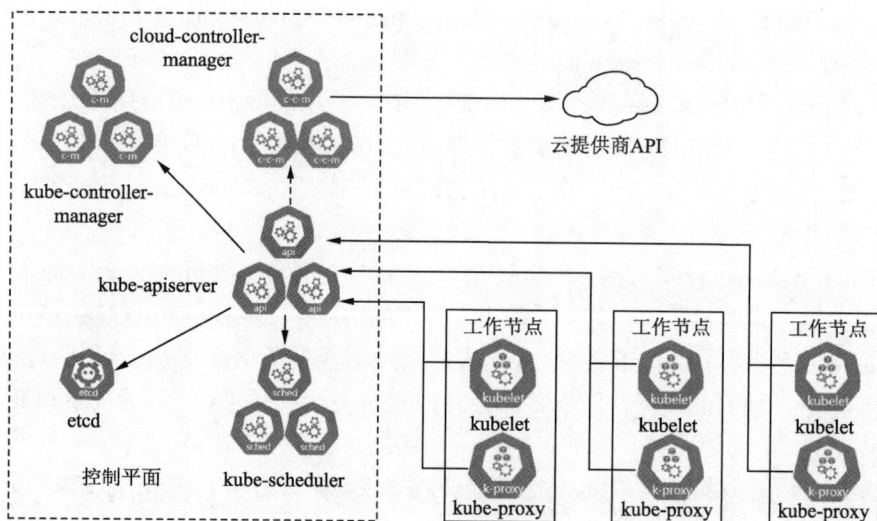

图8-1 Kubernetes集群所需的各种组件

控制平面上的组件是由集群管理员部署和维护的、用来支撑平台运行的组件，主要的控制平面上的组件如表 8-1 所示。

表8-1 主要的控制平面上的组件

组件	说明
kube-apiserver	用作 API 服务器，负责公开 Kubernetes API，处理接收请求的工作。API 服务器是 Kubernetes 控制平面的前端，是整个集群的入口
etcd	用作所有集群数据的后台数据库，持久化存储集群中所有的资源对象以及配置数据等

组件	说明
kube-scheduler	用作 Kubernetes 调度器，负责 Pod 在集群节点中的调度与分配
kube-controller-manager	用作 Kubernetes 控制器管理器，负责运行控制器进程。控制器则用于部署和管理 Pod
cloud-controller-manager	用作云控制器管理器，便于用户充分利用云基础设施，可选

工作节点上的组件负责维护运行的 Pod 并提供 Kubernetes 运行环境，主要的工作节点上的组件如表 8-2 所示。其中的容器运行时内置在每个工作节点中。

表8-2 主要的工作节点上的组件

组件	说明
kubelet	负责启动容器，保证容器在 Pod 中健康运行
kube-proxy	网络代理，实现 Kubernetes 服务（Service）的通信与负载均衡机制
容器运行时	负责容器的整个生命周期

Kubernetes 还拥有各种功能插件（Addons），它们用于提供集群级的功能。此类插件本身是通过 Kubernetes 提供的内置工作负载资源（如 DaemonSet、Deployment 等）实现的，主要的功能插件列举如下。

- DNS。与环境中的其他 DNS 服务器一起工作，为 Kubernetes 服务提供 DNS 记录。Kubernetes 最常用的 DNS 插件是 CoreDNS。

电子活页 0801

Kubernetes 的容器运行时

- 容器网络接口（Container Network Interface，CNI）。要让集群中的 Pod 之间能够进行通信就必须提供 CNI。Kubernetes 常用的 CNI 有 Calico、Flannel 和 Weave 等。
- Web 用户界面。Dashboard 是 Kubernetes 集群通用的、基于 Web 的用户界面。
- 容器资源监控工具。该插件用于容器资源监控。
- 集群级日志工具。该插件负责保存、搜索和查看容器日志。

8.1.3 Kubernetes 集群的部署工具

我们可以从 GitHub 网站下载 Kubernetes 发行版的二进制包，手动部署每个组件，将它们组成 Kubernetes 集群。这种方式的优点是可扩展性强，方便灵活定制，版本升级便捷，但是操作步骤比较烦琐，不利于快速部署，对初学者来说有一定难度。

使用部署工具可以快速创建 Kubernetes 集群。这种方式的优点是简单高效，不足是可扩展性差、定制能力有限。Kubernetes 官方推荐的部署工具如表 8-3 所示。

表8-3 Kubernetes官方推荐的部署工具

部署工具	说明	适用场景
kubeadm	可以通过 kubeadm init 和 kubeadm join 两条命令快速部署一个 Kubernetes 集群，目前技术已经很成熟，适用于在生产环境中快速部署。kubeadm 是官方提供的部署工具，会随着 Kubernetes 每个版本的发布同步更新，并且会根据集群配置方面的一些实践不断完善	生产环境
kops	主要用于在亚马逊云平台上快速安装 Kubernetes 集群。kops 是自动化的置备系统，提供全自动安装流程，使用 DNS 识别集群，支持多种操作系统，支持高可用	生产环境
kubespray	通过 Ansible 进行部署，支持操作系统级通用的部署方式，可以在裸机或云上快速部署 Kubernetes	生产环境

部署工具	说明	适用场景
kind	使用容器模拟 Kubernetes 节点，可以快速创建本地 Kubernetes 集群	学习、测试环境，或者开发环境
minikube	可以在 Windows、macOS 或 Linux 计算机上运行一个一体化单节点或多节点的本地 Kubernetes 集群	学习、测试环境，或者开发环境

另外，Docker Desktop 为 Kubernetes 提供了开发环境。Docker Desktop 创建的 Kubernetes 环境功能齐全，我们可以在开发机器上使用 Docker Desktop 内置的 Kubernetes 环境来部署容器化应用程序，然后将其交付到生产环境中的完整 Kubernetes 集群上运行。

8.1.4 Kubernetes 的对象和资源

对象是 Kubernetes 的核心概念，用于表示要在集群中运行的服务、配置、容器化应用程序等。Kubernetes 的管理和运维主要是操作各种对象，基本的 Kubernetes 对象如图 8-2 所示。

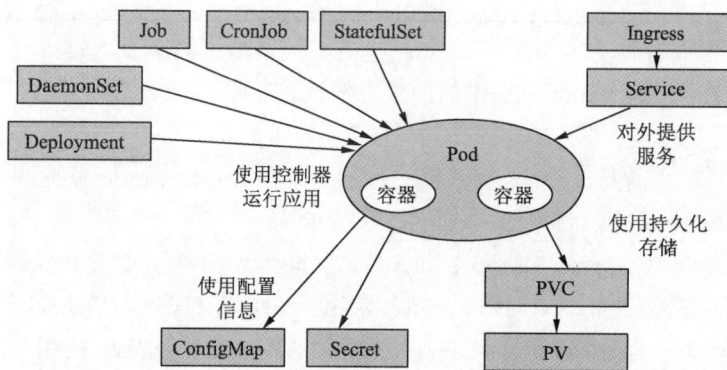

图8-2 基本的Kubernetes对象

在 Kubernetes 集群中部署各种服务实际上是要运行容器，让程序在容器中运行。Kubernetes 的最小管理单元是 Pod 而不是容器，只能将容器放在 Pod 中。Kubernetes 中的所有容器都被调度为 Pod，Pod 是共享一些资源的位于同一位置的容器组。

Pod 只能管理自身，没有自我修复功能。实际应用中，几乎从不创建单独的 Pod，而是通过工作负载资源统一管理一组 Pod。考虑到不同的应用程序有不同特性，为满足不同的业务场景需求，Kubernetes 提供多种类型的内置工作负载资源，如 Deployment、StatefulSet、DaemonSet、Job、CronJob 等。这些工作负载资源具体是通过配置控制器来实现的。控制器用于工作负载资源的部署和管理，在更高层次上部署和管理 Pod，又称 Pod 控制器，也就是说，Kubernetes 一般通过控制器来管理 Pod。

在这些工作负载资源中，Deployment 比较常用，其是由 Kubernetes 自动维护的可扩展的 Pod 组。我们可以通过 Deployment 控制器在 Kubernetes 中部署并运行应用程序，但这只是在 Kubernetes 集群内部通过 Pod 部署了应用程序。要让外部用户访问这些应用程序，还需要通过 Service 对象发布 Pod 提供的服务，供用户访问。Service 为一组具有相同功能的 Pod 提供统一的入口地址，将请求负载转发到后端的 Pod，并且为这些 Pod 实现负载均衡。Service 只能提供 OSI 模型中传输层的负载均衡能力，只能基于 IP 地址和端口来转发流量，而 Ingress 可以通过 HTTP 或 HTTPS 进一步对外发布 Service 的应用，提供 OSI 模型中应用层的负载均衡能力。

如果 Pod 中服务的数据需要持久化，则由 Kubernetes 提供各种存储系统。Kubernetes 通过持久化卷（PersistentVolume，PV）和持久化卷声明（PersistentVolumeClaim，PVC）对存储资源进行抽象，实现底层存储的屏蔽，让用户无须关心具体的存储基础设施，需要存储资源时提出请求即可。

Kubernetes 还使用 ConfigMap 存储应用程序所需的配置信息，使用 Secret 存储应用程序所需的敏感数据。

> 提示
>
> Kubernetes 官方文档中将资源（Resource）定义为 Kubernetes API 中的一个端点，其中存储的是某个类别的 API 对象的一个集合。例如内置的 Pod 资源包含一组 Pod 对象。对象可以看作资源的实例，本身也是资源，两者可以混用。

8.1.5　使用 YAML 文件描述应用程序

所有 Kubernetes 对象都可以由 YAML 格式的配置文件或清单文件（manifests）描述。这些 YAML 文件描述了 Kubernetes 应用程序的所有组件和配置，指定对象在 Kubernetes 中的预期状态，可以用于在任何 Kubernetes 环境中创建和销毁应用程序。Kubernetes 的管理和运维工作中的一项重要的任务就是编写这类描述文件，并将其提供给 Kubernetes 来实现资源的自动编排。下面给出一个 Deployment 对象的 YAML 描述文件示例。

```yaml
# 必需字段，声明对象使用的 API 版本
apiVersion: apps/v1
# 必需字段，声明要创建的对象的类别
kind: Deployment
# 必需字段，定义对象的元信息，包括对象名称、使用的标签等
metadata:
  name: nginx-deployment
# 必需字段，声明对象的期望状态，如使用的镜像、副本数等
spec:
  selector:
    matchLabels:
      app: nginx
  replicas: 2     # 运行 2 个与该模板匹配的 Pod
  template:
    metadata:
      labels:
        app: nginx
    spec:
      containers:
      - name: nginx
        image: nginx:1.14.2
        ports:
        - containerPort: 80
```

在任何对象的 YAML 描述文件中，apiVersion、kind、metadata 和 spec 这 4 个字段都是必需的，其中，spec 字段最重要。对不同的 Kubernetes 对象而言，其 spec 字段的具体格式都是不同的，它包含不同的嵌套字段，可以通过 Kubernetes API 参考资料查找不同对象的规约格式。

在声明 Kubernetes 对象时还要注意，不同的版本，apiVersion 字段值有所不同。

而 status 字段是不需要在 YAML 描述文件中定义的。相关信息是由 Kubernetes 自动进行维护所生成的，用于记录对象在系统中的当前实际状态。在任何时刻，Kubernetes 控制平面都在积极地管理着对象的实际状态，让对象进入期望的状态。

8.1.6 Kubernetes 对象管理方法

管理员一般使用 kubectl 命令行工具管理 Kubernetes 对象，该工具支持使用多种不同的方法来创建和管理 Kubernetes 对象，这些方法如表 8-4 所示，其中，指令式对象配置方法是最常用的。

表8-4 Kubernetes对象管理方法

管理方法	说明	示例	适用场景
指令式命令	通过操作指令的形式直接操作 Kubernetes 对象，所操作的对象在命令的参数中直接指定，操作结果由 Kubernetes 系统实时管理，不提供配置更改的历史记录	kubectl create deployment nginx --image nginx	适用于项目开发阶段，或在 Kubernetes 中运行一次性任务，简单易用
指令式对象配置	将指令发送给配置文件，配置文件必须包含 YAML 或 JSON 格式的对象完整定义，被操作的对象会由 Kubernetes 按照配置文件中的定义进行创建或更改	kubectl create -f nginx.yaml	适用于生产项目，通过代码管理系统进行管理，可以与流程集成
声明式对象配置	将对象的定义保存在配置文件中，但是并不指定要对该文件执行的操作，对对象执行的操作（create、update、patch、delete）由 Kubernetes 自动检测出来。基于目录工作，根据目录中若干配置文件执行不同的操作，通过 kubectl apply 命令应用配置文件来实现对对象的操作	kubectl apply -f configs/	适用于生产项目，但使用难度较大，难以调试

⌸ 任务实现

任务 8.1.1 基于 kind 部署 Kubernetes 集群

针对生产环境搭建完整的 Kubernetes 集群的操作较为复杂，本项目涉及的 Kubernetes 集群主要用于实验测试，因此只需在本地创建一个测试用的 Kubernetes 集群。为简化实验操作，这里选择简单易用的 kind 来部署 Kubernetes 集群。

1. 了解 kind

作为一个 Kubernetes 孵化项目，kind 的全称为 Kubernetes in Docker，它提供一套开箱即用的 Kubernetes 环境搭建方案。如图 8-3 所示，kind 使用容器模拟 Kubernetes 节点，将 Kubernetes 所需要的所有组件全部部署在一个 Docker 容器中。

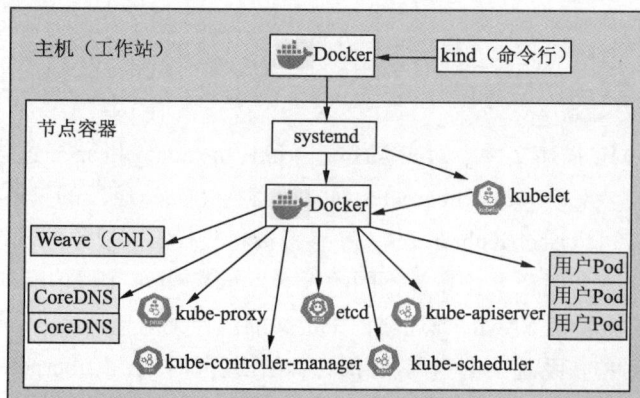

图8-3 kind的Kubernetes实现机制

kind 通过了云原生计算基金会（Cloud Native Computing Foundation，CNCF）官方的 Kubernetes 性能测试，已经广泛应用于 Kubernetes 上游及相关项目的 CI/CD 环境中。kind 可以用来快速创建一个或多个 Kubernetes 集群，还可以用来部署高可用的 Kubernetes 集群，完全能满足本项目搭建 Kubernetes 实验环境的需求。

2. 准备安装环境

kind 适合在本地计算机上运行 Kubernetes，要求安装 Docker 或 Podman 作为容器运行环境。这里参照项目 1 任务 1.2 的步骤，新建一台运行 CentOS Stream 9 操作系统的虚拟机，将其用作 Kubernetes 主机，在其中安装 Docker Engine，除了将主机名更改为 host2、IP 地址更改为 192.168.10.52，其他配置同项目 1 任务 1.2 创建的 Docker 主机。

3. 安装 kind

在 Linux 系统中一般通过二进制文件安装 kind，依次执行以下命令。

```
[ $(uname -m) = x86_64]&& curl -Lo ./kind https://kind.sigs.k8s.io/dl/v0.22.0/
kind-linux-amd64                    # 下载 kind 二进制文件
chmod +x ./kind                     # 赋予可执行权限
mv ./kind /usr/local/bin/kind       # 将 kind 移动到系统全局路径/usr/local/bin
```

安装完毕，通过查看 kind 版本来验证是否成功安装。

```
[root@host2 ~]# kind version
kind v0.22.0 go1.20.13 linux/amd64
```

4. 安装 kubectl

管理员通常使用 Kubernetes 命令行工具 kubectl 管理 Kubernetes 集群。在 Linux 系统中一般通过二进制文件安装 kubectl，依次执行以下命令。

```
curl -LOhttps://dl.k8s.io/release/$(curl-L-shttps://dl.k8s.io/release/stable.
txt) /bin/linux/amd64/kubectl       # 下载 kubectl 二进制文件
chmod +x kubectl                    # 赋予可执行权限
mv kubectl /usr/bin/                # 将 kind 移动到系统全局路径/usr/bin/
```

以上 curl 命令下载的是 kubectl 最新版本，如果需要下载某个指定的版本，则可用指定版本号替换该命令中的 "$(curl -L -s https://dl.k8s.io/release/stable.txt)"，比如下载 1.29.2 版本。

```
curl -LO https://dl.k8s.io/release/v1.29.2/bin/linux/amd64/kubectl
```

安装完毕后通过查看 kubectl 版本来验证是否成功安装。

```
[root@host2 ~]# kubectl version --client
Client Version: v1.29.2
Kustomize Version: v5.0.4-0.20230601165947-6ce0bf390ce3
```

5. 创建 Kubernetes 集群

使用 kind create cluster 命令即可创建一个默认的 Kubernetes 集群。该命令将使用预构建的节点镜像（托管在 kindest/node 仓库）创建单节点的 Kubernetes 集群。当然，也可以使用--image 选项指定特定的节点镜像版本，例如：

```
kind create cluster --image kindest/node:latest
```

Kubernetes 测试环境往往需要多节点集群，这就需要通过配置文件定义与配置。本任务部署一个常用的三节点集群，其中包含一个控制平面和两个工作节点。创建 k8s 目录，在 k8s 目录下定义的集群配置文件 testk8s-config.yaml 的内容如下。

```
kind: Cluster
apiVersion: kind.x-k8s.io/v1alpha4
name: testk8s                              # 集群名称
nodes:                                     # 定义节点
- role: control-plane                      # 定义控制平面
  extraPortMappings:                       # 定义外部端口映射
  - containerPort: 80                      # 将主机的 80 端口映射到容器的 80 端口
    hostPort: 80
  - containerPort: 30008                   # 将主机的 30008 端口映射到容器的 30008 端口
    hostPort: 30008
- role: worker                             # 定义工作节点
- role: worker
containerdConfigPatches:                   # 附加 containerd 的配置，实现镜像加速器的配置
  - |-
    [plugins."io.containerd.grpc.v1.cri".registry.mirrors]
      [plugins."io.containerd.grpc.v1.cri".registry.mirrors."docker.io"]
        endpoint = ["https://国内镜像加速器网址"]
```

其中，extraPortMappings 选项用于定义外部端口映射，将端口转发到 kind 节点，也就是将 Kubernetes 容器的端口对外公开，便于通过主机访问 kind 节点。如果 Kubernetes 应用程序使用 NodePort 类型的 Service 对象或显示主机端口的守护程序集，这将非常有用。要将端口映射与 NodePort 一起使用，kind 节点的 containerPort 和服务的 NodePort 要相等。因为 kind 搭建的集群也是容器，我们要访问容器提供的服务，就需要将集群的 Service 对象设置为 NodePort 类型（NodePort 范围为 30000~32767）。在 Kubernetes 集群中部署应用通常需要下载 Docker 镜像，由于国内访问 Docker 官网受限，这里需要配置国内 Docker 镜像加速器。Kind 使用 containerd 作为容器运行时，可以通过编辑 containerd 配置文件/etc/containerd/config.toml 来添加镜像加速器。

在集群配置文件中，可以使用 containerdConfigPatches 配置项利用 Toml 格式来覆盖 containerd 的配置。这里针对 Docker Hub（docker.io）注册中心配置华为云提供的镜像加速器地址。

> **提示**
>
> 创建 Service 对象需要根据实际访问需求选择合适的访问方式，也就是对外发布方式，这种方式是由 Service 对象的类型决定的。Kubernetes 目前支持 4 种类型，分别是 ClusterIP、NodePort、LoadBalancer 和 ExternalName。其中，ClusterIP 用于集群内访问，NodePort 和 LoadBalancer 支持集群外部用户访问，ExternalName 用于引入外部服务。

基于该集群配置文件创建 Kubernetes 集群。

```
[root@host2 ~]# kind create cluster --config k8s/testk8s-config.yaml
Creating cluster "testk8s" ...
 ✓ Ensuring node image (kindest/node:v1.29.2) 🖼
 ✓ Preparing nodes 📦 📦 📦
 ✓ Writing configuration 📜
 ✓ Starting control-plane 🕹
 ✓ Installing CNI 🔌
 ✓ Installing StorageClass 💾
 ✓ Joining worker nodes 🚜
Set kubectl context to "kind-testk8s"
```

```
You can now use your cluster with:
kubectl cluster-info --context kind-testk8s
Have a question, bug, or feature request? Let us know! https://kind.sigs.
k8s.io/#community ☺
```

完成集群创建之后，执行以下命令查看当前集群列表，以验证集群是否成功创建。

```
[root@host2 ~]# kind get clusters
testk8s
```

使用 kind 创建集群相当于在本地运行一个容器，而整个 Kubernetes 集群就运行在这个容器中。可以查看当前容器列表来进行进一步验证。

```
  [root@host2 ~]# docker ps
  CONTAINER ID    IMAGE          COMMAND           CREATED       STATUS  PORTS    NAMES
  b8565ce6b67d    kindest/node:v1.29.2   "/usr/local/bin/entr..."  8 minutes ago
  Up 7 minutes 0.0.0.0:80->80/tcp, 0.0.0.0:30008->30008/tcp, 127.0.0.1:36763
->6443/tcp                                               testk8s-control-plane
  6f2ba428d4da    kindest/node:v1.29.2   "/usr/local/bin/entr..."  8 minutes ago
  Up 7 minutes                                             testk8s-worker2
  a2410b9a32a6    kindest/node:v1.29.2   "/usr/local/bin/entr..."  8 minutes ago
  Up 7 minutes                                             testk8s-worker
```

这里要从外部访问 kind 创建的 Kubernetes 集群，就需要把此容器的端口（Kubernetes 容器的端口）公开，本例公开的是 80 和 30008 端口。

6. 试用 Kubernetes 集群

创建集群之后，可以使用 kubectl 命令来部署应用程序、检查和管理集群资源，以及查看日志。

执行以下命令显示集群信息。

```
[root@host2 ~]# kubectl cluster-info
Kubernetes control plane is running at https://127.0.0.1:41895
CoreDNS is running at https://127.0.0.1:41895/api/v1/namespaces/kube-system
/services/kube-dns:dns/proxy
```

其中包括控制平面 API 服务和 DNS 服务（CoreDNS）的地址及相关信息。

执行以下命令查看集群的调度器、控制器管理器和后台数据库是否健康。调度器、控制器管理器和后台数据库都是运行 Pod 的控制平面上的关键组件。

```
[root@host2 ~]# kubectl get componentstatus
Warning: v1 ComponentStatus is deprecated in v1.19+
NAME                 STATUS        MESSAGE    ERROR
controller-manager   Healthy       ok
scheduler            Healthy       ok
etcd-0               Healthy       ok
```

默认情况下，kubectl 使用当前上下文（context）中的参数与集群进行通信。在 Kubernetes 集群中，一个上下文是一个包含一组集群、用户和命名空间的命名集合。执行以下命令查看当前上下文列表。

```
[root@host2 ~]# kubectl config get-contexts
CURRENT      NAME            CLUSTER         AUTHINFO        NAMESPACE
*            kind-testk8s    kind-testk8s    kind-testk8s
```

可以发现，当前的上下文关联的就是刚创建的 kind-testk8s 集群。如果存在多个 Kubernetes 集群，则通过查看所有上下文可以选择和切换到所需要的上下文，以便执行特定的 kubectl 命令。例如，执行 kubectl config use-context<上下文名称>命令可以切换到特定的上下文，便于对关联的集群进行操作。

任务 8.1.2　在 Kubernetes 集群中运行并发布应用程序

下面通过创建 Deployment 对象和 Service 对象来示范如何在 Kubernetes 集群中运行并发布应用程序。

1. 创建 Deployment 对象

首先在 Deployment 资源配置文件中定义自己的 Pod 模板、运行数量等，然后让 Deployment Controller 帮助我们维护这些 Pod。

（1）将当前目录切换到 k8s 目录。

（2）在该目录下编辑定义 Deployment 对象的配置文件 ngix-deploy.yaml，该文件的内容如下。

```
apiVersion: apps/v1             # 版本号
kind: Deployment                # 类型为 Deployment
metadata:                       # 元数据
  name: nginx-deploy
  labels:                       # 标签
    app: nginx-deploy
spec:                           # 详细信息
  replicas: 2                   # 副本数量
  selector:                     # 选择器，指定该控制器管理的 Pod
    matchLabels:                # 匹配规则
      app: nginx-pod
  template:                     # 定义模板，当副本数量不足时会根据模板定义并创建 Pod 副本
    metadata:
      labels:
        app: nginx-pod          # Pod 的标签
    spec:
      containers:               # 容器列表（本例仅定义一个容器）
      - name: nginx             # 容器名称
        image: nginx:1.14.2     # 容器所用的镜像
        ports:
        - name: nginx-port
          containerPort: 80     # 容器需要暴露的端口
```

注意，containerPort 是 Pod 内部容器的端口，仅起到标记作用，并不能改变容器本身的端口，因此可以省略。本例运行 nginx 的容器本身发布的端口是 80。

（3）执行以下命令基于该配置文件创建 Deployment 对象。

```
[root@host2 k8s]# kubectl apply -f nginx-deploy.yaml
deployment.apps/nginx-deploy created
```

（4）执行以下命令查看该 Deployment 对象每个 Pod 的 IP 地址。

```
[root@host2 k8s]# kubectl get pods -o wide
NAME                            READY    STATUS   RESTARTS AGE     IP NODE...
nginx-deploy-59c566bbbb-mzdtv1/1 Running  0       49s 10.244.1.2 kind-worker2
nginx-deploy-59c566bbbb-rtts8 1/1 Running 0   49s 10.244.2.2 kind-worker
```

可以发现，Pod 被分配了一个 Kubernetes 内部 IP 地址，这个 IP 地址不能从 Kubernetes 外部访问到，并且这个 IP 地址在 Pod 重新创建后会发生改变。

（5）本例的 Kubernetes 集群本身是由容器实现的，这里连接到其中的控制平面（以容器形式运行），也就是进入 Kubernetes 集群内部，通过 Pod 的 IP 地址可以访问部署的应用程序。

```
[root@host2 k8s]# docker exec -it testk8s-control-plane bash
root@testk8s-control-plane:/# curl 10.244.2.2
...
<h1>Welcome to nginx!</h1>
```

2. 创建 Service 对象

创建 Service 对象来发布应用程序。

（1）创建定义 Service 对象的配置文件 ngix-service.yaml。

```
apiVersion: v1
kind: Service
metadata:
  name: nginx-svc          #设置 Service 的显示名称
spec:
  type: NodePort           # Service 类型
  selector:
    app: nginx-pod         #指定 Pod 的标签
  ports:
  - port: 8080             # 让集群知道 Service 绑定的端口
    targetPort: 80         # 目标 Pod 的端口
    nodePort: 30008        # 节点上绑定的端口
```

这里标签选择器 selector 的设置要跟 Deployment 对象中的 Pod 模板中的标签名称保持一致，才能进行匹配。.spec.ports 字段可以定义多个端口映射，适用于一个 Pod 中有多个要暴露端口的容器，或者有一个容器要暴露多个端口的场景。

Service 类型默认为 ClusterIP，即为该 Service 分配一个内部 IP 地址。这里将类型改为 NodePort 后，Service 会把 Kubernetes 内部的端口映射到集群所在的主机。

（2）执行以下命令基于该配置文件创建 Service 对象。

```
[root@host2 k8s]# kubectl apply -f nginx-service.yaml
service/nginx-svc created
```

（3）执行以下命令查看该 Service 对象的地址和端口。

```
[root@host2 k8s]# kubectl get service nginx-svc
NAME        TYPE        CLUSTER-IP       EXTERNAL-IP    PORT(S)          AGE
nginx-svc   NodePort    10.96.139.112    <none>         8080:30008/TCP   24s
```

其地址就是集群 IP 地址，是由 Kubernetes 管理和分配给 Service 对象的虚拟 IP 地址。此 IP 地址只能在集群内部访问使用，既不会分配给 Pod，也不会分配给节点主机，不具备网络通信能力。

30008 端口被映射到了 Kubernetes 集群所在的服务器（即运行 Kubernetes 的容器）上，而我们在使用 kind 创建 Kubernetes 集群时将容器的 30008 端口又映射到本地，所以现在我们可以在本地使用浏览器访问 30008 端口。

（4）测试从 Kubernetes 集群内部访问 Service 发布的应用程序。

```
[root@host2 k8s]# docker exec -it testk8s-control-plane bash
root@testk8s-control-plane:/# curl 10.96.139.112:8080
...
<h1>Welcome to nginx!</h1>
...
```

（5）测试从 Kubernetes 集群外部访问 Service 发布的应用程序。

```
[root@host2 k8s]# curl 127.0.0.1:30008
```

```
...
<h1>Welcome to nginx!</h1>
...
```

可以通过浏览器访问进一步测试外部访问，如图 8-4 所示。

（6）查看该 Service 对象的详细信息。

```
[root@host2 k8s]# kubectl describe service nginx-svc
Name:                     nginx-svc
Namespace:                default
Labels:                   <none>
Annotations:              <none>
Selector:                 app=nginx-pod
Type:                     NodePort
IP Family Policy:         SingleStack
IP Families:              IPv4
IP:                       10.96.139.112
IPs:                      10.96.139.112
Port:                     <unset>  8080/TCP
TargetPort:               80/TCP
NodePort:                 <unset>  30008/TCP
Endpoints:                10.244.1.2:80,10.244.2.2:80
Session Affinity:         None
External Traffic Policy:  Cluster
Events:                   <none>
```

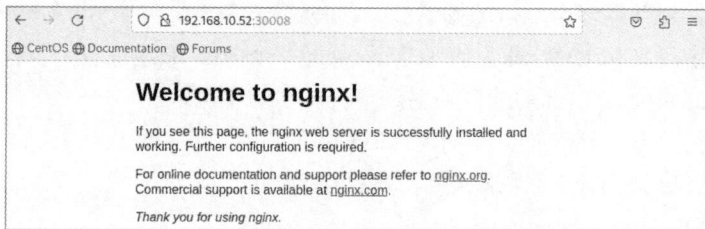

图8-4　通过浏览器访问进一步测试外部访问

可以发现，Kubernetes 创建 Service 时生成的 Endpoints 对象是一组由后端 Pod 的 IP 地址和容器端口组成的端点集合。Kubernetes 自动创建了与 Service 对象同名的 Endpoints 对象。

（7）依次删除 Service 对象和 Deployment 对象，清理实验环境。

```
[root@host2 k8s]# kubectl delete -f nginx-service.yaml
service "nginx-svc" deleted
[root@host2 k8s]# kubectl delete -f nginx-deploy.yaml
deployment.apps "nginx-deploy" deleted
```

任务 8.2　在 Kubernetes 集群中部署开发的应用程序

任务说明

任务 8.1 在 Kubernetes 集群中运行并发布应用程序使用的是现成的镜像。实际应用中，用户需要将自己开发的应用程序部署到 Kubernetes。我们需要了解应用程序从开发、测试到最终部署到 Kubernetes 的基本流程，而且除了掌握全流程的手动实施方法，还需要初步掌握相应 CI/CD 工作流的基本实施方法。本任务以一个简单的 Spring Boot 演示软件项目为例，对这两种实施方法进行简单的示范，具体要求如下。

- 了解将开发的应用程序部署到 Kubernetes 集群的基本流程。
- 初步掌握在 Kubernetes 集群中手动部署开发的应用程序的实施方法。
- 初步掌握基于 CI/CD 平台将应用程序自动化部署到 Kubernete 集群的方法。

✕ 知识引入

8.2.1　将开发的应用程序部署到 Kubernetes 集群的基本流程

应用程序从开发到最终部署到 Kubernetes 集群，一般需要经历以下流程。

（1）编写应用程序代码。

（2）对应用程序进行测试。

（3）编写 Doclcerfile 文件并构建镜像。这是应用程序容器化的关键。为要部署的应用程序编写 Dockerfile，在充分考虑业务类型和运作方式的前提下构建合适的镜像。

（4）将构建的镜像推送到注册中心进行发布。

（5）编写 YAML 文件，用于对 Kubernetes 资源进行编排与部署。具体内容主要包括：将容器放入 Pod，创建符合预期的 Pod；根据不同业务的不同需求选择合适的控制器来管理 Pod 的运行；使用 Service 管理 Pod 的访问；使用 Ingress 提供外部访问；使用 PV/PVC 管理持久化数据；使用 ConfigMap 管理配置文件等。

（6）利用 kubectl 工具基于 YAML 资源配置文件在 Kubernetes 集群中运行应用程序。

（7）根据需要更改 YAML 文件中的镜像来实现应用程序的升级。

YAML 文件中的镜像标签应避免使用 latest，建议每个镜像标签都使用版本号。

8.2.2　Jenkins 的 Maven 项目 CI/CD 流程

Jenkins 专门为构建 Java 应用程序提供 Maven 项目。针对部署到 Kubernetes 集群的 Java 应用程序，Jenkins 的 Maven 项目 CI/CD 流程如图 8-5 所示。

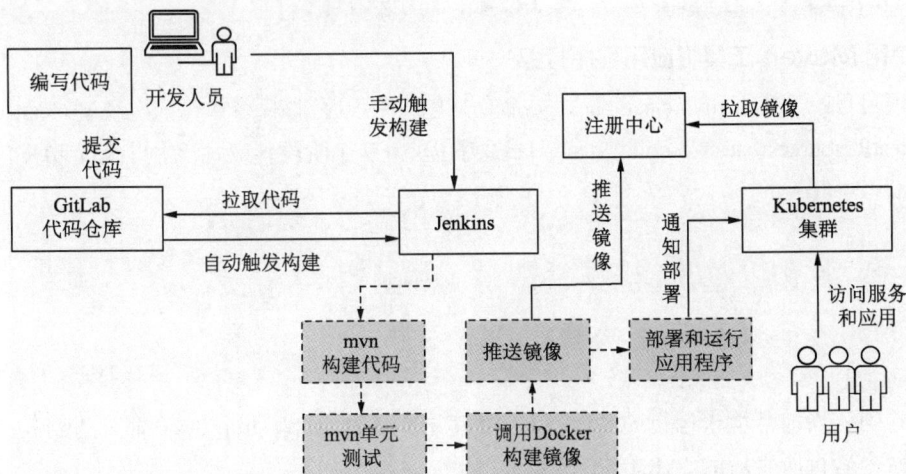

图8-5　Jenkins的Maven项目CI/CD流程

开发人员编写 Java 代码，将编写好的 Java 代码提交到 GitLab 代码仓库中，Jenkins 从 GitLab 代码仓库拉取这些代码。开发人员或运维人员通过 Jenkins 手动触发构建作业，或者由 GitLab 代码仓库代码更新自动触发构建作业，Jenkins 调用 Maven 工具（mvn）打包应用程序，再调用 Docker 构建镜像，最后在 Kubernetes 集群中远程部署并运行应用程序（通常调用 Shell 命令来实施）。

任务实现

任务 8.2.1　在 Kubernetes 集群中手动部署开发的应用程序

下面通过在 Kubernetes 集群中手动部署一个简单的 Spring Boot 应用程序来示范应用程序从开发到部署到 Kubernetes 的基本流程。与其他 Java 应用程序一样，Spring Boot 应用程序可以通过 Maven 工具打包，但要在 Kubernetes 集群中部署还需构建镜像。本例首先在 host1 主机（Docker 主机）上执行操作。

1. 准备 Maven 打包环境

（1）确认当前环境中安装 JDK 以便编译 Java 代码。通过查看 Java 版本进行检查。

```
[root@host1 ~]# javac -version
javac 11.0.18
```

（2）确认已经安装 Maven 软件并配置相应的环境变量。建议通过查看 mvn 版本进行检查。

```
"unix"
```

2. 准备项目源代码

先准备项目目录。

```
[root@host1 ~]# mkdir ch08  &&  cd ch08
[root@host1 ch08]# mkdir spring-boot-hello && cd spring-boot-hello
```

为简化实验，将项目 7 任务 7.2.2 所用的项目源代码（Dockerfile、pom.xml 文件和 src 子目录中的所有文件）复制过来，修改其中的 src/main/java/com/abc/hello/HelloController.java 文件以便观察测试结果，将用于返回信息的 return 语句改为：

```
return "Hello! Please test Java K8s deploy!\n";
```

3. 使用 Maven 工具将应用程序打包

在该项目目录下执行 mvn clean package 命令打包应用程序。该命令执行依次经过 clean、resources、compile、testResources、testCompile、test、jar（打包）等 7 个阶段，最后产生可执行 JAR 包。

```
[root@host1 spring-boot-hello]# mvn clean package
[INFO] Scanning for projects...
...
[INFO] Building jar: /root/spring-boot-hello/target/spring-boot-hello-0.0.1
-SNAPSHOT.jar
...
[INFO] BUILD SUCCESS
```

检查并确认当前环境未运行 8080 端口（可使用 netstat -anp | grep 8080 命令进行检查），然后执行以下命令运行所生成的 JAR 包进行测试。

```
[root@host1 spring-boot-hello]# java  -jar target/spring-boot-hello-0.0.1-
```

SNAPSHOT.jar

如果正常运行则会显示图 8-6 所示的界面。

打开另一个终端窗口，执行以下命令进行测试。

```
[root@host1 ~]# curl 127.0.0.1:8080
Hello! Please test Java K8s deploy!
```

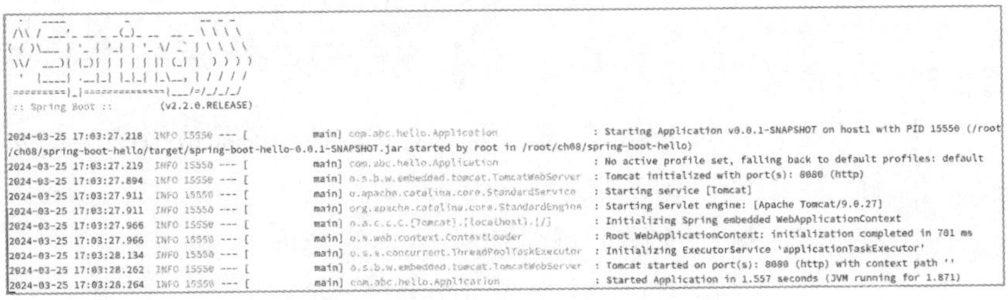

图8-6　正常运行的Spring Boot程序

切回原终端窗口，按 Ctrl+C 组合键结束 Spring Boot 程序的运行。

4．构建应用程序的镜像

（1）将该项目目录下的 Doclcerfile 的内容修改如下。

```
FROM openjdk:8-jre
COPY target/spring-boot-hello-0.0.1-SNAPSHOT.jar /app.jar
ENTRYPOINT ["java","-Djava.security.egd=file:/dev/./urandom","-jar","/app.jar"]
```

默认情况下，JVM 中生成随机数的库依赖于/dev/random，由于在容器上没有足够的熵来支持/dev/random，将其改成/dev/./urandom 会使启动过程更快。

（2）在该项目目录下执行构建镜像的命令。

```
[root@host1 spring-boot-hello]# docker build -t spring-boot-hello .
[+] Building 0.6s (7/7) FINISHED                              docker:default
...
=> => naming to docker.io/library/spring-boot-hello     0.0s
```

（3）基于该镜像运行一个容器以便进行测试。

```
[root@host1~]#dockerrun --rm --namespring-boot-hello -d -p 8080:8080 spring-boot-hello
0522b9b0129ac89531bf9adeeb89e6070788b74ad17251eaa8e0edf39551b3ae
```

（4）访问该容器进行测试。

```
[root@host1 ~]# curl 127.0.0.1:8080
Hello! Please test Java K8s deploy!
```

（5）执行以下命令停止该容器，该容器会被自动删除。

```
[root@host1 ~]# docker stop spring-boot-hello
spring-boot-hello
```

5．将镜像发布到注册中心

可以将构建的镜像发布到不同的私有或公共云仓库中，这里发布到前面的自建注册中心中。首先为镜像打上标签（这里给出一个版本号），然后将其推送到仓库。

```
[root@host1 ~]# docker tag spring-boot-hello  registry.abc.com:5000/spring-boot-hello:1.00
[root@host1 ~]# docker push registry.abc.com:5000/spring-boot-hello:1.00
...
```

访问注册中心，查看 spring-boot-hello 项目的镜像列表，结果表明镜像已上传到仓库。

```
[root@host1 ~]# curl http://registry.abc.com:5000/v2/spring-boot-hello/tags/list
{"name":"spring-boot-hello","tags":["latest","1.00"]}
```

6. 基于 Kubernetes 资源配置文件运行应用程序

将应用程序部署到 Kubernetes 运行，本例转换到 host2 主机（Kubernetes 主机）进行操作。

（1）在 host2 主机中编辑/etc/hosts 文件，向该文件添加以下定义。

```
192.168.10.51 docker.abc.com  gitlab.abc.com registry.abc.com jenkins.abc.com
192.168.10.52  k8s.abc.com
```

微课 0803b

在 Kubernetes
集群中手动部署
开发的应用
程序(下)

考虑到 Kubernetes 集群要从自建注册中心拉取镜像，还涉及内部域名的解析，这里要重新创建 Kubernetes 集群。

（2）执行以下命令删除之前创建的 Kubernetes 集群。

```
[root@host2 ~]# kind delete cluster --name testk8s
Deleting cluster "testk8s" ...
Deleted nodes: ["testk8s-control-plane" "testk8s-worker2" "testk8s-worker"]
```

（3）将 k8s 目录下的集群配置文件 testk8s-config.yaml 的内容修改如下。

```
kind: Cluster
apiVersion: kind.x-k8s.io/v1alpha4
name: testk8s
containerdConfigPatches:    # 让 containerd 访问未启用 HTTPS 的注册中心
- |-
  [plugins."io.containerd.grpc.v1.cri".registry.mirrors]
    [plugins."io.containerd.grpc.v1.cri".registry.mirrors."docker.io"]
      endpoint = ["https://国内镜像加速器网址"]
    [plugins."io.containerd.grpc.v1.cri".registry.mirrors."registry.abc.com:
5000"]
      endpoint = ["http://registry.abc.com:5000"]
nodes:
- role: control-plane
  extraMounts:                # 挂载主机的/etc/hosts 文件以支持本地域名解析
  - hostPath: /etc/hosts
    containerPath: /etc/hosts
  extraPortMappings:          # 外部端口映射
  - containerPort: 80         # 将主机的 80 端口映射到容器的 80 端口
    hostPort: 80
  - containerPort: 30008      # 将主机的 30008 端口映射到容器的 30008 端口
    hostPort: 30008
- role: worker
  extraMounts:                # 工作节点也要挂载主机的/etc/hosts 文件以支持本地域名解析
  - hostPath: /etc/hosts
    containerPath: /etc/hosts
- role: worker
  extraMounts:
  - hostPath: /etc/hosts
    containerPath: /etc/hosts
```

上述配置文件定义了一个包含 1 个控制平面节点和 2 个工作节点的集群，并为所有节点配置了相同的挂载点。

本例使用的是自建注册中心，应确保 Kubernetes 集群中的所有节点都能够访问该注册中心从而能够从中拉取镜像。这里通过 extraMounts 选项设置将本地路径/etc/hosts 挂载到 Kubernetes 节点容器的/etc/hosts 路径，以便 Kubernetes 节点能够解析本地注册中心的域名。另外，本例使用的自建注册中心未启用 HTTPS 访问，默认情况下，在 Kubernetes 中容器运行时 containerd 无法访问，这里通过设置 containerdConfigPatches 选项解决此问题。

（4）执行以下命令基于修改后的集群配置文件重新创建 Kubernetes 集群。

```
[root@host2 ~]# kind create cluster --config k8s/testk8s-config.yaml
Creating cluster "testk8s" ...
```

（5）在 k8s 目录下编写 Kubernetes 资源配置文件 spring-boot-hello.yaml，该文件的内容如下。

```
apiVersion: v1
kind: Service               # 类型为 Service
metadata:
  name: sbdemo-svc
spec:
  type: NodePort
  ports:
  - name: sbdemo
    port: 8080              # 让集群知道 Service 绑定的端口
    nodePort: 30008         # 节点上绑定的端口
    targetPort: 8080        # 目标 Pod 的端口
    protocol: TCP
  selector:
    app: sbdemo
---
apiVersion: apps/v1
kind: Deployment            # 类型为 Deployment
metadata:
  name: sbdemo-deploy
spec:
  replicas: 1
  selector:
    matchLabels:
      app: sbdemo
  template:
    metadata:
      labels:
        app: sbdemo
    spec:
      containers:
      - name: sbdemo
        image: registry.abc.com:5000/spring-boot-hello:1.00
        imagePullPolicy: Always
        ports:
        - containerPort: 8080
```

为简化实验，这里未提供外部服务，仅在内网发布服务，也没有涉及通过 PV/PVC 配置持久化数据存储，并将 Deployment 和 Service 配置合并到一个 YAML 文件中。

（6）执行以下命令将应用程序部署到 Kubernetes。

```
[root@host2 k8s]# kubectl apply -f spring-boot-hello.yaml
service/sbdemo-svc created
deployment.apps/sbdemo-deploy created
```

（7）查看该 Service 对象，可以发现该应用程序正常运行。

```
[root@host2 k8s]# kubectl get svc  sbdemo-svc
NAME          TYPE       CLUSTER-IP        EXTERNAL-IP     PORT(S)           AGE
sbdemo-svc    NodePort   10.96.238.147     <none>          8080:30008/TCP    2m14s
```

（8）使用节点地址和节点端口来访问发布的应用。本例执行以下命令进行测试。

```
[root@host2 k8s]# curl 127.0.0.1:30008
Hello! Please test Java K8s deploy!
```

结果表明，我们已经将应用程序成功部署到 Kubernetes。

（9）删除本例所创建的 Service 和 Deployment 对象，清理实验环境。

```
[root@host2 k8s]# kubectl delete -f spring-boot-hello.yaml
service "sbdemo-svc" deleted
deployment.apps "sbdemo-deploy" deleted
```

任务 8.2.2　基于 CI/CD 平台将应用程序自动部署到 Kubernetes 集群

微课 0804a

基于 CI/CD 平台将
应用程序自动部署
到 Kubernetes
集群(上)

项目 7 中任务 7.2.2 示范使用 Jenkins 的流水线项目实施 CI/CD 时，将 Spring Boot 应用程序部署到 Docker 主机，这里改为部署到 Kubernetes 集群，整个流程交由 Jenkins 的 CI/CD 工作流自动实现。下面主要在 host1 主机上执行操作。

1.　准备项目的实施环境

（1）在 host1 主机上编辑/etc/hosts 文件，追加以下条目以便解析运行 Kubernetes 的主机。

```
192.168.10.52  k8s.abc.com
```

然后执行 docker restart jenkins 命令重启名为 jenkins 的 Jenkins 容器。

（2）确认在 Jenkins 中安装有 Maven Integration 插件并配置 Maven 安装选项。

（3）在 Jenkins 中配置 Publish Over SSH 选项。

本例将运行 Kubernetes 集群的 host2 主机添加为 SSH 服务器，便于传送 Kubernetes 资源配置文件并远程执行命令，以实现自动化部署操作。

① 打开 Jenkins 的 Dashboard 界面，单击左侧的"系统管理"按钮，再单击"系统配置"按钮，打开"Configure System"界面。

② 向下移动到"Publish Over SSH"区域，配置 Publish Over SSH 选项。

③ 在"SSH Server"区域单击"新增"按钮新增一个 SSH 服务器。重点是设置用于发布资源和执行操作的 SSH 服务器。

④ 如图 8-7 所示，新增 SSH 服务器的主要选项配置如下。

在"Name"文本框中为该 SSH 服务器命名，本例中命名为 K8SHost。

在"Hostname"文本框中设置该 SSH 服务器的主机名（或 IP 地址），这里使用的主机名为 k8s.abc.com。

在"Username"文本框中设置登录 SSH 服务器的账户名，这里为 root。

在"Remote Directory"文本框中设置 SSH 服务器中可发布资源的目录。

⑤ 单击其中的"高级"按钮展开高级配置选项，勾选"Use password authentication, or use a different key"复选框以支持密码验证，并在"Passphrase/Password"文本框中输入访问 SSH 服务器的密码。此处 SSH 服务器的连接认证既可以使用密码登录，也可以选择使用密钥登录。

⑥ 单击"Test Configuration"按钮进行 SSH 服务器连接测试，出现"Success"表示连接测试成功，如图 8-8 所示。

⑦ 完成上述设置之后，单击"Configure System"界面底部的"应用"按钮保存并使该设置生效。

2. 准备项目源代码

（1）在 GitLab 服务器上创建一个名为 k8s-demo 的空白项目。

（2）将当前目录切换到用户主目录的 ch08 子目录，并将 GitLab 服务器上的 k8s-demo 代码仓库复制到本地，然后再将目录切换到项目目录 k8s-demo。

```
[root@host1 ch08]# git clone ssh://git@gitlab.abc.com:2222/root/k8s-demo.git
…
[root@host1 ch08]# cd k8s-demo
[root@host1 k8s-demo]#
```

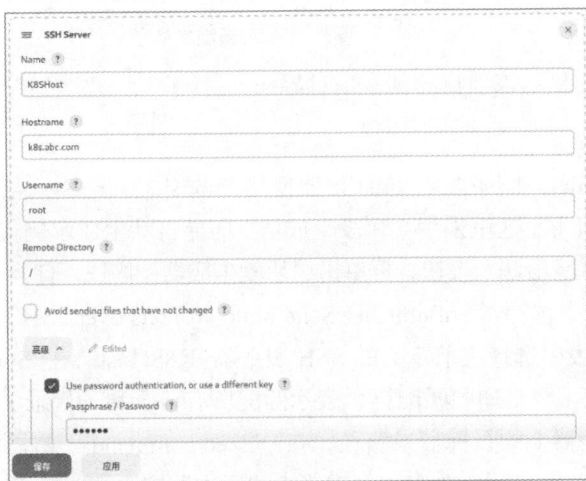

图8-7 配置SSH服务器的基本选项

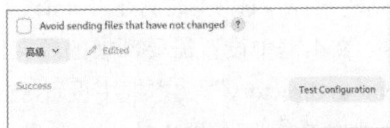

图8-8 SSH服务器连接测试成功

（3）为简化实验，这里沿用项目 7 任务 7.2.2 中的项目源代码，将其中的主要代码文件（Dockerfile、Jenkinsfile、pom.xml 文件和 src 子目录中的所有文件）复制到项目目录 k8s-demo 中。

（4）为便于测试，修改其中的 src/main/java/com/abc/hello/HelloController.java 文件，将用于返回信息的 return 语句改为：

```
return "Hello! Please test K8S CI/CD!\n";
```

3. 编写 Kubernetes 资源配置文件

在项目目录下编写 Kubernetes 资源配置文件（这里命名为 kube.yaml），其内容与任务 8.2.1 中的 spring-boot-hello.yaml 基本相同，仅定义拉取镜像的语句不同，如下所示。

```
image: registry.abc.com:5000/spring-boot-hello
```

4. 在 Jenkins 中新建流水线项目

（1）打开 Jenkins 的 Dashboard 界面，启动新建任务向导，创建一个任务名称为 k8s-demo 的流水线项目。

（2）打开该项目的设置界面，切换到"流水线"选项卡，设置源代码管理选项，如图 8-9 所示。注意，将"指定分支"文本框中的"*/master"修改为"*/main"，确认"脚本路径"文本框设置为"Jenkinsfile"（见图 8-10），以便

微课 0804b

基于 CI/CD 平台将应用程序自动部署到 Kubernetes 集群(下)

Jenkins 读取代码仓库中的 Jenkinsfile 文件。

图8-9　设置源代码管理选项

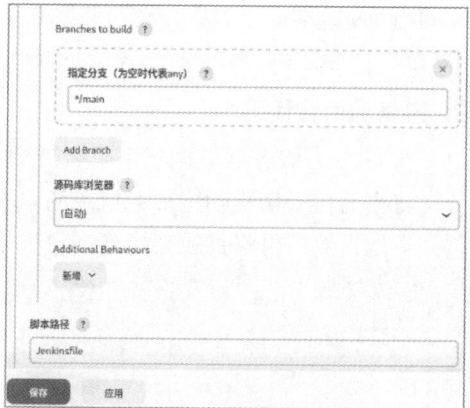

图8-10　设置脚本路径

（3）单击"保存"按钮保存项目设置，显示该项目的基本信息界面。

5. 修改 Jenkinsfile 文件

创建流水线项目的关键是编写 Jenkinsfile。本例中 Jenkinsfile 要使用 Publish Over SSH 插件将应用程序部署到运行 Kubernetes 集群的主机上，这里采用"片段生成器"向导自动生成示例代码。

在该项目的基本信息界面中单击"流水线语法"按钮，再单击"片段生成器"按钮，打开"片段生成器"界面，在"示例步骤"下拉列表中选择"sshPublisher:Send build artifacts over SSH"，定义 SSH 服务器选项。本例在"Name"下拉列表中选择之前定义的 SSH 服务器"K8SHost"，在"Source files"文本框中设置需要部署的源文件路径（**是递归匹配符，表示匹配所有目录和子目录），在"Remote directory"文本框中设置 SSH 服务器上的目标目录路径，在"Exec command"文本框中输入要在 SSH 服务器上执行的命令，如图 8-11 所示。单击"生成流水线脚本"按钮，生成相应的代码，如图 8-12 所示。

图8-11　示例步骤的选项设置

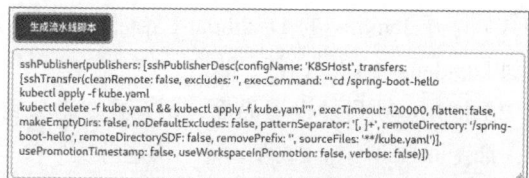

图8-12　生成相应的代码

复制生成的流水线脚本代码，替换 Jenkinsfile 文件中"Deploy"阶段"steps"步骤的脚本，如下所示。

```
        stage('Deploy') {
            steps {
sshPublisher(publishers: [sshPublisherDesc(configName: 'K8SHost', transfers:
[sshTransfer(cleanRemote: false, excludes: '', execCommand: '''cd /spring-boot-hello
    kubectl apply -f kube.yaml
    kubectl delete -f kube.yaml && kubectl apply -f kube.yaml''', execTimeout: 120000,
flatten: false, makeEmptyDirs: false, noDefaultExcludes: false, patternSeparator:
'[, ]+', remoteDirectory: '/spring-boot-hello', remoteDirectorySDF: false,
removePrefix: '', sourceFiles: '**/kube.yaml')], usePromotionTimestamp: false,
useWorkspaceInPromotion: false, verbose: false)])
                }
            }
        }
```

6. 将项目源代码提交到代码仓库

在终端窗口中项目目录下分别执行以下命令将包括 Dockerfile、Jenkinsfile、kube.yaml 在内的项目源代码一起提交到代码仓库。

```
[root@host1 k8s-demo]# git add .
[root@host1 k8s-demo]# git commit -m "1st k8s test"
[main 87c4399] 1st k8s test
…
[root@host1 k8s-demo]# git push origin main
…
To ssh://gitlab.abc.com:2222/root/k8s-demo.git
    e49d2ba..87c4399  main -> main
```

7. 在 Jenkins 中执行项目构建

（1）在该项目的基本信息界面中，单击左侧的"立即构建"按钮，将手动开始该项目的构建。构建过程中或构建完成后会显示阶段视图，如图 8-13 所示，这是流水线项目的特性。

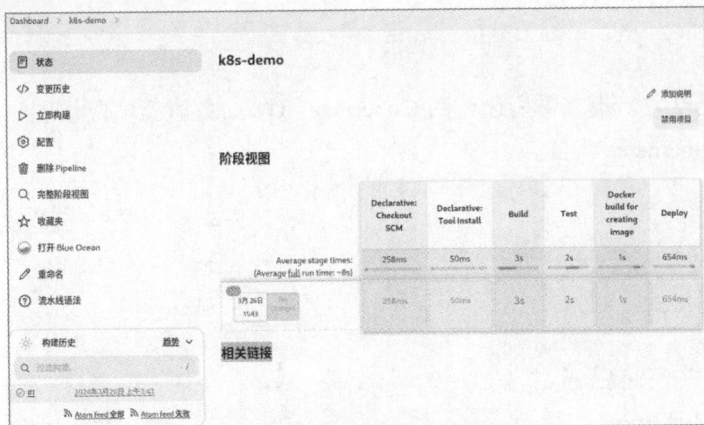

图8-13 项目构建的阶段视图

（2）单击构建历史列表中的序号，显示该次构建的基本信息，如图 8-14 所示，可以根据需要对该次构建结果执行进一步操作。

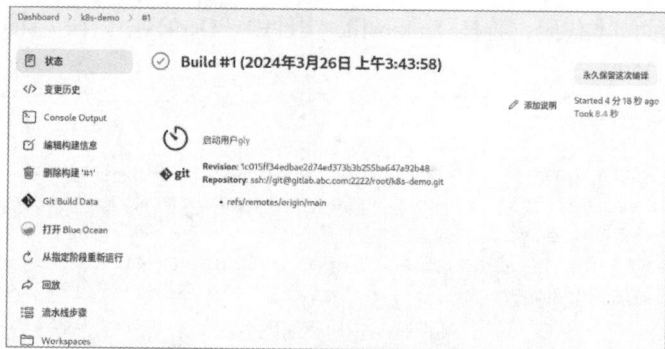

图8-14　查看该次构建的基本信息

（3）查看控制台输出来进一步分析项目构建过程。下面列出部分输出，首先从代码仓库获取 Jenkinsfile 文件，然后开始流水线（Start of Pipeline），最后结束流水线（End of Pipeline）。

```
Started by user gly
# 开始拉取源代码
Obtained Jenkinsfile from git ssh://git@gitlab.abc.com:2222/root/k8s-demo.git
[Pipeline] Start of Pipeline
...
# 执行 Maven 构建
...
+ mvn -B -DskipTests clean package
# 构建镜像并将它推送到仓库
+ docker build --build-arg app=target/spring-boot-hello-0.0.1-SNAPSHOT.jar -t
registry.abc.com:5000/spring-boot-hello .
...
# SSH 远程传输文件并执行命令
SSH: Connecting with configuration [K8SHost] ...
SSH: EXEC: completed after 402 ms
SSH: Disconnecting configuration [K8SHost] ...
SSH: Transferred 1 file(s)
...
[Pipeline] End of Pipeline
Finished: SUCCESS
```

（4）转换到 host2 主机上查看所创建的 Kubernetes 对象，并进行实际访问测试，结果表明应用程序成功部署到 Kubernetes 集群。

```
[root@host2 ~]# kubectl get pod
NAME                              READY    STATUS     RESTARTS    AGE
sbdemo-deploy-7cfd7bd7df-ngmvl    1/1      Running    0           5m13s
[root@host2 ~]# kubectl get deploy
NAME             READY    UP-TO-DATE    AVAILABLE    AGE
sbdemo-deploy    1/1      1             1            5m37s
[root@host2 ~]# kubectl get svc sbdemo-svc
NAME          TYPE        CLUSTER-IP       EXTERNAL-IP    PORT(S)          AGE
sbdemo-svc    NodePort    10.96.232.125    <none>         8080:30008/TCP   5m26s
[root@host2 ~]# curl 127.0.0.1:30008
Hello! Please test K8S CI/CD!
```

项目实训

项目实训 1　手动将 Python 应用程序部署到 Kubernetes

实训目的

- 初步掌握 Kubernetes 实验环境的搭建方法。
- 熟悉从源代码提交到部署应用程序的整个流程。
- 掌握将开发的应用程序部署到 Kubernetes 的基本流程和方法。

实训内容

- 基于 kind 搭建多节点的 Kubernetes 集群实验环境，注意各节点的配置。
- 准备 Python 项目源代码。采用一个简单的 Flask 测试程序文件，创建一个项目目录，在其

中准备 app.py 文件，参考代码如下。

```
from flask import Flask
app = Flask(__name__)
@app.route('/')
def index():
    return 'Test container deployment!'
if __name__ == '__main__':
    app.run(host='0.0.0.0', port=8888)
```

- 构建应用程序的镜像。

首先在项目目录下创建 Dockerfile 并在其中添加以下代码。

```
FROM python:3.8-alpine
RUN pip3 install -i https://pypi.douban.com/simple flask
RUN mkdir -p /app
COPY app.py /app
WORKDIR /app
EXPOSE 8888
CMD ["python", "app.py"]
```

然后基于该文件创建一个镜像。

- 基于该镜像运行一个容器进行测试。测试完毕，删除容器。
- 将该镜像推送到自建注册中心。
- 编写 Kubernetes 资源配置文件，基于该文件部署应用程序。
- 测试部署的应用程序。

项目实训 2　自动触发 Maven 项目构建并部署到 Kubernetes

实训目的

- 进一步熟悉 GitLab 与 Jenkins 组合搭建 CI/CD 平台的方法。
- 初步掌握结合 Kubernetes 部署实施应用程序 CI/CD 的方法。

实训内容

在任务 8.2.2 的基础上进一步配置 Jenkins 和 GitLab 来实现。

- 配置 Jenkins 构建触发器。
- 在 GitLab 服务器上创建 Webhook。
- 修改项目源代码以便进行测试。
- 提交更改的源代码自动触发项目的构建和部署。
- 测试项目的自动化部署结果。

项目总结

通过本项目的实施，读者应当初步掌握容器化应用程序的编排和部署。容器化提供了将应用程序移动和扩展到云和数据中心的机会。容器有效地保证了这些应用程序在任何环境中都以相同的方式运行，使用户能够快速、轻松地利用所有这些环境。此外，随着应用程序的扩展，用户需要使用一些工具来帮助这些应用程序自动维护，即自动更换出现故障的容器，并在容器的生命周期中管理这些容器的更新和重新配置，这就需要用到容器编排工具。主流的容器编排工具 Kubernetes 是用于自动部署、扩缩和管理容器化应用程序的开源系统，拥有广泛的社区支持和更多的第三方插件，特别使用于生产环境中的大规模的容器集群。Kubernetes 同样可以作为测试环境基于镜像运行容器化应用程序。Kubernetes 作为 CNCF 官方的云原生平台，大大简化了应用程序的开发和运维。

不过，Kubernetes 的学习曲线比较陡峭，需要更多的时间和精力来学习和配置。限于篇幅，本项目仅对 Kubernetes 进行了粗浅介绍和简单实验，感兴趣的读者可以查阅官方文档进一步进行学习，或者学习专门的 Kubernetes 课程。

一些用户仍然会选择 Docker 原生的 Docker Swarm 作为生产运行时环境，该工具相对简单，可以在跨主机的环境中自动部署和管理容器化应用程序，适用于小规模的容器集群。当然，在单主机环境中，无论是针对开发用途还是生产用途，还可以使用 Compose 来代替 Docker Swarm 编排并部署复杂的容器化应用程序。